制造模型及其数字化定义技术

刘　闯　著

国防工业出版社

·北京·

内容简介

面向工艺过程的制造模型是复杂零件高效、精确制造的关键。本书系统地总结了作者在飞机复杂零件数字化与智能化制造技术方面的研究成果。本书共7章，第1章至第3章介绍了制造模型的作用、组成、生衍过程和计算方法，包括模型驱动的复杂零件智能制造模式、面向制造的零件模型及其状态生衍过程、复杂外形零件制造模型计算和建模方法；第4章至第7章论述了典型零件制造模型内容及其定义的专项技术，包括框肋零件、型材零件、整体壁板零件和蒙皮零件，覆盖了飞机机体外形和骨架的主要成形零件，结合典型零件给出了定义实例和应用效果。

本书为构建航空复杂零件智能化制造技术体系中的制造模型设计技术提供了解决方案，可作为飞行器制造工程专业高年级本科生和研究生科研的参考用书，对航空数字化制造领域的科研和工程技术人员也具有重要的参考价值。

图书在版编目（CIP）数据

制造模型及其数字化定义技术/刘闯著．—北京：国防工业出版社，2024.1

ISBN 978-7-118-12819-2

Ⅰ．①制…　Ⅱ．①刘…　Ⅲ．①快速成型技术-数字化　Ⅳ．①TB4

中国国家版本馆 CIP 数据核字（2023）第 102782 号

※

国防工業出版社 出版发行

（北京市海淀区紫竹院南路 23 号　邮政编码 100048）

北京虎彩文化传播有限公司印刷

新华书店经售

*

开本 710×1000　1/16　**印张** 17¼　**字数** 306 千字

2024 年 1 月第 1 版第 1 次印刷　**印数** 1—1000 册　**定价** 98.00 元

国防书店：（010）88540777　　书店传真：（010）88540776

发行业务：（010）88540717　　发行传真：（010）88540762

前言

飞机是具有高技术复杂度的产品，在零件上表现为外形、结构和成形机理的复杂性。保证蒙皮和骨架构件制造准确度的关键是控制其成形过程中普遍产生的工艺变形。全三维模型数字量载体下工艺过程时空范围内制造模型是数字化制造过程中工装设计、数控编程、数控检测的依据，因此，其精确定义是实现高效、高质量制造的关键所在。

复杂零件制造模型定义技术既涉及双曲率外形零件模型调控的几何问题，又涉及材料形性转变的物理问题，其定义技术是一门综合性很强的技术，包括计算几何、有限元分析、知识工程等技术的运用。飞机机体零件品种项数多、所用材料多、工艺方法多，每类零件制造模型均需结合其结构特点及制造工艺过程进行分析并建立相应的定义方法。本书对复杂零件制造模型的内容、生衍过程、定义算法和技术进行了详细的论述。

本书由刘闯主编，书中成果是西北工业大学飞机数字化制造技术研究团队多年来集体智慧的结晶，制造模型的思想由王俊彪教授首先提出，团队成员在此基础上多年以来分别针对各项飞机典型零件制造模型设计技术进行科学研究和成果应用，韩晓宁、冯冰、卢元杰、张利、闫红勇、汪祥志、凌铁章、杨忆湄、雷湘衡、谭浩、陈辉、白如清、董伟、路骐安、王兵、刘婷、丁雪、李锦鹏、吴红兵、刘学、修泓宇、赵志勇、刘蕾、孙立帅等 20 余位研究生先后参与其中，他们以功成必定有我的担当，攻坚克难，使得制造模型数字化定义技术得以工程化和在航空制造企业应用，将论文写在祖国的大地上，在此，对他们表示谢意。本书编写过程中研究生孙立帅、司衍鹏、肖潼英、樊勐飞等同学参与了校对和实例完善，在此表示感谢。

本书所涉及的技术研究工作得到了国家 863 项目“复杂零件制造模型定义与优化”（编号：2007AA04Z139）、国家自然科学基金项目“制造模型及其状态生衍规律研究”（批准号：51275420）、国防基础科研、技术基础等相关项目的支持；本书中所列出案例零件均来源于航空工业江西洪都航空工业集团有限责任公司、西安飞机工业集团股份有限公司、沈阳飞机工业（集团）有限公司、成都飞机工业（集团）有限责任公司等企业并在其钣金厂开展成形加工，得到了企业相关部门和工程技术人员的大力支持，在此表示衷心的感谢。

复杂零件制造模型定义技术作为飞机数字化与智能化制造的有机组成部分，涉及面广，技术难度大，飞机整体壁板、框肋、型材、蒙皮等零件，工艺方法各异、变形特点不同、解决方案也不尽相同，本书仅给出了典型钣金零件制造模型数字化设计的解决方案。由于作者水平和经验所限，书中谬误之处在所难免，敬请广大读者批评指正。

刘　闯

目　录

第 1 章　模型驱动的复杂零件智能制造模式

高效率和高精度是制造技术追求的永恒主题。实现高效、高精度制造的关键在于驱动设备控制的数字量定义的效率和准确度，而知识的应用又是决定数字量定义效率和准确度的关键。以数字化为核心的现代制造技术正向着生产数据全数字量表达、制造知识含量不断提升的智能化方向发展，以进一步提升制造的效率和质量。为了应对新型飞机产品的外形复杂化、材料轻质化、生产批量化、制造精确化对现有制造系统提出的新挑战，提出了全三维模型驱动的智能制造模式，以全三维设计模型和制造模型作为数字化制造的源头，来驱动数控设备编程、工艺装备设计和现场操作；以制造知识重用来支撑工艺过程、制造模型及各类参数的快速、精确设计，从而实现工艺、模型与工装设计及各个工序操作的高效、高质量。

1.1　飞机典型零件及制造工艺过程

飞机零件品种繁多、外形复杂、制造工艺多种多样，零件结构及制造工艺过程决定了其智能制造的内涵和发展途径。本书主要以飞机机体零件及其工艺过程为对象研究制造模型及其数字化定义技术。

1.1.1　飞机典型零件的特点

飞机是具有高技术复杂度的产品，飞机制造属于高端制造。飞机机体主要由曲面外形的薄蒙皮、支撑蒙皮的纵、横骨架零件所组成，蒙皮和骨架组合一体的整体壁板得到应用。飞机零件一般具有复杂的曲线、曲面外形，尺寸各异，厚度小，刚度较差等特点，典型零件形状、尺寸及精度要求如表 1-1 所列。飞机零件种类多、所用材料多、品种项数多，近年来，随着现代飞机战术指标的不断提高，飞机结构不断改进，新型铝合金、铝锂合金、钛合金、复合材料等轻质高强材料应用逐渐增多。随着飞机产品性能要求不断提高，零件复杂性不断增加，同时表面质量、形状精度、成形后性能要求日益提高，制造周期和质量要求也不断提高，因此，这要求在扩大已有工艺加工范围的同时，不断提升稳定性、效率和精度。

表 1-1　飞机典型零件及其特点

类　型	典型零件图示	形　　状	尺　　寸	精度要求
蒙皮		构成飞机气动外形，分为单曲度、双曲度和曲率变化剧烈的复杂形状蒙皮，协调要求高，成形难度大	歼击机蒙皮宽度达2~3m，客机蒙皮长度达30米以上；低速飞机蒙皮厚度0.6~1.2mm，高速飞机蒙皮厚度20~30mm	外形准确，流线光滑、表面无划伤
整体壁板		由板坯制成的飞行器整体承力结构件，外形、内形复杂，有长桁等结构要素	展向长度从1m到30m以上。大型整体壁板是现代大型飞机的关键构件之一	机翼外形相对理论外形的偏差要小于0.5mm，不平滑度小于0.05~0.15mm
框肋		飞机机体骨架结构构件，弯边外缘线曲率、各截面弯曲角度和弯边高度均变化，通常带有下陷；腹板常常带加强窝、加强槽、减轻孔等结构要素	小型飞机上框肋零件长度0.15m、宽度0.03m，大型飞机上框肋零件长度可达3m、宽度达1m以上	有气动外形要求的零件外形精度最高达±0.3mm，弯边高度精度最高达±0.5mm，弯边角度精度最高达±0.5°
型材		构成飞机骨架的主要结构件，外形轮廓一般是变曲率的，且曲率变化方向也可能不同，截面类型多种多样，通常带有下陷	零件长度从1m到10m以上	与气动外形有关的型材零件外形精度最高达±0.3mm

1.1.2　零件外形复杂度分析

由于在飞机结构中处于不同部位，飞机零件结构特征不尽相同。尺寸各异、结构复杂是飞机零件的主要特点之一，呈现出双向变曲率的特点，包括：①单曲率变化，呈现渐变和突变两种情形；②双向曲率变化，一种情形是横向或弦向变化较大、纵向或展向变化较小，另一种情形是两个方向变化均较大，如马鞍形蒙皮零件。

1. 蒙皮零件外形分析

如图 1-1 所示，单曲度机身蒙皮实例零件的外形曲率变化较为平缓，整体曲率较小；取边缘处的截面线，然后将其等距离散获得若干离散点，最后测量每个离散点的曲率半径，曲率半径变化范围为 1928~2594. 038mm。

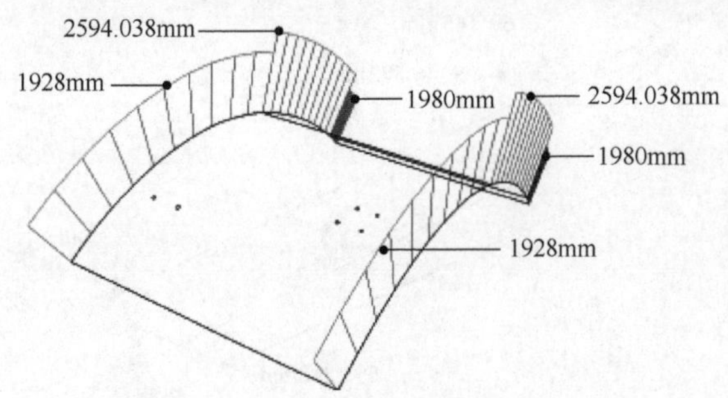

图 1-1　中后机身单曲度变曲率蒙皮零件

如图 1-2 所示，双曲度机身蒙皮实例零件的外形曲率变化也较为平缓，整体曲率较小，测量零件外表面横向和纵向两条截面线离散点的曲率半径，曲率半径变化范围分为两部分：沿横向的曲率半径范围为 1670. 535 ~ 1772. 071mm；沿纵向的曲率半径范围为 36672. 444 ~ 111594. 429mm。

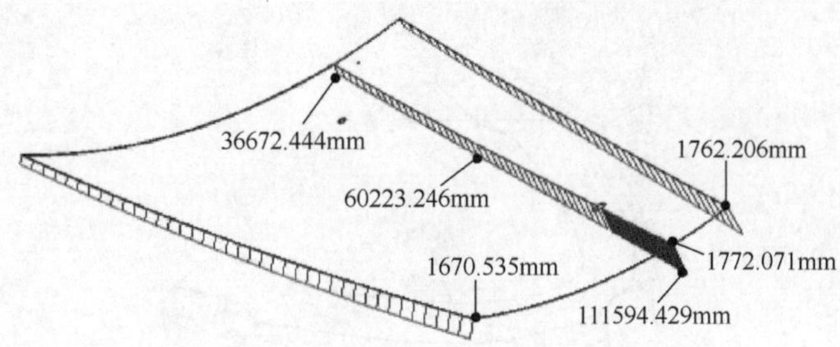

图 1-2　中后机身双曲度变曲率蒙皮零件

如图 1-3 所示，机翼前缘蒙皮实例零件的曲率变化复杂，沿弦向方向曲率变化范围较大，零件右端面的弦向截面线离散点的曲率半径范围在 14. 739 ~ 7234. 764mm 之间，而沿展向方向曲率变化很小。

2. 骨架零件外形分析

1）框肋实例零件外形分析

某翼肋实例零件如图 1-4 所示，主要结构有腹板和两个凸弯边，弯边 1 端头曲率半径为 25. 743mm，该端头至另一端曲率半径逐渐增大至 415. 588mm，弯边 2 端头曲率半径为 9. 63mm，该端头至另一端曲率半径逐渐增大至 465. 173mm。实例零件结构参数如表 1-2 所列，为避让长桁等结构通过，或便于角片等结构搭接，在弯边上设计了下陷结构。

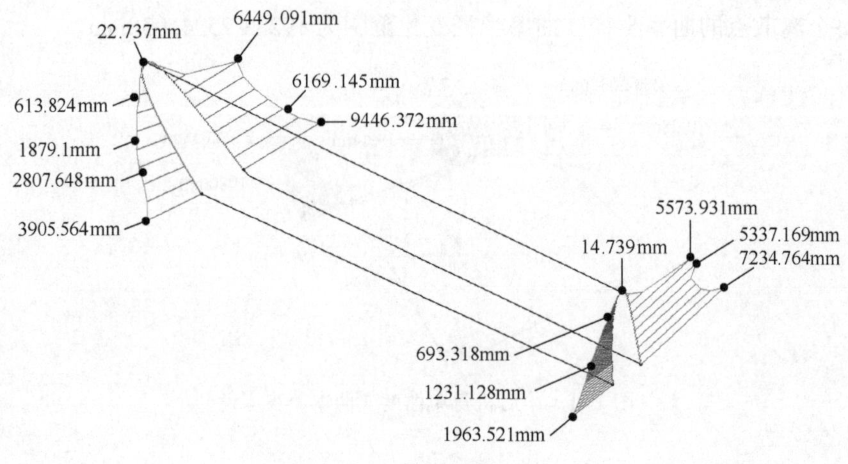

图 1-3 机翼前缘蒙皮零件

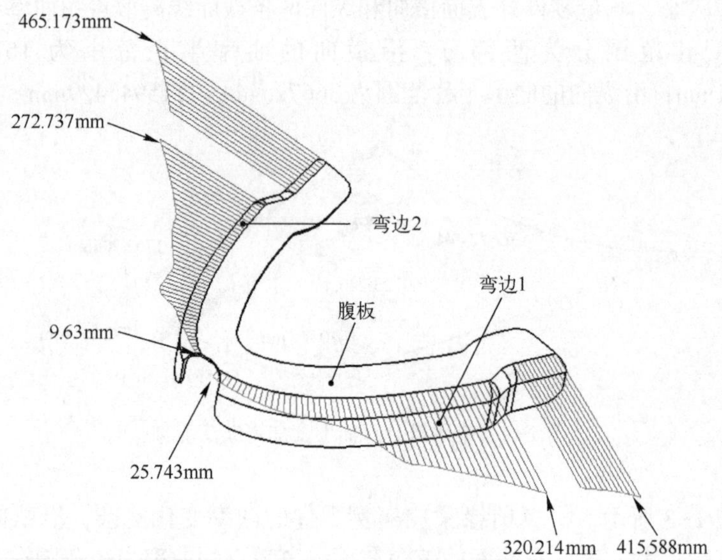

图 1-4 翼肋实例零件结构特征

表 1-2 翼肋实例零件结构尺寸

结构特征	参数类型	参数值
零件整体	材料厚度 t	0.8mm
弯边 1	弯边高度 H	16mm
	弯曲角度 α	84.504°~87.450°
	弯曲内半径 r	3mm

续表

结构特征	参数类型	参数值
弯边 2	弯边高度 H	16mm
	弯曲角度 α	85. 765°~88. 756°
	弯曲内半径 r	3mm

2）机身加强筋型材零件

如图 1-5 所示，机身加强筋型材实例零件腹板为平面，缘板与蒙皮紧密贴合，因此型材零件的缘板面形状由飞机外形决定。由于飞机外形常为不规则的曲面，所以零件多为变截面型材，且由于与其他零件搭接，通常带有下陷结构。如图 1-6 所示，型材零件按外形轮廓分为定曲率型材零件、变曲率型材零件。

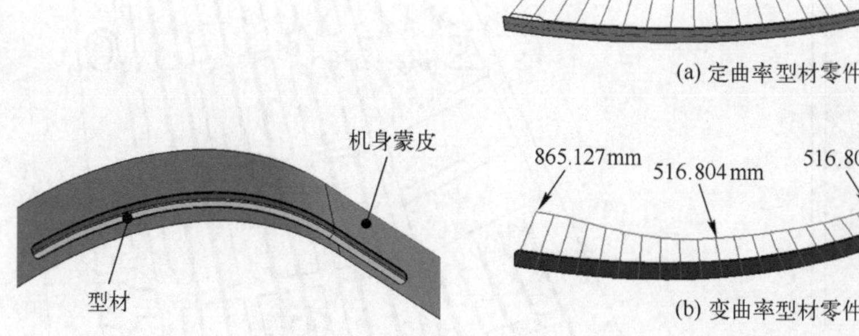

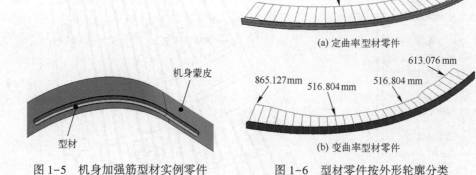

图 1-5　机身加强筋型材实例零件

图 1-6　型材零件按外形轮廓分类

1.1.3　零件模型数据的组成

飞机产品设计要考虑功能、工艺、维护、使用等方面要求，协调各种矛盾后逐次形成完整的设计数据，表现为模型、报告等各类文件。由 CAD 系统建立的模型是产品设计的核心、生产的基础；其他各种技术说明、更改单、分析报告等属于非 CAD 模型数据。零件 CAD 模型对零件各种特征采用特征树进行组织，最小信息粒度是数据集中的特征元素。

计算机辅助设计（CAD）技术发展经历了二维绘图、三维几何造型到全三维模型定义 3 个阶段。基于模型的定义技术（model based definition，MBD）使产品建模发展到全三维模型的阶段。其中，模型（model）包括几何特征、尺寸公差注释以及与制造、管理相关的属性；定义（definition）是指三维实体模型建模及模型中产品尺寸与公差的标注规则和工艺信息的表达方法。基于模型的定义用集成的三维模型来完整表达产品定义信息供下游用户使用，从而消除或者减少二维图纸。三维模型数据包括几何集、标注集和属性集，如图 1-7 所示。

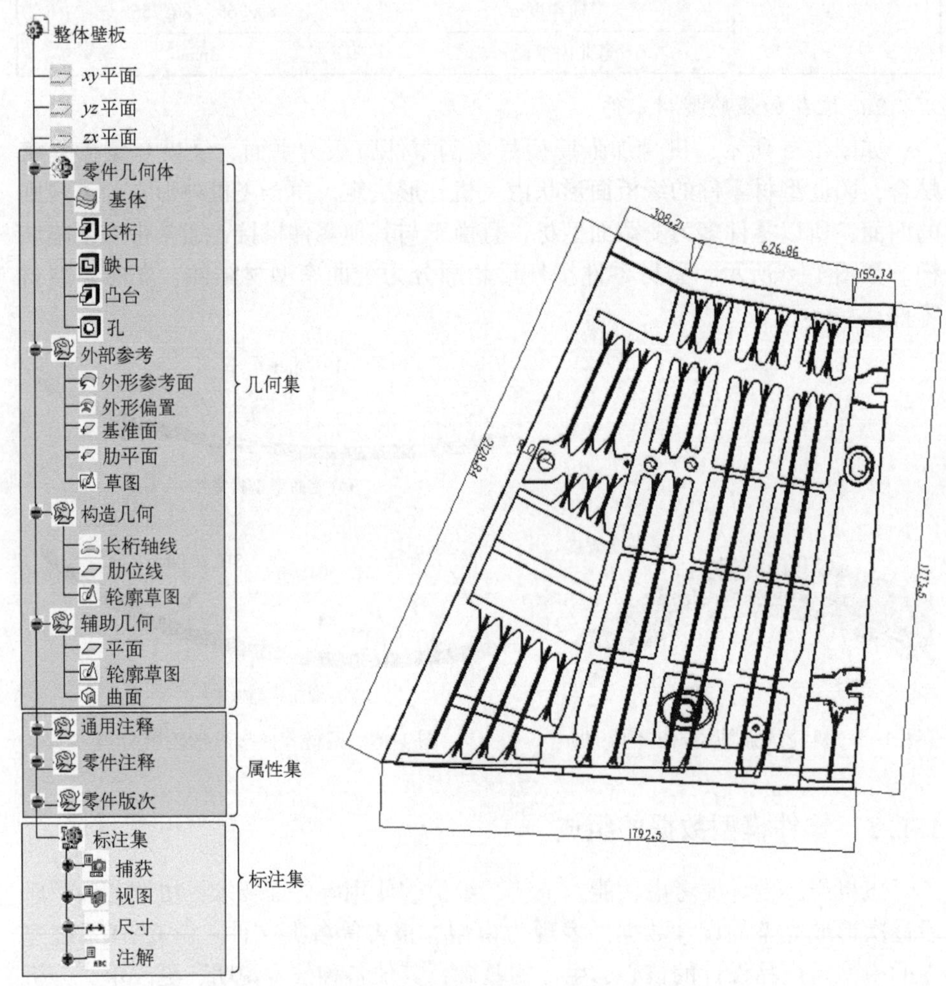

图 1-7　零件三维设计模型示意

(1) 几何信息。包括零件几何体、外部参考、辅助几何等。外部参考是飞机结构件引用的外部几何模型和几何特征，根据引用的信息定义出构件的外形基准和位置基准。辅助几何是在外部基准信息和工程几何信息的基础上构造模型所需的中间几何数据。

尺寸各异、结构复杂是飞机零件的主要特点之一。由于各自在飞机结构中处于不同部位，结构特征不尽相同，对于按功能特征分类的零件具有各自的结构要素和基本构型。结构要素是零件基本的功能特性单元，也是基本几何特征单元，同时这些要素的一个或多个组合也是加工单元。

（2）标注信息。包括尺寸、公差、基准、注解、捕获以及视图等。注解是对零件信息进行解释和说明。捕获是零件某个部位标注的尺寸、公差或注释等关键信息分类显示。视图包括工程视图、局部放大视图等。

（3）属性信息。包括标准注释、零件注释、材料描述、设计依据、零件版次、零件类别、零件附注等类型的属性信息。属性表达是将文本字符串类型的独立参数放在 CAD 三维模型结构规范树的属性项中，每一条属性描述由属性标识名称与属性值组成，形式上如“属性项=数据值”。具体属性包括版权声明、计量单位、重量单位、零件名称、对称性描述、材料牌号、材料规范、毛料尺寸、版本、签署信息、有效性、热处理要求、表面处理要求、加工要求等信息。

通过将原有“三维建模”与“二维绘图”体系下二维图纸中的信息在三维模型中完全描述，数据集的构成发生了彻底的转变，转变为包含几何与非几何信息（制造信息、更改信息等）的产品文件。三维产品模型不仅成为产品设计过程中同一设计对象的唯一输出结果，也成为制造部门直接开展工艺和工装设计工作的唯一数据源。要实现某类零件的数字化设计制造，要结合零件结构特点探究三维模型中产品尺寸、公差的标注规则和工艺信息的表达、建模方法与应用模式，即零件三维模型承载的内容及其定义与应用技术体系。

1.1.4　典型零件制造工艺流程

制造是通过物理或化学过程改变材料的外形、属性和表面以形成零件或产品。其中，金属材料成形是通过塑性变形的方法可以改变一个固体工件或一个初期产品的形状，材料的体积仍保持不变。制造模型面向工艺过程而产生，因此需要分析产品的工艺流程。

1. 制造工艺流程

将原材料、半成品加工成产品的过程中改变并最终确定产品状态的各种活动称为工艺过程。工序是工件、设备、工艺装备和执行者相互作用的复杂综合体，是工艺过程的基本构成单位。

（1）工件从原材料到设计要求的状态，由相互关联的操作序列来实现，每一步都使材料更接近于设计的形状和性能要求。一般地，从原材料到成品的工艺过程包括下料、成形、改性、检验等多种类型工序，共同组成工艺链，如铝合金框肋零件的制造工艺过程包括数控下料、橡皮囊液压成形、热处理、校形、检验和喷漆等工序。材料加工工序主要分为控形和改性两类。控形工序主要包括毛坯制备、切削/成形、检验三类；改性工序主要包括热处理、表面处理两类。本书针对控形工序研究零件制造模型及其定义技术。

（2）在现代制造系统中，绝大多数的控形或改性工作是由机床设备并辅以工艺装备完成的。现代化机床是提高加工生产率和质量的主要条件。把机床设备概括性地视为一个可向它供给能量、材料或信息的技术系统，它们在机床内进行转换，然后又离开机床。工艺装备，简称工装，是为减轻和加快制造过程的某些工序，而对设备（机床、压力机、机器装置等）提供的补充装置的总体，用于工件的定位、夹紧、成形等。工装的范围很广，包括各种模具、机加夹具、标准工装、运输装置、脚手架、测试设备、专用钻孔设备和刀量具等，其中模具是最关键的工装。

2. 控形操作分类

形状控制操作是工艺链的关键节点，对应一个工序或一个工步，操作说明包含操作内容和所使用工艺装备和机床设备的描述。零件制造的控形工序设计涉及机床加工参数设计、程序编制、工艺装备设计等问题，而工艺参数和装备的准确度也决定了产品制造的精度。设计模型仅准确地描述出零件的最终形状和尺寸，而产品加工过程中每个工序加工对象的几何形状和尺寸是不同的，是从原材料、毛坯、中间工序件到成品工件的渐变过程。组成控形工序的动作可以分为两种：

（1）第一种是直接加工产品的基本动作，使产品在工艺链的物料流中显式地表现为工件形状、性状和空间位置的改变。工件控形操作中形状的改变，按成因分为外力变形和内力变形，外力变形是在设备、工装和刀具主动作用下的变形，属于受控变形；内力变形则是由于工件内部应力所引起的被动变形，属于非受控变形。

（2）第二种是为完成基本动作而创造必要条件的辅助动作，包括被加工对象在机床或工艺装备上的定位和夹紧、机床的开动和停车、工具的进入和退出、机床的换向、加工结束后制品的拆卸和取出等。

如图 1-8 所示，从原材料到成品工件的工艺过程中，加工对象的定位和夹紧是任何工艺工序所共有的特征，定位和夹紧后，加工对象即被固定在机床设备或工艺装备的确切位置上，再完成控形操作。控形完成后拆卸和取出工件。

下料
成形
变形
工艺链
原材料
零件
机床设备
定位
机床设备
工艺装备
检测

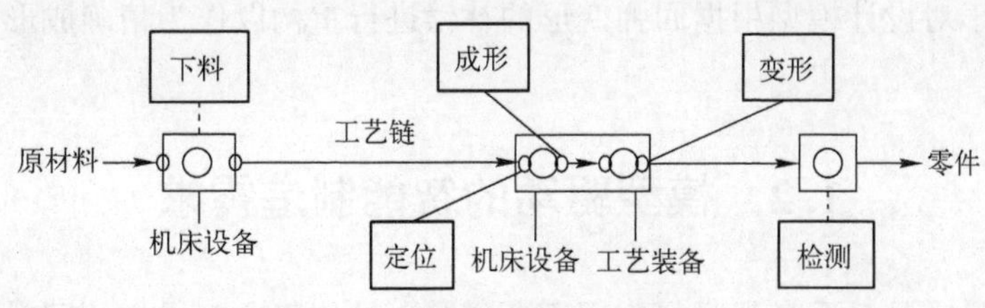

图 1-8　制造工艺链控形节点

3. 典型工艺过程

铝合金钣金零件传统上采用的“下料+成形+热处理+校形”工艺流程(图 1-9)，即“设备粗成形+手工精校形”的生产方式。基于该工艺流程的钣金零件制造是将表达最终形状的设计模型直接作为模具设计依据，在退火状态下进行零件成形后再热处理强化（固溶和时效处理），热处理过程会引起零件形状的畸变，因此，由于回弹和热处理变形，必须通过手工校形达到精度要求，手工校形工作量大，零件性能和表面质量不高。

原材料
下料
成形
淬火
校形
成品

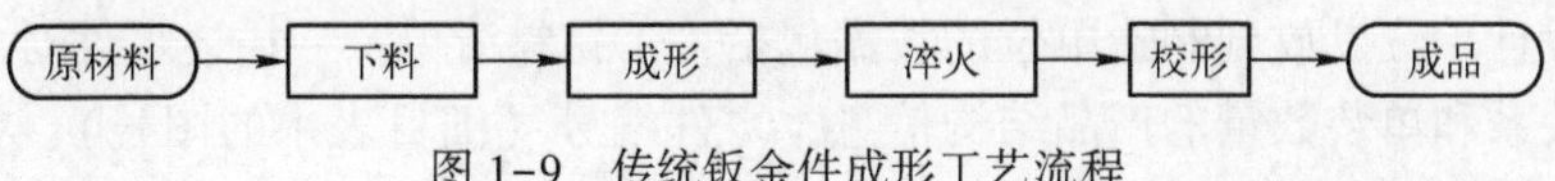

图 1-9　传统钣金件成形工艺流程

飞机钣金零件铝合金材料常用 2 字头和 7 字头牌号，多为可热处理强化的材料。如图 1-10 所示，“淬火+成形”的“一步法”成形是在铝合金板料新淬火状态下成形，一次达到设计形状和性能要求。新淬火状态是铝合金板料在刚完成淬火处理后的一段时间内（一般情况下常温下为 2h 左右，-20℃ ~ -15℃ 则可延长至 72h）尚未发生时效硬化的一种不稳定状态，该状态下仍具有接近甚至优于退火状态的良好塑性。把下料工序制成的平板件，经热处理而产生的变形由板材矫正机校平，使之符合钣金件技术条件所要求的平整度。

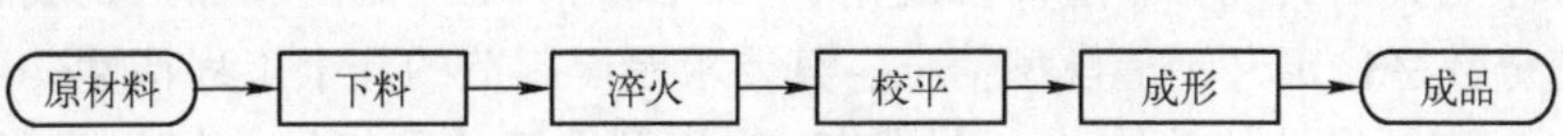

原材料
下料
淬火
校平
成形
成品

图 1-10　“一步法”成形典型工艺流程

由于成形外力卸载和模具约束卸除后内力作用而产生的回弹，使得最终形状和模具型面并不相同。要实现“一步法”成形，需要对成形模具工作型面预先进行回弹补偿。传统上采用试错法对实物模具反复迭代修正，周期长、成本高。因此，复杂外形零件精确制造难点不在于作为移形载体的模具的加工精度，而在于对设计模型根据回弹变形的补偿进行重构以作为精确成形模具设计的依据。

1.2 模型驱动的智能制造需求

新型号产品轻质高强材料应用逐渐增多、结构复杂度增加的同时，制造周期和质量要求也不断提高，因此这要求在扩大已有工艺加工范围的同时，不断提升稳定性、效率和精度。数字化制造的核心是全三维模型数字量载体下制造时空范围内产品信息内容表达及其定义。随着数字化技术的应用，计算机辅助设计、制造、分析、过程规划与仿真等系统已成为飞机制造的主要工具，部分传统工艺也逐步被数控设备所替代。高效、精确制造要求深入发展专业化建模、计算和仿真技术，对产品设计制造全过程的信息进行精确、全面的定义，利用模型来控制产品设计和制造的全部业务流程。

1.2.1 驱动数字化控形加工的模型需求

设计单位发放到制造单位的数据包括：①物料清单——描述零件对象之间装配关系和单装数量的产品结构信息，零件编号（细目表中的图号）、零件名称、版本、材料牌号、规范、毛料尺寸等属性信息；②零件三维模型——制造单位根据设计单位发放的产品模型，完成工艺设计、工装设计与制造、零件制造和装配。

随着数控设备的不断应用，要实现每个工序的数字化制造，就需要定义每一个工序的三维模型，再移形到工艺装备、生成数控程序、再以数字量传递至数控设备这样一个数字化制造过程，才能改变反复试错的制造方式，实现低成本、快速和精确的制造。由设计模型向制造工艺过程延拓而生成的模型称为制造模型。高效精确制造不仅需要内容全面的设计模型，还需要参数准确的制造模型，才能真正实现对制造活动定量可控。面向从毛坯制备、加工到成品检验的工艺链数字化定义制造模型信息，其要求源于制造的几个工程特性：

（1）实际形性的差异性。要求在三维模型中表达几何尺寸与公差等信息。任何产品的加工过程中由于各种因素的影响总会产生形状、位置、性能方面的误差。产品的实际尺寸与设计者确定的基本尺寸是有差别的。为了保证零件能“装”到一起，零件的尺寸偏差是有限制的。要处理好产品的使用要求与制造工艺的矛盾，解决的方法是规定合理的公差，并用检测手段保证其贯彻实施。

采用基于模型的定义，以全三维模型承载零件几何信息、尺寸公差和标注信息。在工程实践中，在设计模型的基础上，还要根据数控检测的要求进一步补充定义尺寸信息形成检验模型。三维测量的结果与设计模型之间的虚实融合形成孪生模型。

（2）制造资源的限制性。要求产品结构适应当前生产条件和材料加工的极限。制造产品的能力受材料、设备、工艺能力等因素的限制，所加工产品的形状、尺寸和性能是有一定限制的，构件选材、形状、尺寸和技术要求等方面要在现有机床设备加工能力、材料成形极限、制造成本约束的范围之内，保证产品具有良好的工艺性，即产品结构要对工艺具有良好的适应特性。

（3）工艺过程的复杂性。要求根据定位等辅助动作、最终形状的渐变性和变形的非受控性定义制造模型。加工的可实施性要求添加用于定位等辅助动作的结构特征。根据定位、夹紧要求，机加、钣金、复材等工件加工过程中，固定于机床或工艺装备时需添加结构特征，如工艺凸台、耳片、定位孔等。

过程的多工序性要求定义相互关联的中间工序件状态。从原材料到最终形状的中间工件模型作为工艺过程进一步设计的依据，尤其是数控设备的高效利用和精确制造要求提供更为适用的数字模型。

形状的可调控性要求工艺模型中预先补偿工艺变形以实现精确成形。工艺过程中形状的改变既包括外力成形，又包括内力变形。对于切削加工、钣金成形和复合材料成型等关键加工操作，由于材料、加工过程中应力等因素造成工件发生变形，使得工件形状不同于期望的形状。对于控形操作而言，其难点不在于设计模型向下传递进行数控编程或设计工艺装备，而在于加工变形的控制。复杂外形零件精确制造中工艺变形控制是飞行器产品零件高效精确制造所要迫切解决的关键问题。

1.2.2　高效精确制造对知识重用的需求

传统上反复试错或“设备粗成形+手工精校形”的生产方式，周期长、工件性能和表面质量不高，根源之一就在于缺乏知识的支撑，这种方式在多型号研制和批产要求下已趋于达到其极限效能。制造的智能化是把多源的知识在数字化制造工程链中重复使用的过程，由知识表达、知识获取和知识使用等相互联系的环节组成。

现代产品高效精确制造不仅要求具有完善和快捷响应的物料供应链，还需要有稳定且强有力的知识供应链。相关研究分别结合产品设计、可制造性分析、工艺规划、产品装配等各类工程设计活动发展知识重用方法和开发智能设计工具。当前，企业级智能制造技术的发展要求从全局的角度系统地对制造知识进行建库与管理，所开发的智能设计工具必然要与企业现有的数字化制造软件系统集成，才能充分发挥模型处理数字化的精确、快速等特点。知识流和数据流的集成是使传统制造技术发展成为智能制造技术的关键。通过零件制造知识的表达、获取和入库，通过知识检索方法和知识推理机制，各应用系统基于数字化环境与集成平台，通过集成接口应用知识进行模型方案设计、各类参数设计的同时，制造过程中产生的生产数据通过获取接口转化为制造知识，实现零件制造的智能化。

1.3 全三维模型驱动的智能化制造模式

数字化制造的实质是应用制造知识对生产数据进行数字化定义、传递和应用，以驱动材料加工的物料流动过程。制造信息包括生产数据和制造知识两类，生产数据包括产品、过程和资源三类要素，其中产品设计模型、制造模型是工艺过程规划和工装设计的源头数据。如图 1-11 所示，全三维模型驱动的复杂产品智能化制造过程是应用制造知识对生产数据进行数字化定义，传递至数控设备以驱动材料加工物料流的过程。机床设备、模型定义、知识重用是数字化、智能化制造的关键。企业在引进数控设备的条件下，通过从模型定义和知识重用两个角度进一步发展制造技术，可使企业制造模式从“数字化”发展为“智能化”。

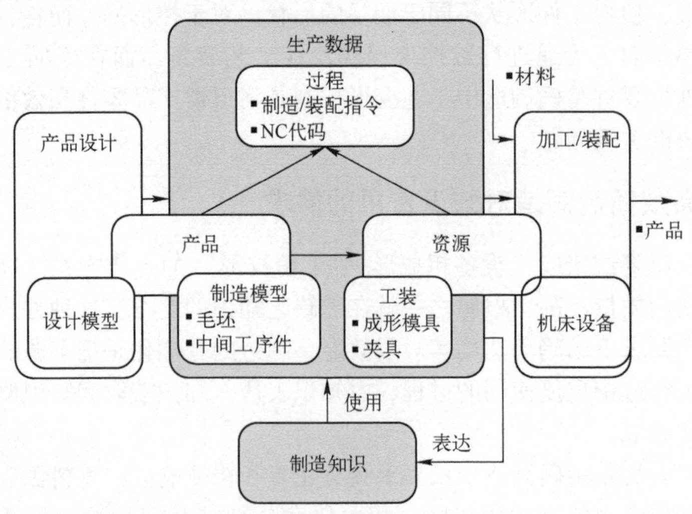

图 1-11　模型驱动的智能化制造过程

（1）从生产数据的角度发展全三维模型定义技术，面向制造过程定义全三维设计模型和制造模型，驱动全局工艺过程的规划和各个局部工艺过程的参数设计、工装设计、数控编程和现场操作，形成全数字量定义、传递与控制模式。

（2）从制造知识的角度发展知识重用技术，对源头各异的制造知识建库和集成使用，支撑工艺过程、加工参数、模具等生产数据的定义，形成知识数字化表达、管理与使用模式。

上述两方面有机结合，以三维模型对制造信息演变过程进行定量描述和控制，以知识重用实现对产品形状和性能的预测，提高机床设备的适应性和制造知识的可重用性，促使制造活动由部分定量、经验的试错模式向全面数字化的计算和推理模式转变，实现高效率、高精度的制造。

下面围绕高效和高精度的制造需求，从生产数据的角度对制造所需的模型和从制造知识的角度对制造中的知识重用进行解析。

1.3.1　模型驱动的高效、高精度数字化制造模式

设计模型定义能否更好地满足工艺性要求、制造模型定义能否准确地考虑工艺因素是影响复杂产品制造效率和质量的关键问题。作为制造源头的设计模型要适用、好用，面向制造的模型定义要拓展传统 DFM/DFA 的内涵，通过设计与工艺的协同反映在模型的内容丰富性和结构适应性；通过发展面向制造的全三维设计模型定义方法，定义具有良好工艺性的全三维设计模型来驱动全局工艺过程规划，以实现制造的高效化。局部工艺过程源头的制造模型要精确，不仅在于“确切”地定义反映工序结果的工件模型用于数控编程或指导现场人员操作，还在于“近似”地预测工艺变形量并在加工之前作为补偿形成工艺模型用于设备控制或工装设计。通过开发各类零件专用制造模型定义技术，面向工艺链定义制造模型来驱动局部工艺过程工装、数控编程和现场操作，以实现制造的高精度。

1. 以面向制造的全三维设计模型驱动制造的高效化

产品设计模型从“三维模型+二维工程图”逐渐发展为“全三维模型”，全三维设计模型的深入应用推动了数字化制造技术向更高效方向发展。传统面向制造的设计（design for manufacturing，DFM）/面向装配的设计（design for assembly，DFA）主要考虑几何形状和尺寸的工艺性约束。全三维模型是用集成的三维实体模型来完整地表达产品定义信息，工程模型载体发生变化，相应技术体系亦发生变化。如图 1-12 所示，面向制造的全三维模型数字化定义是内容更广泛的 DFM/DFA，既要使产品几何信息对现有工艺条件有良好的适应性，又要全面定义尺寸、公差等制造信息，应用于数控加工和检验，以实现高效、高质量、低成本的制造。

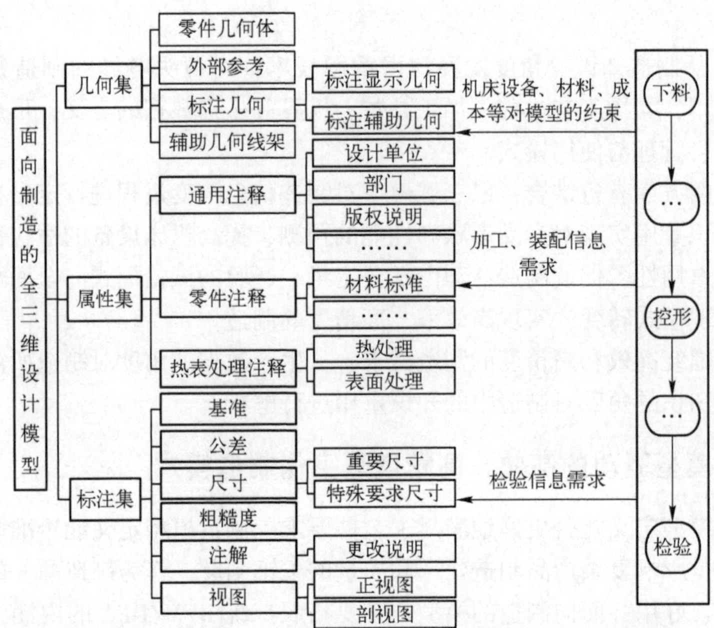

图 1-12 面向制造的全三维设计模型

（1）以全三维模型扩展设计模型信息所承载的内容，提高模型的适用性。以全三维模型扩展设计模型信息所承载的内容包括两个方面：一是全三维模型完整地表达出零件的几何特征、尺寸公差以及制造、管理相关的属性信息，替代原二维图样的功能，可满足下游制造过程中三维工艺过程规划、数控编程、检验规划等环节对数据的需求；二是在全三维模型中定义工装定位、毛料尺寸、工艺要求、关键特性等制造信息，可直接用于制造模型定义、工装设计、工艺参数设计、制造仿真等活动。由于结构特征及制造工艺方法的不同，机加件、钣金件、复合材料件、装配件的模型内容需要结合专业特点进行规范，相应的设计技术也不尽相同。通过明确各类构件全三维模型中需要的产品制造信息，使三维模型成为数字化产品定义的唯一载体，从而可以明显地提高模型的适用性。

（2）以协同设计来提高产品模型对工艺的适应性，实现优质高效低成本制造。生产工艺性是产品结构对当前制造条件的适应程度，使产品生产时既能获得规定的质量水平，又有较高的技术与经济指标。若整个制造过程改善工艺性获得的效果为100%，设计阶段改善效果达90%以上。面向制造的设计是在产品设计阶段通过工艺人员与设计人员的协同，全面评价零件的可制造性，并反馈改进的信息，及时改进设计，避免无法制造或难以制造的情形，以达到降低产品成本、提高质量和缩短产品开发周期的目的。从技术和经济两个方面对结构件的工艺性予以评价，技术指标包括结构尺寸对机床、材料的适应性，经济指标包括成本特性和是否易于加工的结构特性。在产品设计过程中，对达到一定成熟度的全三维模型，以工艺性评估知识为支撑，以零件的结构要素为主线进行工艺性分析，并将智能化工艺性分析与工艺信息定义有机结合，全面提升结构件对工艺过程的适应性，提高设计效率和质量，减少设计返工。

2. 以面向工艺链的精确制造模型驱动制造的可控化

飞机产品的制造依据已从模拟量发展为数字量，数字量正在从设计模型进一步发展到考虑工艺变形因素的制造模型，相应的制造技术可划分为三代：第一代是以模线、样板等模拟量作为产品信息的载体传递到制造环节，累积误差大、手工劳动量大；第二代是以设计模型和表达工序件形状的工件模型传递至制造环节，以数控加工为主的机加件的制造效率和精度显著提升，钣金、复合材料、装配件制造效率有一定程度提高，但由于未考虑工艺变形不得不采用“设备粗成形+手工精校形”的工艺方式，仅靠现有机床设备和人力的投入生产能力已难以适应型号产品研制要求，不符合提质增效的制造技术发展要求；第三代是以设计模型和内容全面、参数准确的制造模型驱动加工设备数控编程、工艺装备设计和制造现场操作，可显著提高制造的效率和精度（图 1-13）。

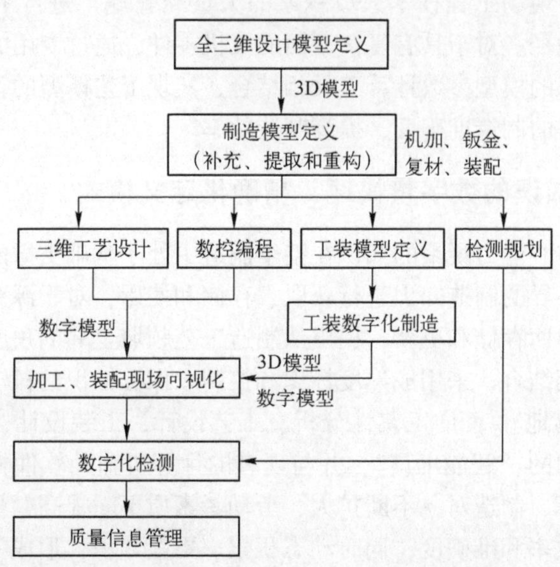

图 1-13　面向工艺链的制造模型驱动高精度制造

(1) 工件模型的数字化定义、传递和应用，提高制造的效率。工件模型是描述控形工序所要达到的工序件几何形状和尺寸，在工艺过程的物料流中显式地存在。对机加、钣金、复合材料和装配件，通过对设计模型信息提取、计算或添加，形成工件模型。例如：机加件粗加工、精加工轮廓的计算和加工特征的提取，钣金件余量的添加和展开计算，复合材料构件铺层单元的展开计算和外形轮廓数据的提取与变换，装配件定位、制孔、紧固件连接和密封等信息的添加。工件模型传递用于全三维工艺过程规划、工装设计、数控编程和现场操作，可提高制造效率和精度。

(2) 工艺变形补偿工艺模型的智能化定义，控制制造的效率和准确度。飞机零件具有薄壁、外形复杂、弱刚性等特点，由于加工残余应力等因素的影响，普遍存在工艺变形，如数控切削后变形、钣金件回弹与翘曲、复合材料构件固化成型后收缩、装配后变形。也就是说，为了达到高效和高质量制造的目标，工装设计、工艺参数设计和数控编程的依据并不是工件形状，而是考虑控形工艺变形对目标工件模型修正生成的几何模型，即变形补偿模型。变形补偿模型定义既有几何信息提取和补偿问题，更有材料转变为产品后的变形量预测问题。以回弹预测和补偿为例，目前几乎所有大型数值模拟软件对复杂零件回弹预测的精度仍较低，预测准确性仍然是国际上的一大难题，仿真计算结果难以工程化应用。基于制造工程中积累的知识（企业在不同飞机产品制造中保存的生产数据，现场工程技术人员积累的大量经验等）进行工艺变形量预测是一条有效的途径。对于具有复杂型面的飞机零件，通过专用的模型型面重构工具和基于知识的模型参数计算工具相结合，实现工艺模型的智能化定义，可定量化控制零件的制造准确度，提高制造效率。

1.3.2 基于知识的数字量快速、精确化定义模式

作为制造核心能力凝聚的知识在整个制造中处于基础支撑的关键地位。通过对大量源头各异的制造知识进行获取、存储和使用，对于源头各异的知识要从企业级角度建库存储和更新，提出从制造工艺领域全局的角度将知识初始构建和动态发展相结合，采用成熟度标识和控制以保证知识的科学性；而智能化要在工程中“落地”，面向工艺性分析、工艺设计、工装设计、加工等制造环节开发求解问题的“智能工具”，并与现有的计算机辅助软件相集成，促使制造工具不断变革、制造对象不断扩大、劳动者素质不断提高，从而有效提升各类模型定义的效率和准确度，同时动态积累、更新知识，形成一个全新的制造技术平台。

1. 以知识的网络化管理实现企业知识的螺旋上升

数字化制造技术从计算机辅助技术的应用向信息资源综合利用的纵深方向发展，推动了企业知识管理方式的变化。如表 1-3 所列，知识管理方式正在从传统上以师傅带徒弟为主转变为以知识的网络化共享和人的经验传承相结合的方式，知识的“在线化”可解除知识与人的耦合，并随时可存储和被共享，促进企业知识的螺旋式上升。

表 1-3　知识管理方式的对比

序　号	企业相关方面	传 统 方 式	当 前 方 式
1	所制造的产品	单一	多
2	人员的流动性	不大	大
3	知识的聚集地	生产现场	设计过程
4	知识管理方式	师傅带徒弟	知识库存储与人的经验传承相结合
5	工艺设计方式	依赖个人经验	使用企业知识
6	生产加工方式	被动修校	主动控制

飞机零件分为蒙皮、壁板、框肋、梁、长桁等不同类型，制造工艺方法有几十种，同一类型的零件又有不同的结构；每类零件毛坯模型、成形工件模型、成形工艺模型、制造指令、工艺参数、成形模具等制造要素的定义均需专门的知识，因此，每个工艺领域都包括种类繁多的知识，而要覆盖各种类型和尺寸值范围的零件、具备一定的问题求解能力，知识内容必须达到一定的数量，并以成熟度控制知识的动态更新过程，实现知识持续积累。如图 1-14 所示，制造知识库的构建包括知识库的初始创建和智能制造过程中的动态转化，通过建立相应的管理策略保证知识的科学性、一致性。

（1）工艺领域知识的系统化表达，实现对制造知识统一分类存储。知识表达是把领域知识通过一定的分类组织模型，在计算机中形式化表示出来，按照该结构采集并录入至知识库，使企业生产实践中积累的大量知识以数字化形式得到积累和共享。工艺领域制造知识与单一制造问题求解知识区别在于其全覆盖性和结构的复杂性，制造的智能化程度取决于知识元的数量和质量。针对制造工艺领域知识种类多的特点，根据知识的信息本质，知识的系统化表达包括自上而下的知识分类组织和自底向上的知识群体构建两个相互联系的过程。自上而下对作为种类的知识表达，目的是建立知识的分类组织模型，直至细分为最小粒度的基本类型知识，并解析最小粒度知识的信息组成，形成知识的组

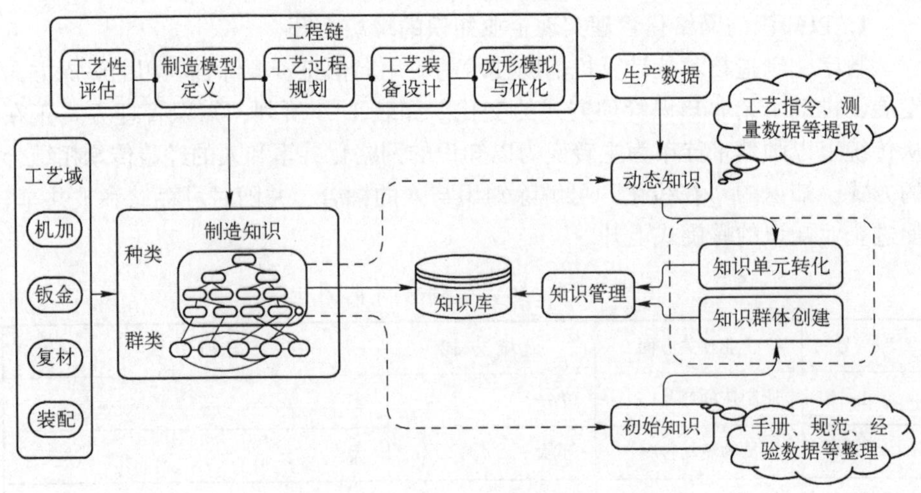

图 1-14　制造知识库的构建

织模型；自下而上对作为知识个体的建模，目的是构造知识单元，从基本概念、信息组件到知识单元逐级录入数据，存储于知识库，形成知识单元组成的集合。

（2）成熟度控制知识的动态转化，促进企业知识的螺旋上升。随着知识重用进程的推进，企业知识传承从以师傅带徒弟为主的模式转变为个人知识到企业知识再到个人知识的螺旋式上升过程，个人就可以充分挖掘和利用企业知识扩展到新的制造情形之中。从时间上看，制造工艺领域知识从最初知识群体的创建、使用中知识的动态更新到趋于完善是一个渐进的过程，成熟度用于对知识库内容进行阶段性量化评估，对成熟度的评价可从知识覆盖度、应用效果等方面建立指标体系，从单条知识单元到知识的整体逐层向上计算并判断其等级，从而为确定不同粒度知识是否需要改进或多大程度上可以重用提供科学依据。生产数据向知识的转化涉及已有知识体系中的多层次、多种类知识，自顶向下逐层计算所需转化数据与已有知识的相似度，在一定相似度阈值下，确定可以转化为知识的数据；然后按照各知识单元的信息构成，对生产数据的信息单元进行析取、关联和组合，形成信息构件或知识构件。

2. 以知识的集成化使用实现制造全过程的智能化

针对工艺过程、工艺参数、制造模型、工艺装备等模型定义，通过开发使用典型解决方案、经验数据、生产实例等知识的智能化设计工具，以定义内容全面、参数准确的模型，驱动物料流过程，可改变在制造现场依赖操作人员经验的试错生产模式，提高制造的效率、准确度和可靠性。如图 1-15 所示，从

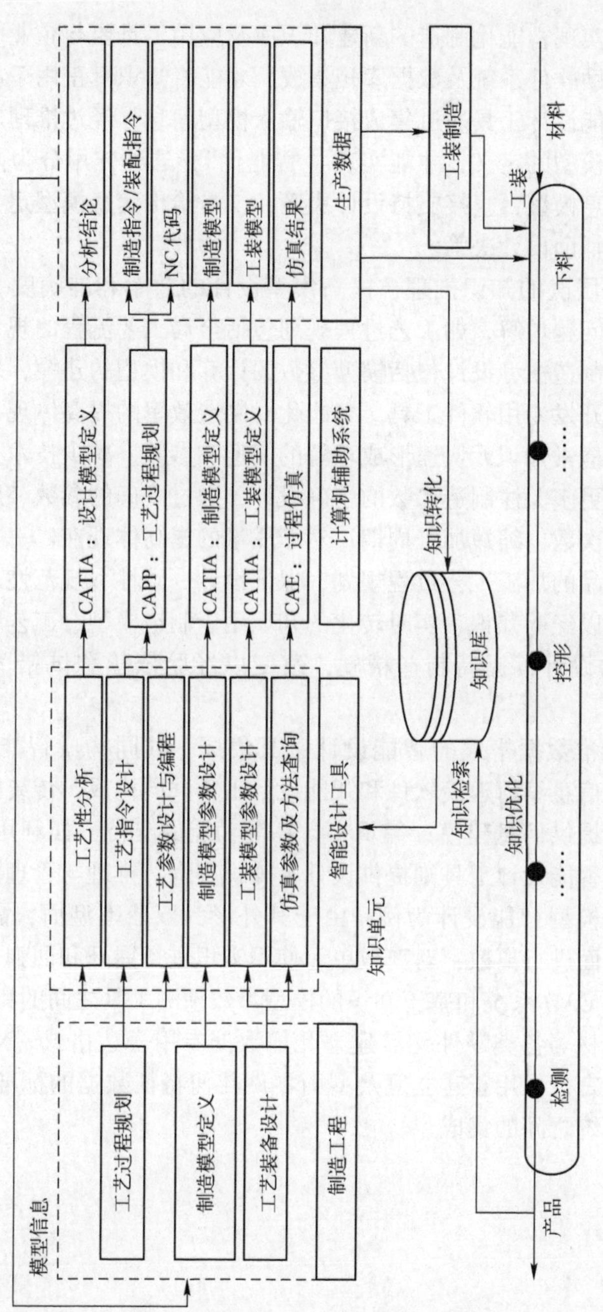

图1–15　制造知识的集成化使用

应用层看，作为实现智能化制造的新建知识库及应用工具要与企业中已经运行的各类计算机辅助软件系统及数据库相集成，才能将知识真正用于各类信息模型的定义，即智能设计工具通过集成接口输入模型信息，经过推理后形成的求解信息要作用于模型的定义，才能实现“智能化”，这种作用分为两类：一是给出要定义的信息模型，直接支持设计决策；二是给出信息模型定义所需的参数或过程，间接辅助设计决策。

（1）基于多层次的知识推理，提高模型设计的效率和准确度。制造过程包括不同层次的问题求解，如工艺过程规划包括全局工艺流程的规划和局部工序的参数设计、制造模型设计包括模型参数的计算和模型的建模，均需建立智能化设计方法并开发专用软件工具。智能化对制造效率的提高体现在根据决策对象从知识库中检索知识元快速形成求解的模型和参数，减少技术人员重复性编辑工作而使其更多关注制造参数的精确设计，通过准确的参数、成形模具和毛料来减少试错次数、缩短加工周期；对于质量的提高体现在：一是以规范的工艺过程用于产品的加工工艺过程规划，保证设计一致性和规范性、减少工艺设计更改；二是以经验知识、实时转化的知识用于制造模型、工艺装备模型和设备控制参数的设计，提高制造精度，改变以经验依赖和试错为主的制造模式。

（2）基于标准数据格式的智能设计工具集成，共同构成智能制造技术。智能制造技术由信息编辑建模软件和智能设计工具共同构成，传统的计算机辅助软件工具着重提供信息建模、编辑、计算等功能的支持，如利用 CAD 系统建立三维模型；智能设计工具则提供设计者知识查询、推理与管理的支持。以飞机钣金件制造模型智能设计为例，由于其外形为双曲率型面，需要将 CAD 模型中的外形曲面进行离散，对离散单元使用知识进行展开和回弹补偿参数的计算。为了实现 CAD 系统和基于知识的模型参数预测工具之间的集成，蒙皮、壁板、框肋、型材等各类零件均需建立几何数据专用表达格式。XML 是一种可扩展的标记语言，可用于建立复杂型面零件几何特征数据的标准描述格式，实现不同软件系统之间的集成。

第2章　面向制造的零件模型及其状态生衍过程

相互联系的全三维设计模型与制造模型（工艺模型）共同构成了面向制造的全三维产品模型：一方面，不仅是带标注的三维模型，更为重要的是设计信息和工艺信息的融合和一体化，它将产品几何信息和非几何信息集成、面向制造定义设计信息，使制造工程技术人员获取加工所需的信息；另一方面，面向制造工艺全过程，将中间状态以制造模型数字量进行表达，为制造过程控形和检验提供依据。

2.1　面向制造全过程的零件模型框架

零件模型是数字化制造的源头，影响制造效率和质量的关键技术问题主要有：一是设计模型的信息是否更好地满足数字化制造的要求，通过发展面向制造的全三维设计模型定义方法，定义全三维设计模型驱动全局工艺过程规划，以实现制造的高效化；二是设计模型在制造链中考虑工艺因素进行延拓后的准确度，通过开发各类结构件专用制造模型定义技术，定义制造模型驱动局部工艺过程工装、数控编程和现场操作，以实现制造的高精度。下面分别从宏观的模型组成和微观的模型特征两个粒度进行分析。

2.1.1　面向制造的模型框架

面向制造全过程的三维模型信息空间由面向设计过程的设计状态模型和面向工艺过程的制造状态模型组成；对设计模型或制造模型结构特征的移形、映射等操作而形成工装模型、数控程序控制零件形状。如图2-1所示，面向制造的产品模型框架由多个状态构成，把制造过程作为一个整体，着重观察模型信息与整个制造环境的关系、组成模型的各状态间的关系以及其他各层组元之间关联方式，产生整体信息形态，沿着制造过程链而不使信息损失。其中，状态是制造过程中某一时刻产品信息的集合。状态由低层次的特征所组成，特征由多个要素组成。从组成模型的基本信息到整体呈现出来的多个状态，这个变化序列中对应着要素层（E）、特征层（F）和状态层（S），每个层次内包含不同的组元。

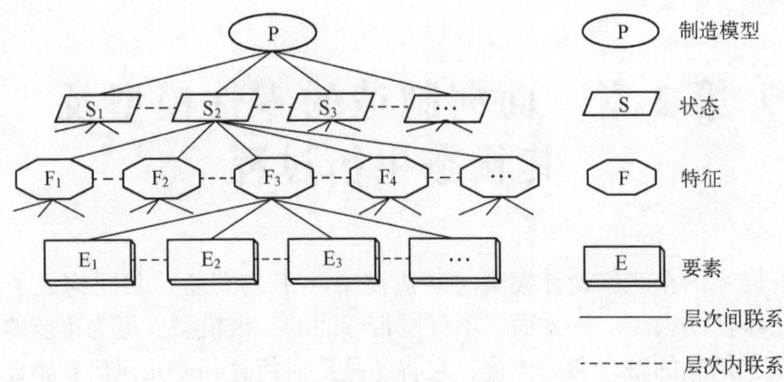

图 2-1　面向制造的零件模型框架

2.1.2　设计模型至制造模型

如图 2-2 所示，在宏观上，制造过程的三维模型包括设计模型、制造模型及以此为依据的工装模型，三者之间相互关联，以设计模型为依据，面向工艺过程建立制造模型，以设计模型或制造模型为依据建立工装模型。因此，设计模型、制造模型和工装模型是相互关联的。制造模型是对设计模型的结构特

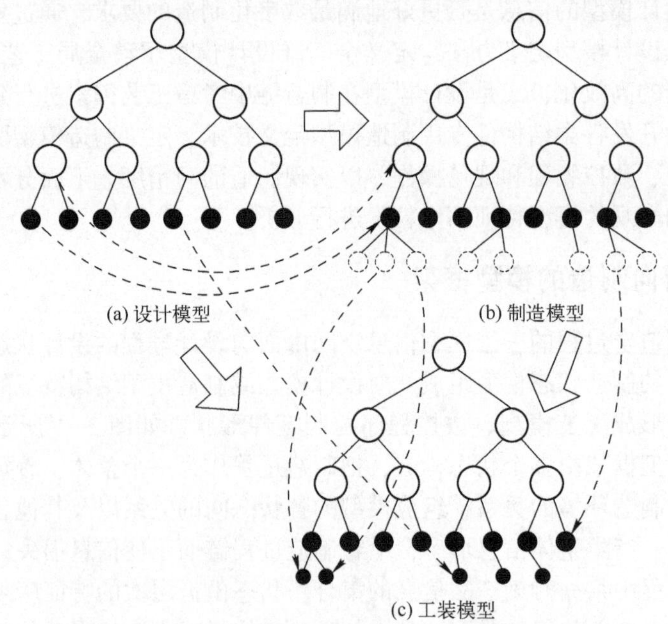

图 2-2　设计模型、制造模型以及工装模型的关联关系

征进行添加、提取、分解、变形等操作而形成，引用设计模型的参考面等特征，与设计模型通过几何关联进行建模。

如图 2-3 所示，在微观上，面向制造的设计模型表达的信息包括设计、工艺和更改等信息，几何信息要满足工艺性要求，非几何信息要满足数字化制造的要求；面向工艺的制造模型是对工艺链各个状态信息进行描述，包含面向下料、加工、检测等各类工序补充定义的几何和非几何信息，用于控形工装设计和数控编程。

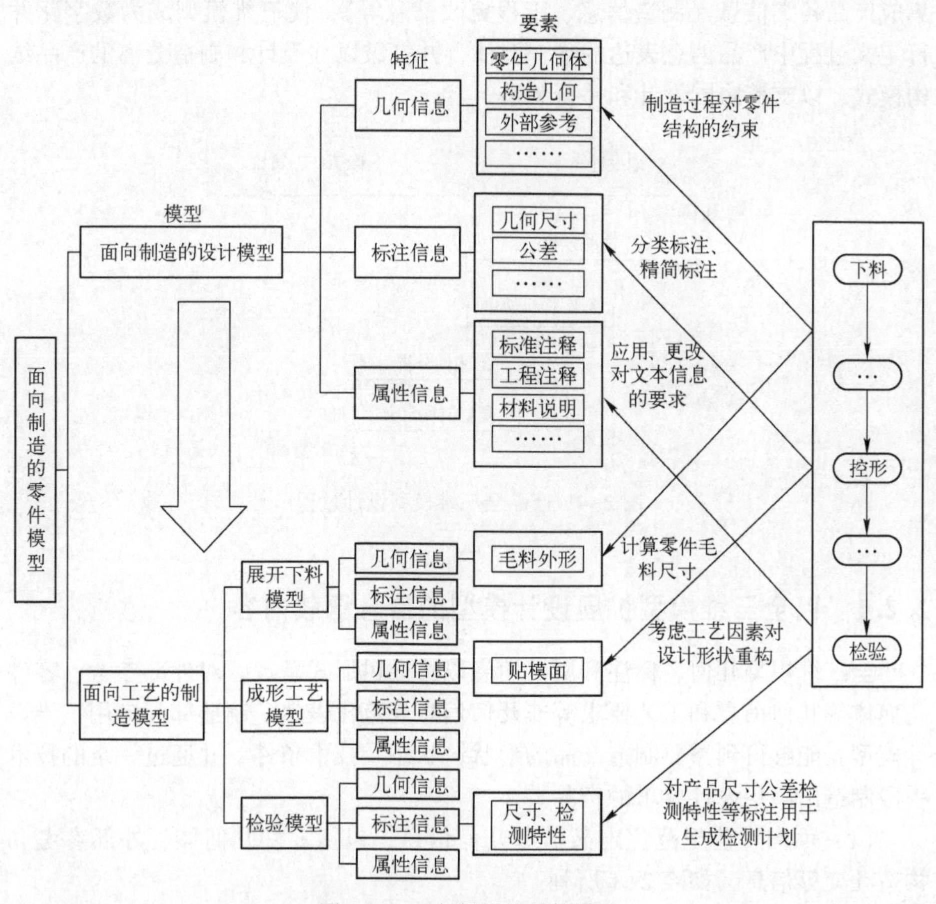

图 2-3　面向制造的零件模型

2.2　面向制造的全三维设计模型

设计过程是指产品设计模型从功能需求开始，经过中间状态，逐步完善为一个完全支持制造活动的最终模型的渐进过程；设计状态是在设计过程中经过反复迭代满足一定功能、工艺和维护约束条件所确定的设计结果。如图 2-4 所示，三维模型设计过程包括建模（物理）、性能分析（功能）、数字样机协调（协调）、工艺性（可制造性、可维护性）分析和模型属性定义。其中，三维模型特征、功能、协调成熟到一定水平后，开始可制造性分析和可维护性审查分析工作。按照飞机研制过程依次顺序产生的设计状态，形成从粗到细的飞机产品模型，每一阶段设计的产品数据结果集合，产品数据以三维模型为载体集成产品各类信息（制造信息、工程更改信息等），使三维模型成为数字化并行定义过程中产品信息表达的唯一载体，并打破以往设计和制造分离的产品结构模式，以支持协同设计和并行制造。

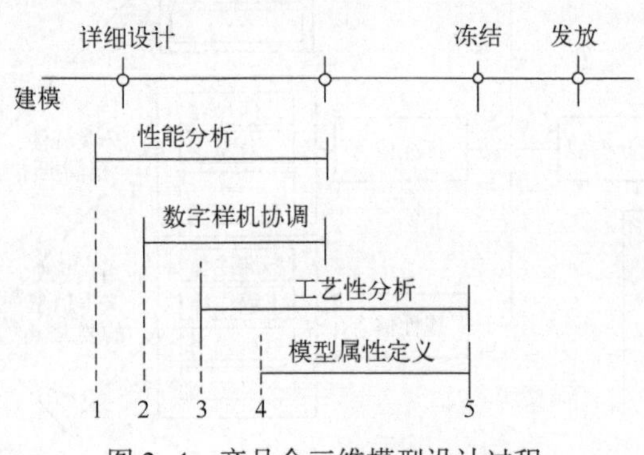

图 2-4　产品全三维模型设计过程

2.2.1　以全三维模型扩展设计模型的信息承载内容

全三维模型几何、标注和属性信息以特征树形式呈现，对外部参考、零件几何体等几何信息和工艺要求等非几何信息规范化表达。制造部门应用三维设计模型就能够得到需要制造产品的形状、状态及技术条件，并通过一定的技术手段制造出满足设计要求的产品。

（1）面向工艺规范化定义模型几何信息，包括零件几何体、外部参考和构造几何等信息，如表 2-1 所列。

表 2-1　三维模型中的几何信息

组　成	说　明
零件几何体	根据气动和结构要求建立零件实体模型，且需要满足当前制造条件下的工艺要求。模型包括零件建模的操作步骤

续表

组　成	说　明
外部参考	飞机结构件引用的外部几何模型和几何特征，如框、肋、梁、长桁等基准面或理论外形等曲面，根据引用的信息定义出构件的外形基准和位置基准
构造几何	在建模过程中创建的参考点、投影线、草图平面等过程元素

（2）三维模型中定义传统二维图纸中的非几何信息：将传统在二维图中表达的尺寸公差、技术要求、材料、名称、审签信息等文字性描述的信息在三维模型中以标注、属性的形式定义。

① 标注信息：包括捕获、视图、注解等，用来描述尺寸、公差等信息，如表 2-2 所列。

表 2-2　三维模型中的标注信息

组　成	说　明
捕获	用来快速地浏览某个剖面标注的尺寸、公差或注释等信息
视图	为了尺寸标注而建立的零件参考面，保证标注位于指定的平面上，包括正视图、截面视图、剖面视图、局部放大视图、特殊标注视图、关重特性视图等
基准	加工基准、定位基准、辅助基准、查询基准等
尺寸	标注重要部位的尺寸及极限尺寸，如零件最薄厚度、最大长度等，说明检验所遵循的国家标准或型号标准号；对一些非标准结构尺寸（如长桁缺口、倒角）需要标注
公差	尺寸、形状和位置公差及表面粗糙度
注解	对零件信息进行解释和说明，包括倒角说明、标准代号注释等以文本形式进行的标注

（a）分类显示尺寸标注信息：尺寸标注反映了产品的外形、定位的特征，采用三维标注的形式配合实体模型来表达设计意图。零件制造过程中，部分工艺人员只关注零件模型中的某一项或是几项非几何信息，往往需要将每个模型逐一打开查看需要的内容，查看的效率较二维的表达方式有所降低。对于需要标注较多的零件，其三维标注信息需要按照一定的规则进行分类显示以提高三维模型的可读性。

（b）采用精简尺寸标注的方法：对于飞机结构件而言，由于涉及复杂的型面，部分尺寸无法直观地表达。由于数控技术的应用，制造过程所需要的制造依据信息也是三维模型中的表面模型，因此，这部分尺寸不再使用传统尺寸标注方式；即便如此仍有大量的尺寸需要标注，工作量非常大，因此，将采用精简尺寸标注的方法。

② 属性信息：以属性形式描述的产品非几何信息，包括通用注释、零件注释、热表处理注释、基本注释等，如表 2-3 所列。

表 2-3　三维模型中的属性信息

组　成	说　明
通用注释	包含设计单位、部门、版权说明、数据集内容、数据集比例、数据集尺寸单位、理论外形数据库、飞机通用技术要求等信息
基本注释	零件编号、修订-版本号、材料编号、材料规范、材料品种、材料状态、毛坯尺寸、特检标注、破坏检查、工艺类型、承制单位、单件质量、密级、区位
零件注释	包含材料标准、尺寸公差、表面粗糙度、锐边、其他要求、特种检查、零件特性检查、对称性说明等信息
热表处理注释	包含热处理、表面处理
喷漆定义	描述了该零件的喷漆材料、喷漆说明、喷漆顺序及相关旗注信息

（3）面向制造在设计中补充定义信息：包括二次拟合的型面、零件精确毛坯尺寸、定位特征，如表 2-4 所列。

表 2-4　三维模型中补充定义的工艺信息

组　成	说　明
二次拟合的型面	飞机零件以理论型面为基准进行设计，由于建模需要设计人员将型面分割为多个碎面，导致加工难度大，影响数控加工效率；复合材料构件各个区域厚度不均致使内形面出现台阶状的梯差，此内形面无法作为模具设计的依据。通过在设计阶段补充定义，可以提高制造的效率
零件精确毛坯尺寸	在设计阶段给出零件的精确毛料尺寸，以便于并行开展工艺设计、生产准备等工作
定位特征	零件成形过程中用于定位的工艺孔、装配用的导孔由工艺部门二次定义，通过在设计阶段定义可显著提高制造效率

2.2.2　以协同设计提高信息内容对工艺的符合性

设计与工艺的协同是指在设计阶段工艺人员对设计模型进行工艺性的技术经济审查，分析问题并提出三维模型修改的协调意见。如表 2-5 所列，从模型规范性、可加工性和易加工性进行分析。模型的规范性审查分别根据材料信息、建模要求、热表处理要求对模型的材料、几何、标注注释和属性信息进行审查；结合机加、钣金、复材等专业的具体工艺从结构是否可以加工和是否容易加工进行具体的工艺性审查。

表 2-5　三维模型工艺性审查的内容

业务过程	子　过　程	业务说明	
模型规范性审查	材料信息审查	正确性审查	审查产品图纸、数模的材料牌号、材料状态、材料规范书写是否正确，是否属于全机选材目录中的材料；审查材料牌号、规范、规格与实际用材料是否对应正确；数模特征树中标注的材料厚度和数模上量出的材料厚度是否一致；数模量取的材料厚度是否与原材料厚度一致。设计给定的零件毛料尺寸是否包容材料理论展开尺寸
		合理性审查	审查材料状态的合理性
		易购性审查	所选材料是否为常规材料，是否易购买；材料规格是否在优选规格范围内
	几何模型规范性审查	规范性审查	检查设计建模是否规范；出现相似件时，是否有外形防差错设计
	尺寸公差标注审查	正确性审查	尺寸标注是否全面；标注尺寸是否正确；下陷等结构要素标准代号是否标注清楚、齐全，且书写规范
		合理性审查	尺寸、形位公差要求和公差基准选用是否合理；图纸、数模标注的公差与实际情况是否相符
		规范性审查	各种孔和圆角的数量、直径（半径）等结构特征标注应标准化、规格化
	属性审查	零件注释审查	数模所选工艺成形规范编号是否正确，是否全面，没有遗漏
		装配通用附注审查	若零件上的孔要求与其它零件（成品）配钻或协调制孔，是否在零件上一级装配件通用附注中注明，以及焊接零件的焊接要求应在上一级焊接组件的附注中说明
		热处理注释审查	是否有热处理规范，热处理安排是否合理，热处理最终状态是否满足硬料装机要求
		表面处理注释审查	引用的表面处理工艺规范是否正确、齐全，所需漆料应在全机防护规范之列
		旗标注释审查	注释旗标是否与数模图面相匹配，内容是否完整，能否执行
		非常规的特种工艺要求审查	对于部分零件检查是否有非常规的特征工艺要求
可加工性审查	机床加工能力审查	加工范围审查	审查分工路线是否正确，审查产品图纸、数模是否属于本单位所加工的零件范围
		外形尺寸审查	零件外形尺寸是否超过现有设备的工作台面及允许的零件极限高度和厚度，是否需要其他单位协作加工
		结构加工极限审查	审查能否加工出来所选材料相应尺寸（长、宽、厚、半径等）的结构

续表

业务过程	子 过 程	业务说明	
可加工性审查	精度及检测能力审查	精度要求审查	零件的精度要求本单位的加工设备是否能够完成，是否需要外单位协作加工
		可检测性审查	尺寸和公差的各种检测要求，工厂现有设备、工量具能否满足检测条件
易加工性审查	材料审查	材料易加工性审查	审查所选材料生产过程中是否易加工
	结构审查	结构易加工性审查	零件结构特征是否易于加工，如蒙皮零件外形结构应光滑、流线，尽量避免有鼓包、凹坑、折线、边缘的弯边和下陷
	易检测性审查和验收要求审查	易检测性审查	检查关键要素，重要尺寸是否便于测量
		验收要求审查	检查设计模型中引用的验收技术文件，是否有难以满足要求的内容

2.3 面向工艺链的多态制造模型

设计模型准确地描述了零件的最终形状、尺寸和性能要求。零件在物料流中表现为工件形性和空间位置的改变，经历不同的中间状态，共同构成面向工艺链的制造模型。将设计模型向制造工艺链延拓而生成制造模型，驱动数字化制造工艺过程控形工序的参数设计、工装设计和设备控制等活动。面向工艺链的制造模型具有多种不同状态的特性，即多态性，从工艺过程全局看，既包括加工前数字空间虚拟的实体化模型，也包括加工后物理空间实体的虚拟化模型；从某一工序看，虚拟的实体化模型既包括成形后瞬间时刻的回弹修正工艺模型（移形形状），也包括成形操作后稳定时刻的成形工件模型（回弹后形状）。如图 2-5 所示，对各个“定常状态”的模型进行组织和描述，将工艺过程中零件状态作为基本组成单元，并面向不同的应用环节细分为工艺模型、检验模型和孪生模型。

2.3.1 面向加工工序的工艺模型，用于高效精确控形

加工工序是改变原材料形状和尺寸的工序。由于飞机机体零件数量大、品种多，决定了零件加工工艺种类多和过程复杂。由于在工艺链中并不是每一链节点都需要分析其制造状态，例如：领料、去毛刺、作标印等。所以，根据工程实践需求，将那些需要定义制造模型的工序称为关键工序，如毛坯制备工序、成形工序等。

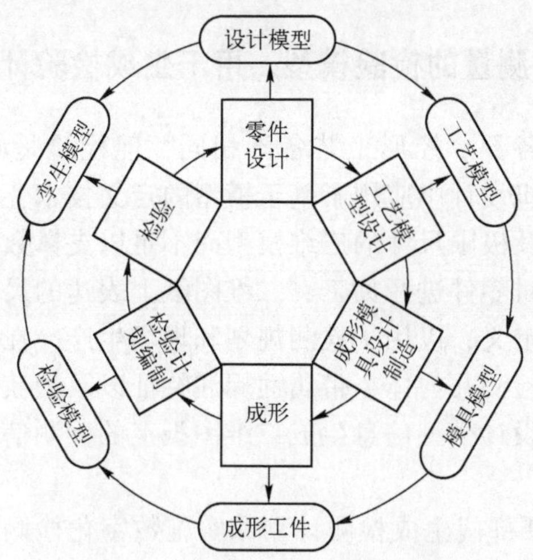

图 2-5　面向工艺过程的制造模型

面向加工工序的工艺模型包括工件模型和变形补偿工艺模型，工件模型反映工序所成形出的工件形状，可直接用于下料、成形、检验；变形补偿工艺模型是在工件模型的基础上补偿回弹、加工变形、冷缩变形等之后的模型，用于工装设计和数控编程，难点不仅在于各工序要达到的状态，更在于如何预测工艺变形量并在工件模型中予以补偿。通过考虑工艺因素根据产品最终形状和工艺过程所确定的物料流中间状态模型，传递至工装设计、数控编程、数控检测等环节，为零件快速、精确制造提供数字量依据。

如表 2-6 所列，飞机机加件、钣金件、复合材料构件外形一般为双曲度型面，结构特征和工艺链各不相同，制造模型的内容及其作用亦不相同。

表 2-6　面向工艺链的典型飞机零件制造模型

典型件	工　艺　链	模 型 内 容	模 型 用 途
机加件	下料→粗加工→精加工→检验	粗加工、精加工轮廓	用于数控编程
		考虑加工变形的加工路径	用于数控编程，减少加工变形
钣金件	下料→热处理→成形→切边→检验	展开下料模型、考虑加工定位的成形工件模型	用于数控编程、成形模具设计
		考虑回弹、翘曲等因素修正零件型面	用于成形模具设计，提高制造精度
复合材料构件	下料→铺贴→固化成型→切边→检验	铺层单元展开模型、铺放定位数据模型	用于下料、加工定位的数控编程
		考虑回弹、翘曲等因素修正零件型面	用于成型模具设计，提高制造精度

2.3.2 面向数字测量的检验模型，用于生成检验计划

飞机零件结构各异、控形工艺各不相同，但检验是必不可少的内容之一。虽然现阶段飞机设计中应用了基于模型的定义技术，但在设计模型中标注重要部位的尺寸及极限尺寸的三维模型尚不足以支撑数字化检测。现阶段根据三维设计模型对零件进行加工，二维图纸上表达的尺寸和公差信息需要在三维模型中进行定义，以用于检测规划和现场生产。在典型零件设计模型的基础上详细定义检测几何体、带属性标注特征以及捕获特征等内容，才能改变传统上由三维设计模型信息生成二维图纸上的检测信息并进一步生成检验计划的模式。

检验模型是检测部门生成检测计划和实施数字化检测过程的重要信息载体。飞机典型零件的检测信息定义，需从材料、工艺方法、尺寸、检测方法等多个角度对零件典型结构特征进行分类研究。通过提炼、梳理、归纳飞机典型零件结构特征检验内容，如孔、筋条、弯边、圆角、下陷、平面、型面轮廓等，并结合其加工工艺特点与质量历史经验来确定质量控制要点，制定经济、可行的质量检测方法；在设计模型的基础上定义检测数模、注释、尺寸标注、检测特性、捕获等内容，形成检验模型，为后续的检验规划、检验数据比对处理以及质量控制提供指导。

2.3.3 面向质量控制的孪生模型，虚实融合以虚控实

质量控制是为达到质量要求所采取的作业技术和活动，在产品的制造阶段主要体现在产品制造信息的采集、监控、传递、处理及评价。对零件制造模型，则是在工件加工完成之后，通过三维检测等手段建立物理零件的数字孪生体，镜像对应零件实体的真实状态和真实行为，达到虚实融合、以虚控实的目的。

孪生模型并不是实体产品的完全模型，而是根据设计制造过程中特定目的而建立的具有一定粒度的数据集合。根据非结构化复杂外形薄壁件测量数据构建数字孪生模型并作用于变形补偿涉及两类问题：一是对非结构测量数据和已有的数字模型进行离散、拟合和比对，建立反映变形特点的孪生模型，评估工件质量和实时调控当前零件的模具型面；二是对孪生模型信息进行提取、选择和变换，并与现有知识相比对，萃取其中的知识，重用于后续零件模具型面调控。

2.4　制造模型状态生衍的宏观过程

在工艺准备的数字空间内，从设计模型的最终形状和尺寸信息面向工艺链衍化为一个多个状态组成的制造模型。由于工艺过程本身的关联性决定了零件制造模型组成的各个制造态之间相互关联，表现为物料流中从原材料到零件各工件之间的关联和信息流中零件模型及制造模型各个状态之间的关联，且是虚实结合的过程。

2.4.1　状态生衍的虚实融合过程

零件数字化制造的关键是全三维模型数字量载体下制造时空范围内零件信息内容表达及其定义。如图 2-6 所示，在零件设计过程中由粗向精细的转化，是从功能需求开始逐步完善为一个完全支持制造活动的最终状态的渐进过程，这一过程对应于零件数字化定义的成熟度；在零件制造过程中，面向工艺链定义各个中间状态，并不是简单的信息传递或复制，而是一个在考虑形性转换物理过程基础上的几何模型生衍过程。制造模型状态信息生衍是各个模型按照一定次序产生、衍变和优化的过程。面向工艺链的制造模型是以设计模型为基础，面向工艺过程所定义的控制零件制造过程的数字模型，包括虚拟的实体化模型和实体的虚拟化模型。虚拟的实体化是进行加工之前先建立面向关键工序的数字模型，用于控制数字化制造的工艺设计、工装设计和数控指令生成，而状态仿真结果反作用于工艺链的优化。实体的虚拟化是在零件制造过程中，将

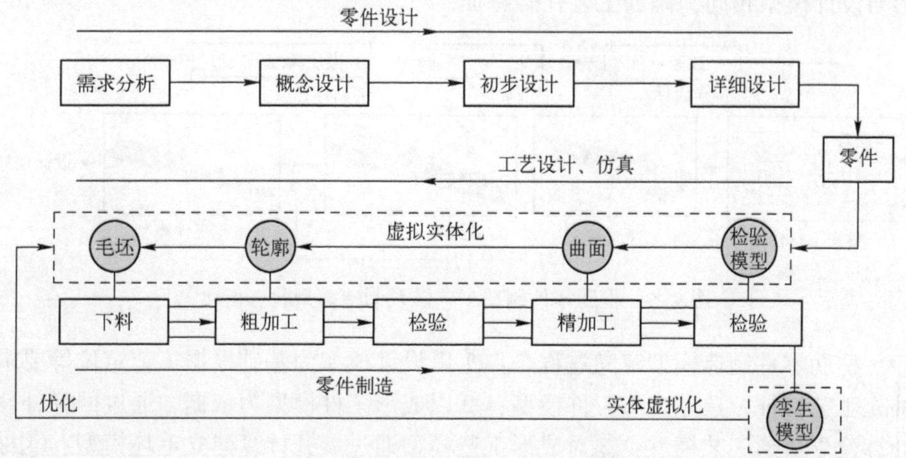

图 2-6　零件设计制造过程中的模型生衍

物理空间工件状态映射到虚拟端，通过虚拟方式进行判断、分析和优化已建立的工艺模型。通过制造的物理世界和信息世界之间的交互和共融以实现高效率、高质量制造。

2.4.2 虚实结合的状态生衍过程

复杂零件制造采用多种控形工艺的组合或单种工艺的单次/多次控形，面向工艺链的主要工序定义其状态信息模型、移形到工艺装备、生成数控程序，再将实物检测数字量反馈至工艺过程这样一个闭环制造过程，虚实结合实现低成本、快速和精密制造。

1. 以虚控实的制造模型创建过程

制造模型是零件数字化制造的直接数据源，组成的状态模型面向零件制造的各个工序，其应用可涵盖各工序所对应的工艺设计、工装设计和现场操作，以虚控实是数字化制造的直接体现。零件工艺链是制造模型状态定义的依据，决定了制造模型衍化的方向和程度，但这一过程并不是从原材料到最终零件物料流形状变化的严格逆过程。由于零件工艺过程的不唯一性和某些工艺过程的不可逆，制造模型状态生衍路径也不唯一。

以飞机框肋零件为例，其一步法成形的工艺过程是“数控下料—热处理—校平—橡皮囊液压成形—表面处理—检验”。如图 2-7 所示，根据设计模型和工艺过程把制造模型状态划分为：①毛坯模型——从复杂曲面展开成平面毛坯；②排样下料模型——对多种零件毛坯在同一板料中下料的排布模型；③成形工艺模型——考虑弯边、下陷回弹补偿而建立的模型；④成形工件模型——外形与设计模型相同，添加工艺孔等特征。

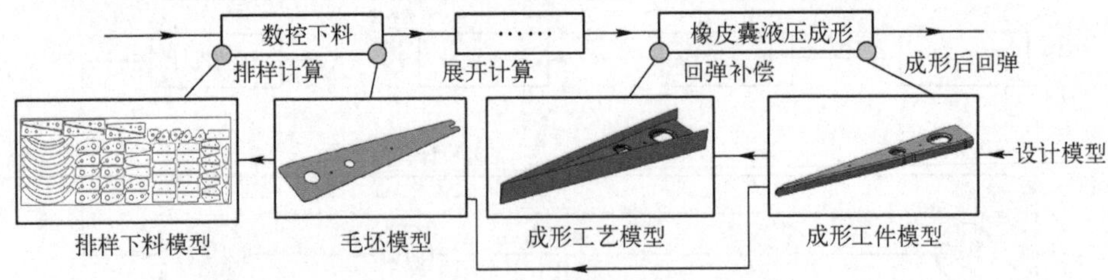

图 2-7　框肋零件制造工艺链及制造模型状态衍化

框肋零件制造模型定义过程是：①以设计模型为基础根据工艺定位等要求补充工艺特征，建立成形工件模型；②以成形工件模型为依据，通过回弹补偿计算建立成形工艺模型；③对成形工艺模型通过展开计算建立毛坯模型；④根据毛坯模型建立排样下料模型。可见，虽然零件工艺过程是制造模型定义的依据，但信息流的制造状态数字化定义顺序与物料流的逆过程是不尽相同的，制造模型状态之间相互依赖关系决定了数据产生和衍变的先后顺序。

2. 以实控虚的制造模型优化过程

随着数字测量技术的发展和应用，根据零件实际状态控制模具型面的优化，可以显著提升制造的效率和质量。蒙皮、框肋等零件由于薄壁弱刚性、形状不规则性，适用于非接触式测量，如激光扫描得到的是非结构化点云数据。数字化测量用于检测成形准确度，借助非接触式三维影像扫描设备，测量得到成形零件型面点云数据信息（STL 文件），使用三维检测软件将零件的设计型面数模与点云数据进行匹配，将零件设计模型与工件实物测量数据进行定量比对分析，形成实物工件的孪生模型。

如图 2-8 所示，从孪生模型中计算得到两者之间的偏差量，优化工艺模型，进一步提高零件成形质量；并可转化为零件精确成形工艺知识，以便在以后零件成形过程中，工艺技术人员根据当前零件信息，从工艺知识库中检索零件回弹补偿知识，用于工艺模型设计，从而达到零件精确成形制造的目的。

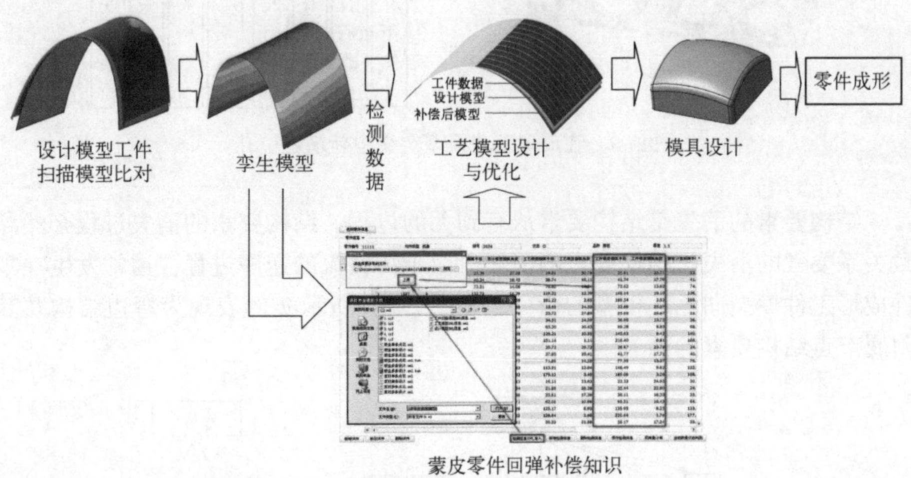

图 2-8　成形零件孪生模型反馈作用于工艺模型

2.5　制造模型特征生衍的微观过程

制造模型状态的生衍表现在工序控形节点上几何形状的变化。从结构特征来分析，每个中间状态是成形加工过程中某一时刻的工序件模型，状态的生衍表现为新结构特征的生成、已有结构特征的消失和衍变。零件几何模型由结构特征树描述，因此状态的生衍反映在结构树中结构要素节点的产生、衍变和消失以及相互关系的变化，即几何模型中结构要素种类、数量及个体要素的变化。

2.5.1 特征生衍类型

结构要素的产生是结构从无到有的过程，必然伴随新结构要素关系的出现。结构要素的产生对应于从毛坯到成品物料流的顺序过程，一般发生在根据设计模型定义成形工件模型或者是根据成形工件模型确定成品零件模型的过程，如图 2-9 所示实例表现为新增定位用的定位孔。

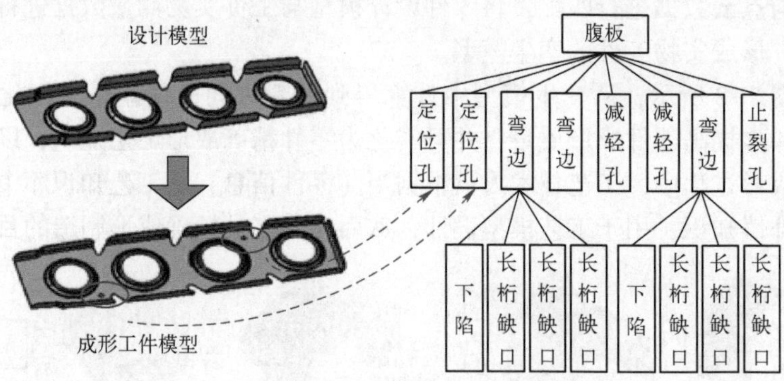

图 2-9　在成形工艺模型定义中新增定位孔

结构要素的消失是结构要素从有到无的过程，结构要素的消失过程必然导致关系要素的消失。结构要素的消失对应于物料流的逆序过程，通常发生在零件成形工件模型向毛坯模型的衍化，如图 2-10 所示实例表现为弯边结构及其附属节点结构要素的消失。

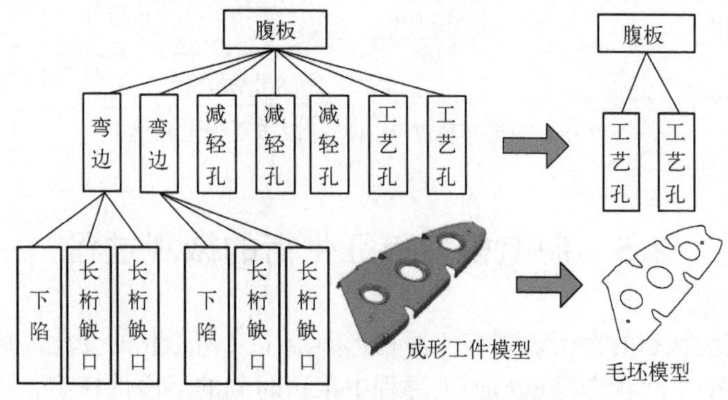

图 2-10　毛坯模型定义中的结构要素消失

结构要素衍变是结构要素特征变化的过程，通常可表现为几何要素的形状、位置或者数值的变化，而其变化前后和其父结构的关系一般保持不变。结构要素信息模型的衍变发生在模型控制面向曲面或平面映射变化而其相关的结构特征随之而变的情形，如整体壁板三维模型展开、框肋零件弯边回弹补偿。

如图 2-11 所示整体壁板零件板坯模型定义过程中长桁的衍变，其基本结构信息由截面和引导线组成，其中截面在成形过程中保持不变，引导线作为长桁和壁板基体的关系要素，从成形工件模型到毛坯模型的衍变过程中，基体外形面由曲面变为平面形状、内形基于等厚度假设而重构、长桁结构要素的衍变通过引导线的变化表达。

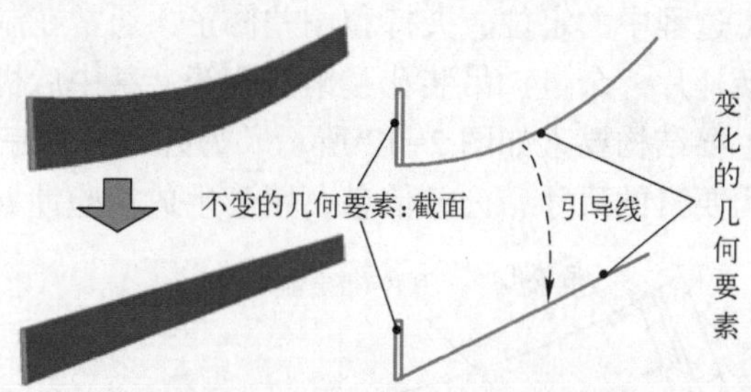

图 2-11　整体壁板零件板坯模型定义过程中长桁的衍变

2.5.2　模型的近似性

制造模型的定义过程中，需要从最终状态的模型衍化生成其他状态的模型。由于加工过程的复杂性、非线性，各个状态的定义并非有唯一解，即每个状态可以有多个解，只能是寻求工程上可行的近似最优解。

1. 毛坯展开形状计算

从材料半成品转变为成品的过程中，机加、钣金、复合材料工件都需要求取毛坯形状，毛坯形状将对加工效率、质量等产生影响。以整体壁板件为例，外形为双曲率，由于外形不可展性，加之内部有长桁等内部结构，毛坯计算复杂，只能求取近似解。

2. 变形补偿工艺模型设计

变形补偿工艺模型的精确程度决定了制造的效率和质量。零件在加工定位和工装约束去除后内力作用下的非受控变形，如回弹等引起的钣金件变形等，需要综合考虑零件材料、形状及变形机理等因素，预先修正原来形状以抵消和消除，但变形量难以精确计算。

3. 中间状态工件模型确定

对于复杂结构零件，往往从毛坯到设计形状难以一步加工形成，或留有一定工艺余量，从毛坯到其最终状态之间的中间状态具有不精确性，即中间状态的定义不存在唯一解。

2.5.3 生衍基本算子

制造模型是以工艺过程为依据，对设计模型进行二次定义的结果，对设计模型沿工艺链的毛坯计算、变形补偿工艺模型设计、中间状态工件模型确定等过程中的生衍算子包括特征的添加、离散、展开、补偿等算子，这些运算形式上表现为结构要素的添加、衍变和消失。

1. 添加算子

为了实现加工过程中的定位、夹持和偏差修正，通常在制造过程中添加的结构要素主要包括耳片、余量、吊装孔、销钉孔等。某中后机身蒙皮零件制造过程中所添加的主要结构要素如图 2-12 所示。另外，零件三维数字化检测则需要添加待检结构要素的尺寸、公差信息，用于生成检验计划。

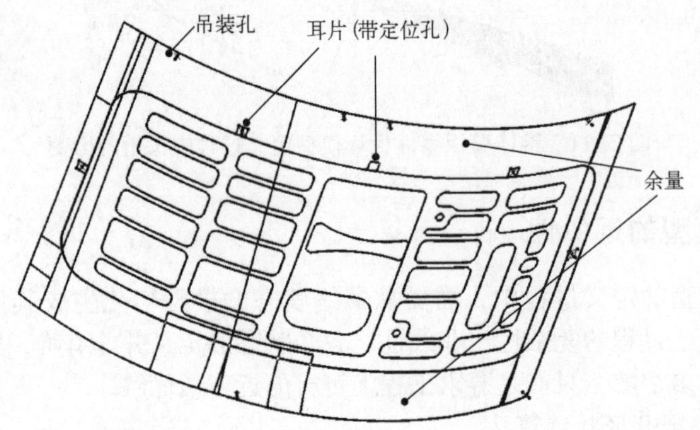

图 2-12 中后机身蒙皮零件添加的主结构要素

1) 添加耳片特征

为了便于制造过程中的定位与夹持，通常需在零件边缘预留余量处添加工艺耳片（或标示出耳片轮廓线），结构尺寸依据零件的整体结构尺寸而浮动，添加的耳片类型主要有定位孔耳片、吊装孔耳片、氧化耳片和装配吊装耳片等。

2) 添加余量线特征

为了修正加工过程中各种原因所引起的尺寸偏差或相互修配进行搭接，通常事先为加工、装配等工序过程预留出一定的尺寸余量，通常以余量线的形式存在，如铣切余量线、装配余量线。

3）添加孔特征

包括定位孔和装配孔。定位孔保证板料在成形模上能够快速准确定位，通常以点与线的特征存在，其中点代表位置、线代表方向；装配孔主要用于装配连接，导孔是一类典型的装配孔，一个蒙皮零件上导孔数目一般多达上百个，根据零件的大小不同，可以选择的导孔直径有 2. 5mm 等不同的规格。

4）添加标注信息

在零件设计模型的基础上，结合检测要求、检测方法/工具以及检测判断标准等属性内容，添加零件待检测结构要素的尺寸、公差、捕获、视图等标注信息，构建零件检验模型，用于生成检验计划。

2. 离散算子

双曲度复杂型面难以直接进行展开、变形修正，通常首先离散成截面线或网格单元，计算完成之后再重构形成一个整体平面或曲面。双曲率曲面边界线由于其空间曲线的特性，难以直接提取使用，通常离散成点，以点位信息表达轮廓信息。

1）面向有限元分析的网格离散

有限元分析将实体离散为有限自由度的一个个单元，每个单元在内部遵从一定的位移模式，而在各单元的连接处保持连续。对于不同成形过程的有限元分析，要根据模型的几何特点，选择合适的单元类型，以便达到提高计算效率和精度的目的。网格单元的理想形状是各边长度尽量相等，对于板料厚度远小于面内尺寸的物体，如果采用理想的体单元将需要采用大量的单元和节点，而如果在面内采用比厚度大得多的尺寸，则会导致病态方程，影响求解的精度，因此，不宜采用体单元进行分析。基于薄壳理论的壳单元既能处理弯曲效应，又不像体单元那样需要很长的计算时间和很大内存。以型材拉弯为例，选用能处理大位移和大转动等几何非线性问题能力的四边形壳单元作为型材零件的单元类型；拉弯模具与拉弯夹头则选用离散刚体壳单元，划分之后的网格模型如图 2-13 所示。

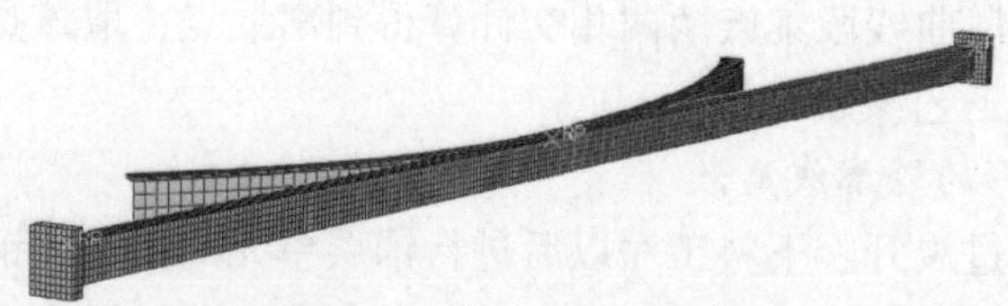

图 2-13　型材零件、拉弯模具与拉弯夹头网格划分

2）面向曲面变形映射的截面线离散

零件的外形曲面在三维空间中呈自由曲面状态，为了进行后续的展开计

算、变形补偿，需要先将三维空间曲面离散为二维曲线，即实现由面到截面线的离散。选取某一边界线为基线，沿基线以一定间距取点并作其法平面，与曲面相交得到截面线组，如图 2-14 所示。

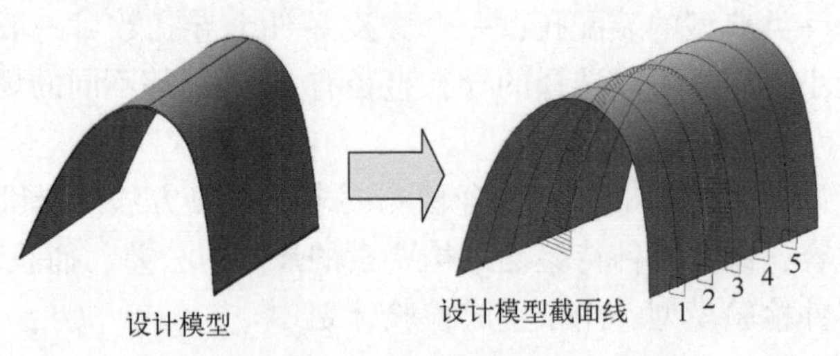

图 2-14　蒙皮零件型面截面线离散

3）面向特征参数计算的点离散

如图 2-15 所示，以整体壁板零件为例，在喷丸工艺路径设计中需要将零件外形面离散成点。

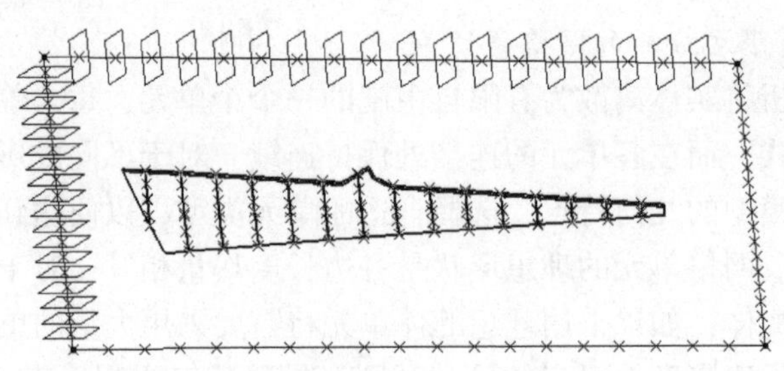

图 2-15　整体壁板外形面离散成点示意

根据零件控制面设定展向和弦向两个离散方向，通过展向边界曲线和弦向边界曲线上的对应等分点分别构造弦向和展向的截平面组；作这些截平面与零件控制面的交线，可得到零件控制面上的展向离散曲线段集族与弦向离散曲线段集族。计算这些截平面与控制面边界的交点，得到控制面边界离散点集；展向和弦向两组离散曲线段集族两两相交计算得到离散点，取该点的曲率、厚度等点位信息用于工艺参数计算。

4）面向投影的轮廓线离散

铺层单元经过展开、下料工序以后进行铺层单元的铺放，铺放过程中关键问题就是铺层单元边界线的确定。铺层单元轮廓是由曲线段和直线段组成，采用离散轮廓的方式来近似代替原轮廓，其中直线段只需要确定直线段起终点位信息，就可以确定三维直线段在三维空间的位置；对于曲线段则需要插入若干个等分点，然后取得离散点的点位信息以确定曲线段的三维空间位置。铺层单元边界线空间方位可以由边界线上离散点处的坐标和法矢确定，离散点的坐标信息和法矢信息统称为点位信息，因此，如图 2-16 所示提取边界线上离散点的点位信息，该点位信息再通过激光投影设备进行处理，在工装表面生成铺层单元光路图，工艺人员以此光路图定位进行铺层单元的铺贴。

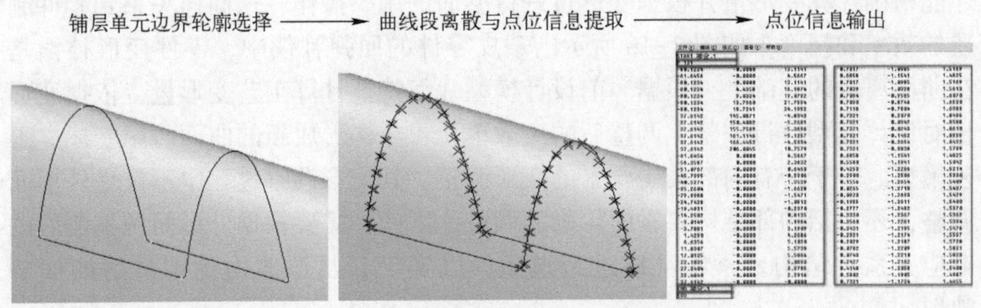

图 2-16　边界线离散与点位信息提取

3. 展开算子

复杂外形钣金、复合材料构件都由平面毛坯通过工装或外力成形，原材料半成品均为平面形状，因此面向材料下料，要进行从曲面到平面的计算和特征要素的映射。展开映射问题不只是几何问题，还必需考虑加工变形的物理特性，才能精确展开，这关系到零件制造的效率和质量。如图 2-17 所示框肋零件某一弯边展开过程，将零件复杂展开是在零件曲面离散的基础上，对离散单元从三维几何外形面映射到平面毛坯。

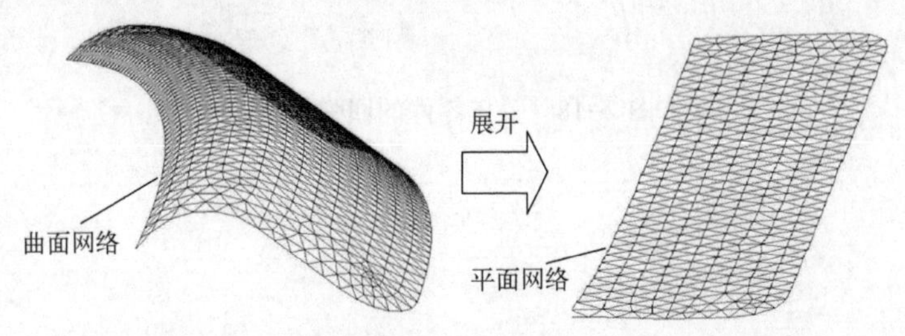

图 2-17　框肋零件弯边曲面到平面的变形映射

对于整体壁板等内形带有结构要素的零件，其展开建模过程中不仅是外形面展开，还包括内部结构要素的随动衍变。整体壁板内部结构要素均根据草图特征轮廓，以内形面或外形面为参考曲面创建，故设计模型到板坯模型的结构要素建模需要根据外形面展开前后的对应关系对结构要素特征线进行关联映射。

4. 变形算子

复杂构件在成形外力卸载后的变形是其制造的难点问题，要进行从曲面到曲面的变形计算、调整，以预先补偿该工艺变形，才能实现精确制造。曲面到曲面的变形计算和调整问题既有几何问题，还必须考虑加工变形的物理特性，才能精确计算变形量并根据变形量进行型面的调整操作，这同样关系到零件制造的效率和精度。如图 2-18 所示的蒙皮零件的回弹补偿中，零件变形补偿是在曲面离散的基础上，根据当前设计模型几何特征计算工艺变形量，依据变形量对设计模型进行调整，调整后的离散单元再重构形成新的曲面，用于建立工艺模型。对于带有内部结构要素的变形调整，其变形调整过程中不仅是外形面调整，还包括内部结构要素的轮廓的调整。因此，需要根据外形面调整前后的对应关系对结构要素特征线进行调整，以实现其从原曲面到调整后曲面的映射。

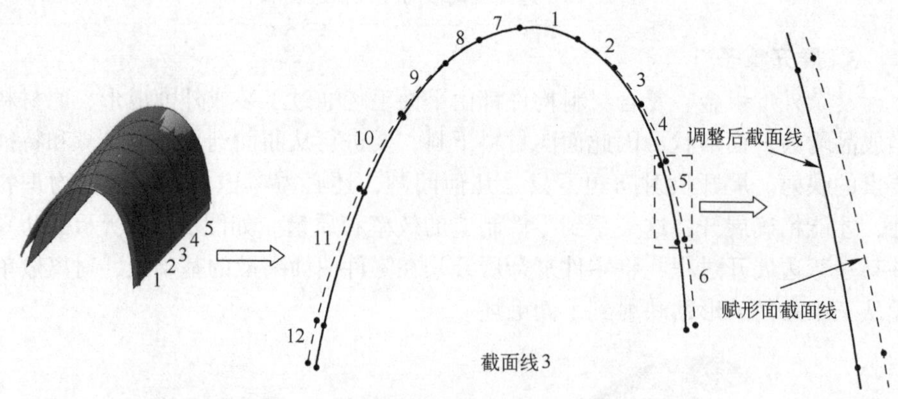

图 2-18　蒙皮零件的回弹补偿

第3章　复杂外形零件制造模型计算和建模方法

对于飞机钣金、复合材料等薄壁零件而言，下料和成形是其中的两个主要工序，下料、成形过程中需要定位、预留加工余量等，在此基础上进行展开计算和回弹补偿。对于具有复杂外形型面的零件，从设计模型到制造模型的生衍过程中，主要包括曲面离散、展开或变形调整及特征映射、模型构建三部分，难点是型面的离散、展开和变形算子。从技术角度上，制造模型定义中曲面采用网格法或截面线法进行离散，对于复杂曲线再离散为等曲率段；对离散单元展开或调整计算部分采用解析计算、有限元分析、智能预测等方法；对展开或变形后的截面线或点数据，重构形成平面或曲面，在此基础上建立制造模型。

3.1　曲面和曲线的离散

将零件曲面离散成网格（面片）、截面线，复杂曲线再离散为等曲率段或点，计算离散单元的变形量或展开量，调整后用于重构制造模型。网格离散是将零件模型划分为有限的网格单元，网格单元由点组成，以网格作为制造模型计算和调整的单元。网格离散可采用有限元分析软件，下面介绍曲面离散为截面线或点的方法。

3.1.1　曲面截面线离散方法

截面离散法是针对单曲率变化或某一方向变化较小的双向曲率曲面，沿曲率不变或变化较小方向，将曲面离散成一系列的截面线，截面线再以等曲率段逼近，以等曲率段作为制造模型计算和调整的单元。

1. 曲面离散为截面线

对零件控制面进行裁取，取可以包络零件的曲面，取曲面的边界线或面上的变形起点线作为曲面的引导线，将引导线等距离散为点，再过点创建该引导线的法平面，令法平面分别与曲面相交，得到一组交线，这组交线即为截面线。如图3-1所示框肋零件弯边面沿弯边基线离散为截面线。

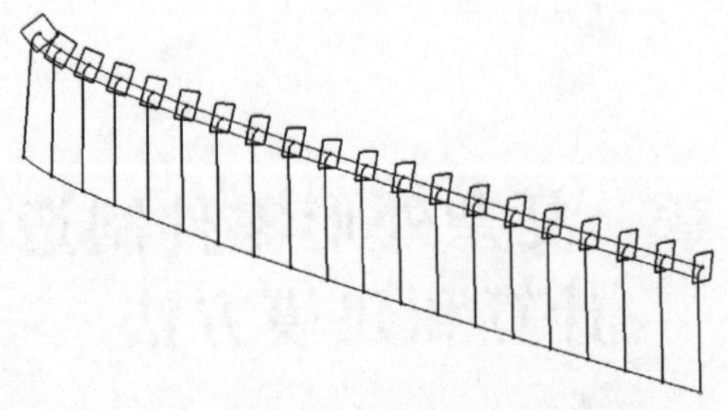

图 3-1　框肋零件弯边面沿弯边基线离散

对离散之后的截面线再拟合为型面以判断离散结果的准确度，验证方法如下：以多截面曲面拟合离散截面线集得到重构后的型面；截面线等距离散为点，计算各离散点到设计型面之间的距离，以最大距离表征拟合型面精度的评判指标。确定不同离散间距值对型面之间偏差的影响，应综合考虑模具制造和零件加工而确定拟合后型面的精度要求。钣金零件成形模具加工精度要求小于 0.1mm，因此，重构后型面的最大间距应小于 0.01mm 可满足要求。

2. 截面线曲线分段

截面线通过离散点拟合为等曲率段，下面以型材截面线曲线分段为例予以说明，如图 3-2 所示。对于截面线曲线，连接曲线两个端点创建直线 L，沿直线垂线向上平移确定曲线的高点 P，即零件毛料和模具的首个接触点；点 P 将截面线曲线分为左右两段 C^{L} 和 C^{R}，其长度分别为 l^{L} 和 l^{R}，C^{L} 和 C^{R} 以间距 Δl 离散为点，对于 800mm 长的曲线间距一般取 5~10 mm。P 是 C^{L} 和 C^{R} 的起点，C^{L} 划分为点 $P_i^{\mathrm{L}}(x_i,y_i,z_i)(i=1,2,\cdots,M)$，其曲率为 K_i^{L}，切向量为 V_i^{L}，M 是离散的点数，$M=[l^{\mathrm{L}}/\Delta l]+1$，$C^{\mathrm{R}}$ 划分为点 $P_j^{\mathrm{R}}(x_j,y_j,z_j)(j=1,2,\cdots,N)$，其曲率为 K_j^{R}，切向量为 V_j^{R}，N 是离散的点数 $N=\lceil l^{\mathrm{R}}/\Delta l\rceil+1$。

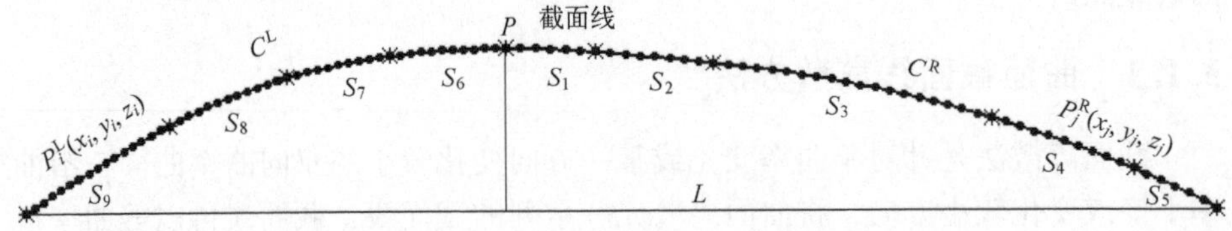

图 3-2　截面线曲线分段

截面线 C^{R} 逼近为等曲率段的过程如图 3-3 所示。

步骤 1：去除离散点中曲率相同的相邻中间点。如果 $K_j^{\mathrm{R}}=K_{j+1}^{\mathrm{R}}=K_{j+2}^{\mathrm{R}}(j=1,2,\cdots,N-2)$，中间点则删除；剩余的点则重新计数为 $P_k^{\mathrm{R}}(x_k,y_k,z_k)(k=1,2,\cdots,Q)$，$Q$ 是合并之后的点数。

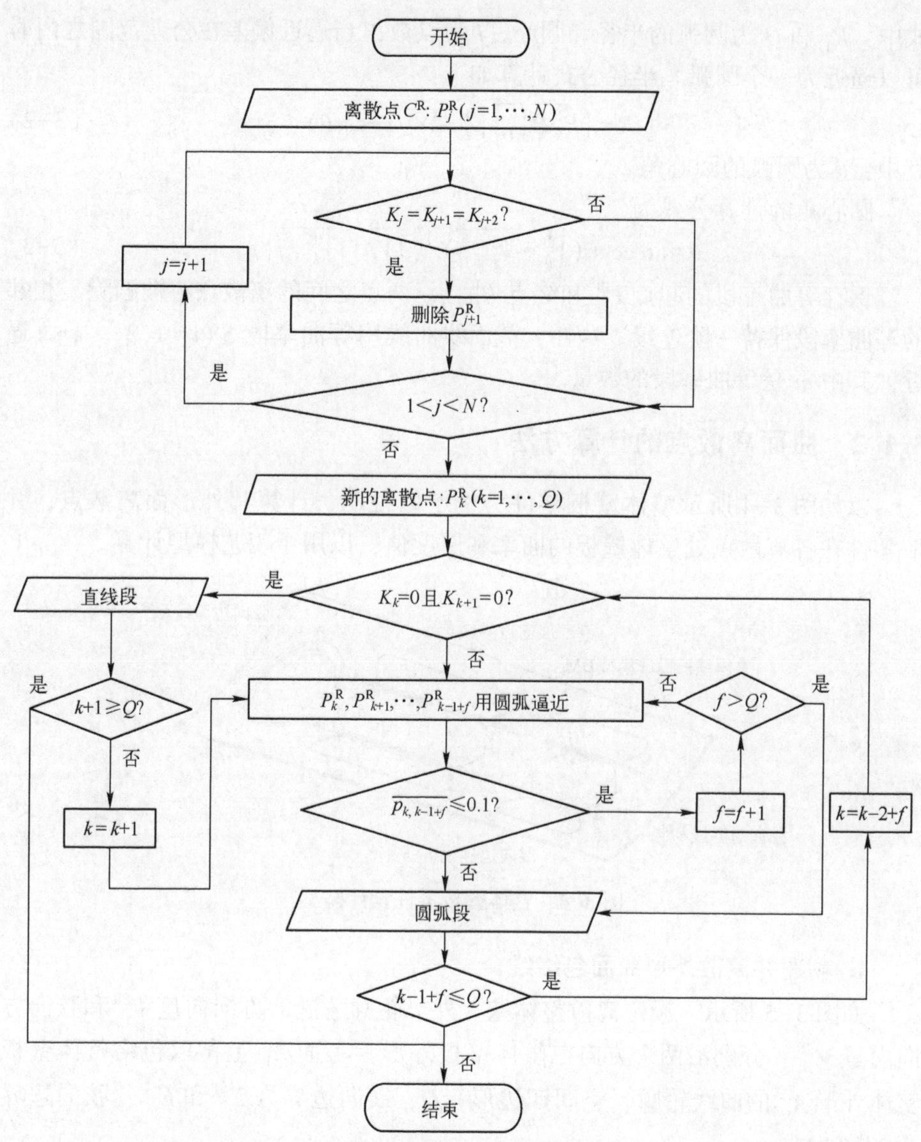

图 3-3　曲线的等曲率段逼近

步骤 2：根据离散点的曲率将曲线划分为直线段和圆弧段。如果 $K_k^R=K_{k+1}^R=0$，那么两个相邻点确定一条直线；否则，当逼近偏差$\overline{P_{k,k-1+f}}\leqslant 0.1$mm 则 P_k^R，$P_{k+1}^R,\cdots,P_{k-1+f}^R(3\leqslant f\leqslant Q+1-k)$确定一个圆弧。圆弧逼近偏差的计算公式为

$$\overline{P_{k,k-1+f}}=\sum_{j=k}^{k-1+f}\left|R-\left|\overrightarrow{P_j^R O}\right|\right|/f \tag{3-1}$$

式中：R_1 和 O 为圆弧的半径和圆心，f 为点数，当逼近偏差在公差范围之内时可以逼近为一个圆弧。半径公式计算如下：

$$R=|\overrightarrow{P_k^{\mathrm{R}}P_{k-1+f}^{\mathrm{R}}}|/\sqrt{2\times(1-\cos\theta)} \tag{3-2}$$

其中：θ 为圆弧的圆心角。

圆心角的计算公式为

$$\theta=\arccos((\overrightarrow{V_k^{\mathrm{R}}}\cdot\overrightarrow{V_{k-1+f}^{\mathrm{R}}})/(|\overrightarrow{V_k^{\mathrm{R}}}||\overrightarrow{V_{k-1+f}^{\mathrm{R}}}|)) \tag{3-3}$$

保存等曲率段的起点 P_k^{R} 和终点 P_{k-1+f}^{R}，两点之间的离散点将被删除。相邻的等曲率段保持一阶连续。这样，截面线曲线用等曲率段 $S_i(i=1,2,\cdots,m)$ 逼近，其中 m 是等曲率段的数量。

3.1.2 曲面离散点的计算方法

以如图 3-4 所示整体壁板零件为例予以说明，计算其外形面离散点，并取零件在各离散点处整体壁板的曲率和厚度值，以用于工艺模型计算。

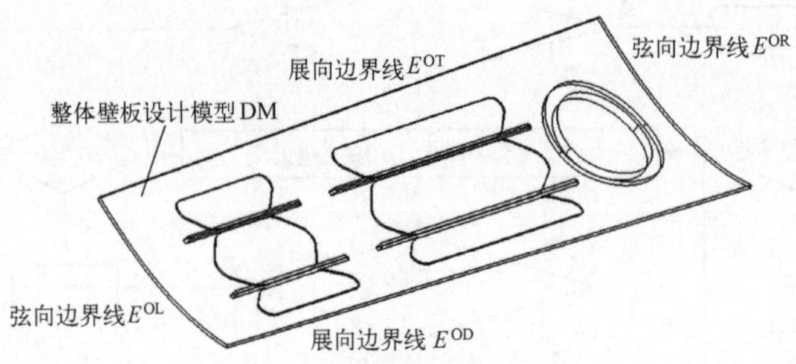

图 3-4　整体壁板零件设计模型

1. 创建并离散外形曲面包络线

如图 3-5 所示，设定离散整体壁板外形轮廓的展向方向向量 $\boldsymbol{V}^{\mathrm{SR}}$ 和弦向方向向量 $\boldsymbol{V}^{\mathrm{CR}}$，分别沿两个方向在整体壁板外形参考面 A_{R} 上截取包络整体壁板实体外形 A_0 的曲线轮廓（空间四边形）Q，展向边界为 E^{ST} 和 E^{SD}，弦向边界为 E^{CL} 和 E^{CR}。

对外形包络轮廓 Q 的展向边界线 E^{ST}、E^{SD} 进行 m 等分离散，得到离散点集 $\{P_i^{\mathrm{ST}}|i=0,1,\cdots,m\}$，$\{P_i^{\mathrm{SD}}|\ i=0,\ 1,\ \cdots,\ m\}$；对弦向边界线 E^{CL}、E^{CR} 进行 n 等分离散，得到离散点集 $\{P_j^{\mathrm{CL}}|j=0,1,\cdots,n\}$，$\{R_j^{\mathrm{CR}}|j=0,1,\cdots,n\}$。

2. 创建截平面和离散曲线段

如图 3-6 所示，沿展向包络轮廓边界离散点集 $\{P_i^{\mathrm{ST}}\}$ 和 $\{P_i^{\mathrm{SD}}\}$ 构造弦向截平面组 $\{S_i^{\mathrm{C}}|\ i=1,2,\ \cdots,\ m-1\}$。取离散点 P_i^{ST} 在展向边界 E^{ST} 上的切向

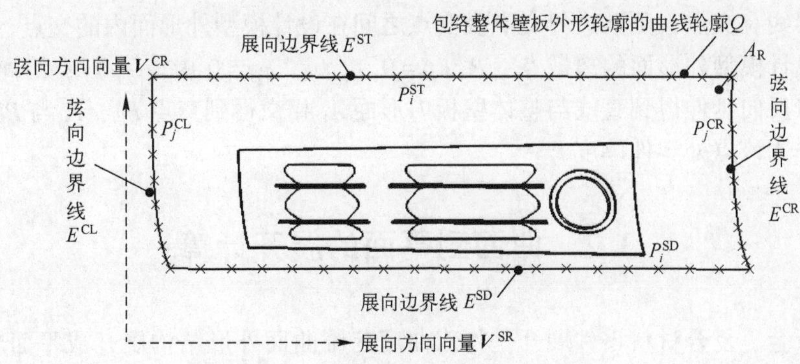

图 3-5　创建并离散外形曲面包络线

量 V_i^{TT} 和离散点 P_i^{SD} 在展向边界 E^{SD} 上的切向量 V_i^{TD}，将 V_i^{TT} 平移至离散点 P_i^{SD} 处，计算得到 V_i^{TT} 和 V_i^{TD} 二者的角平分线向量 V_i^{H}，设 $V_i^{S}=P_i^{ST}-P_i^{SD}$，$V_i^{S}$ 与 V_i^{H} 作叉乘运算得到向量 V_i^{N}，过点 P_i^{SD} 且由 V_i^{N} 和 V_i^{S} 向量确定的平面记为弦向截平面 $\{S_i^{C} \mid i=1, 2, \cdots, m-1\}$。同理，沿弦向包络轮廓边界离散点集 $\{P_j^{CL}\}$ 和 $\{P_j^{CR}\}$ 构造展向截平面 $\{S_j^{S} \mid j=1, 2, \cdots, n-1\}$。

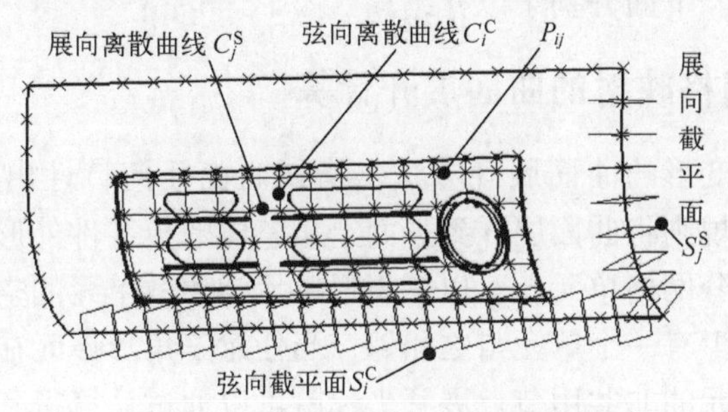

图 3-6　创建截平面和离散曲线段

展向截平面组 $\{S_j^{S}\}$ 与整体壁板外形面 A_O 相交，得到展向截面线集 $\{C_j^{S} \mid j=1,2, \cdots, n-1\}$；弦向截平面组 $\{S_i^{C}\}$ 与整体壁板外形面 A_O 相交，计算得到弦向截面线集 $\{C_i^{C} \mid i=1, 2, \cdots, m-1\}$。

3. 创建离散点并计算厚度值

整体壁板外形面 A_O 上展向截面曲线段集合 $\{C_j^{S} \mid j=1, 2, \cdots, n-1\}$ 中的每条线段，与设计模型外形面的展向边界 E^{OT} 与 E^{OD} 、弦向边界 E^{OL} 与 E^{OR} 、弦向截面曲线段集合 $\{C_i^{C} \mid i=1,2, \cdots, m-1\}$ 中的每条弦向离散曲线段相交得到交点。如果与各边界线无交点，则去除该弦向截面线所求得的交点；如果与边界线有交点，则取边界交点及交点之间在设计模型外形面内的交点，共同构成设计模型外形面的离散点 $\{P_{ij} \mid i=0,1,\cdots,s;j=0,1,\cdots,t\}$；沿离散点法向量反向延伸得到直线与整体壁板内形面 A_{I} 相交得到交点 P'_{ij}，P_{ij}与 P'_{ij}间的距离作为该点处零件厚度 t_{ij}。

3.2 曲面到平面的展开计算

钣金、复合材料零件展开是将双曲度三维曲面外形结构展开成平面毛料，对于整体壁板、框肋等零件，毛料外形尺寸决定了其制造效率和质量。其中，关键是零件三维外形曲面向二维平面的映射，需考虑几何、材料、工艺等诸多因素，分别采用有限元分析、解析计算、几何映射等方法对复杂曲面展开。解析法的思路是结合材料性能参数、本构关系和屈服准则计算零件应力分布，再根据应力应变关系反算获得展开料尺寸。有限元逆算法是从给定的零件最终形状出发，沿着与成形过程相反的方向模拟成形过程，确定成形零件所需要的初始毛料形状和尺寸。几何映射根据零件离散方法分为基于网格的映射和基于截面线的展开映射，下面分别予以介绍。

3.2.1 基于网格映射的曲面展开计算

基于单元等变形的曲面展开方法是指从曲面几何特性出发，按照变形均匀、面积不变的规则将曲面展开到平面上。整体壁板零件外形面一般为不可展曲面，首先，划分网格单元，对以三角形单元为离散单元的空间曲面，每个三角形单元周围至少有一个单元与之相邻；当任意三角形单元在平面上的位置确定后，其相邻单元的非共用节点展开坐标就可以通过计算得到。基于单元等变形的复杂曲面展开方法中，首先将其划分为三角形网格，然后按照展开前后三角形网格单元面积不变的规则确定其中的一个单元在展开平面上的初始形状和尺寸，以该单元为起始单元便可以将整张曲面网格按等变形规则展开。如图 3-7 所示，针对任意网格单元 $A_0B_0C_0D_0$，分别计算空间三角形 $\Delta B_0A_0D_0$、$\Delta A_0B_0C_0$、$\Delta A_0D_0C_0$ 的面积 S_{A_0}、S_{B_0}和 S_{D_0}。假设 $A_0B_0C_0D_0$ 在展开平面上对应的节点为 A、B、C、D，已知展开三角形单元 ABD 的节点坐标分别为 $A(x_A, y_A)$、$D(x_D, y_D)$，计算 $A_0B_0C_0$ 相邻单元节点 C_0 的展开点坐标，基于三角形网格等面积展开的前提假设 $S_{A_0}=S_A$，$S_{B_0}=S_B$，$S_{D_0}=S_D$，$S_{C_0}=S_C$，节点 C 的展开坐标(x_C, y_C)可表示为

$$x_C=\frac{S_A x_A+S_B x_B-S_D x_D}{S_C}$$
$$y_C=\frac{S_A y_A+S_B y_B-S_D y_D}{S_C} \tag{3-4}$$

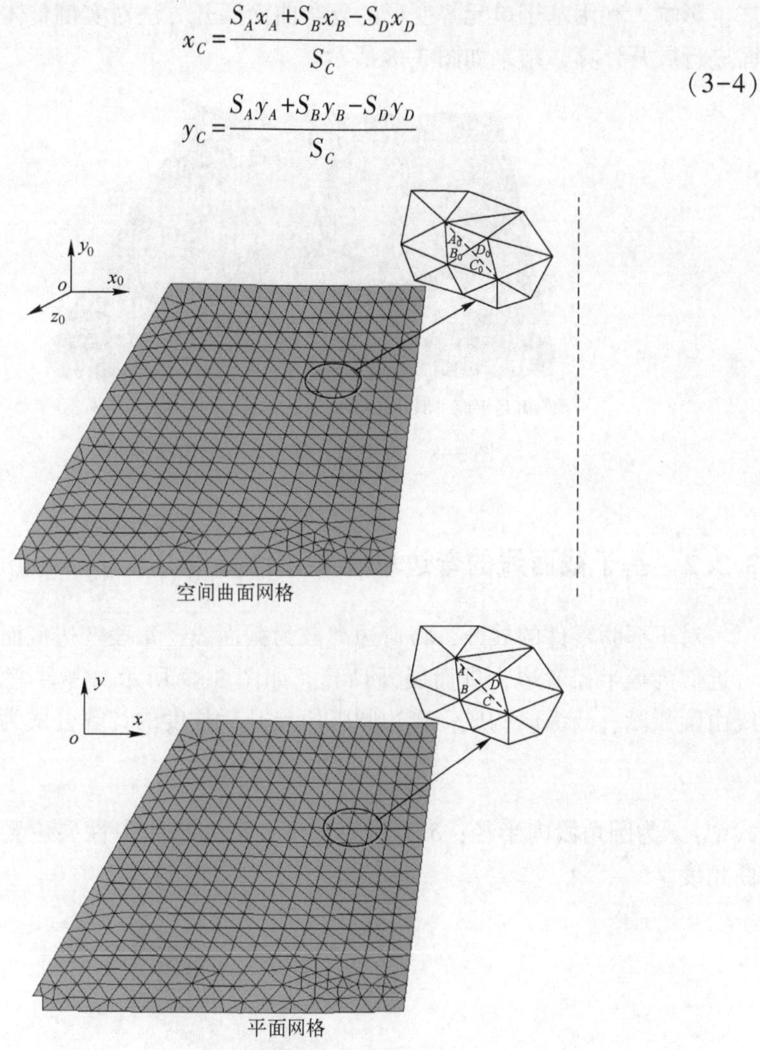

图 3-7　曲面展开前后网格单元

在一张完整的空间曲面有限元网格上，从任一单元开始均可以访问到其余全部的网格单元，而作为展开起点的单元在展开平面上确定后，可以确定其相邻单元的所有非共用节点，由此逐层向外扩展，可将所有的网格节点按照等变形的规则映射到展开平面上，进而得到整张空间曲面网格在平面上的等变形展开映射。递推展开计算的模式使后续的计算结构受到前期计算的影响，递推计算以线性方式传递计算误差，但误差在某一方向上的累积仍然会导致较大的误差。因此，起始单元的形状、尺寸准确性等都会对最终展开计算结果的准确性产生影响。利用基于单元等变形的复杂曲面展开方法对实例整体壁板模型外形面进行展开计算，结果如图 3-8 所示。

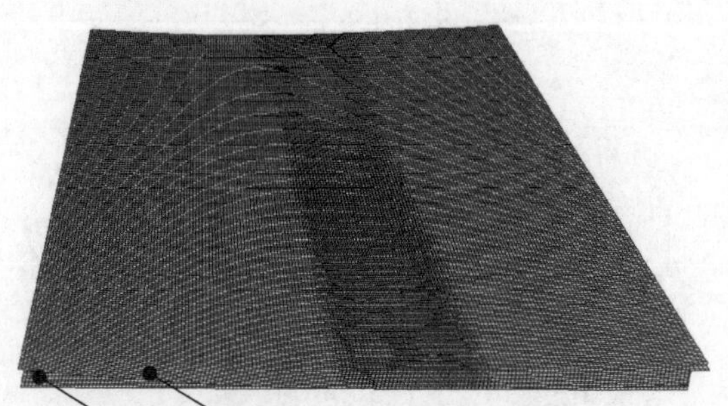

图 3-8　基于单元等变形的控制面展开

3.2.2　基于截面线的弯边单元展开计算

对于框肋零件的展开，将弯边离散为截面线，每段弯边截面线对应的弯边可近似为等半径弯边，进而展开计算。如图 3-9 所示，零件弯边离散的截面线由圆弧段、凸缘段构成；弯边圆弧段展开后长度的计算公式为

$$L_A = \pi(r+K\delta)\alpha/180° \tag{3-5}$$

式中：r 为圆角段内半径；δ 为材料厚度；K 为弯曲中性层位置系数；α 为弯曲角度。

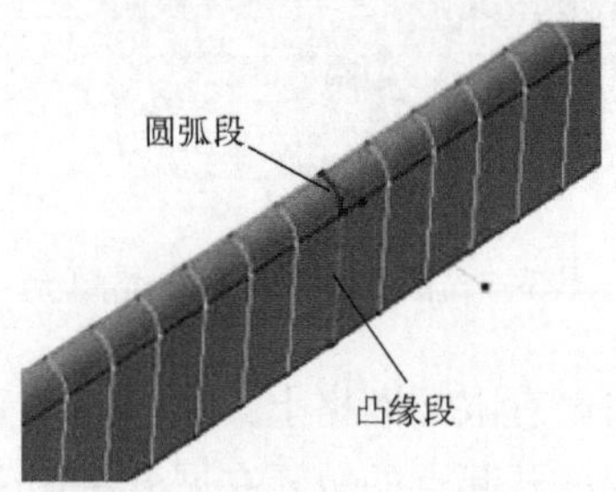

图 3-9　弯边截面线展开

凸缘长度为 L_F，进而得到截面线的展开长度 L 为

$$L = L_A + L_F \tag{3-6}$$

3.3　曲面到曲面的变形补偿

在零件曲面离散为网格或截面线的基础上，通过计算结构单元的变形量和对曲面反向调整，形成补偿工艺变形的曲面，以使零件回弹变形后与设计形状和尺寸要求一致，实现精确成形。离散的截面线圆弧段回弹角计算方法包括解析计算、有限元分析、智能预测等方法保留；智能预测方法包括基于实例的推理、人工神经网络等方法。典型曲面调整方法是位移调整法（displacement adjustment method，DA 法），分为线位移调整法和角位移调整法。离散为网格的曲面，采用有限元分析法计算，根据点及所在的线或面沿不同的方向调整线位移。对于截面线离散单元的主要采用角位移调整，细化为两种方法：角度和截面线位置调整、角度和圆弧半径调整。将上述方法组合，将形成不同的工艺变形调整技术路径，如图 3-10 所示。

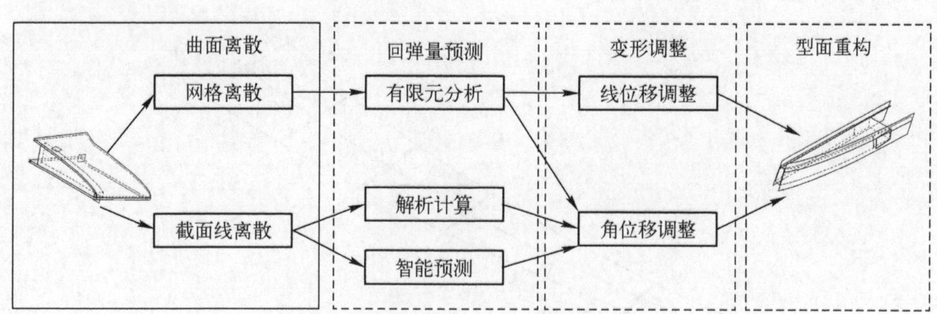

图 3-10　曲面到面面的变形调整技术路径

（1）网格离散+有限元分析或实物检测+线位移调整+曲面重构：即文献中提出的位移调整法，根据位移方向、大小有不同的线位移调整方法。

（2）网格离散+有限元分析或实物检测+角位移调整+曲面重构：以网格为离散单元计算工艺变形量，再提取截面线，计算角位移，以截面线角位移进行调整。

（3）截面线离散+解析计算+角位移调整+曲面重构：以截面线为离散单元，采用理论上的解析法计算角位移，并进行调整。

（4）截面线离散+基于知识的智能预测+角位移调整+曲面重构：以截面线为离散单元，以工艺变形量的经验或试验数据为支撑建立角位移的预测方法，并进行调整。

3.3.1 工艺变形量的表达与调整

零件弯曲的回弹变形，从一个点到另一个点的位移可以通过线位移和角位移来表示，具体而言，零件回弹变形量通常可以用角度、距离以及曲率等参数表示；相应的补偿方法包括线位移调整和角位移调整两种方式，根据位移表达及补偿原理不同，有不同的调整方法。

1. 线位移表达与调整

在对零件划分网格后，对零件成形过程和回弹过程进行有限元分析，得到零件成形回弹后型面数据。在对零件上任意点进行回弹变形量表达时，采用网格节点的位移表达回弹变形量。如图 3-11 所示，回弹变形前后的型面曲线，C^{D} 为零件模具型面曲线，C^{S} 为回弹后曲线，线位移由回弹前后轮廓线上两点 P_i^{D}、P_i^{S} 连线的矢量$\overrightarrow{P_i^{D}P_i^{S}}$表达，DA 法是沿$\overrightarrow{P_i^{D}P_i^{S}}$相反方向调整一定量得到 P_i^{C}，再拟合形成补偿后的曲线 C^{C}。

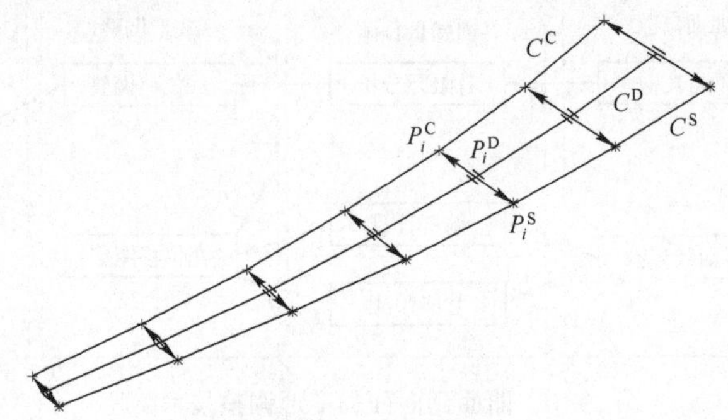

图 3-11　回弹变形及调整

位移调整法的关键在于确定型面曲线节点变形后的位置。如图 3-12 所示，模型型面初始点在回弹后的点有不同的近似方法，或根据回弹后曲线节点有不同的方法近似确定回弹前的初始点。根据线位移的表达及调整方向和大小，可以分为 4 类：Y 方向线位移调整、反向位移调整、法向线位移调整和加速位移调整。如图 3-12 所示，$\overset{\frown}{PA}$回弹后的曲线为$\overset{\frown}{PB}$，$\overset{\frown}{PM}$回弹后的曲线为$\overset{\frown}{PA}$，也就是说$\overset{\frown}{PM}$是理想的回弹补偿后曲线。采用不同的线位移调整方法，补偿后的曲线端点相互接近，但与$\overset{\frown}{PM}$相距较远。因此，虽然线位移调整方法原理简单，但往往需要进行多次迭代计算才能达到外形精度要求。

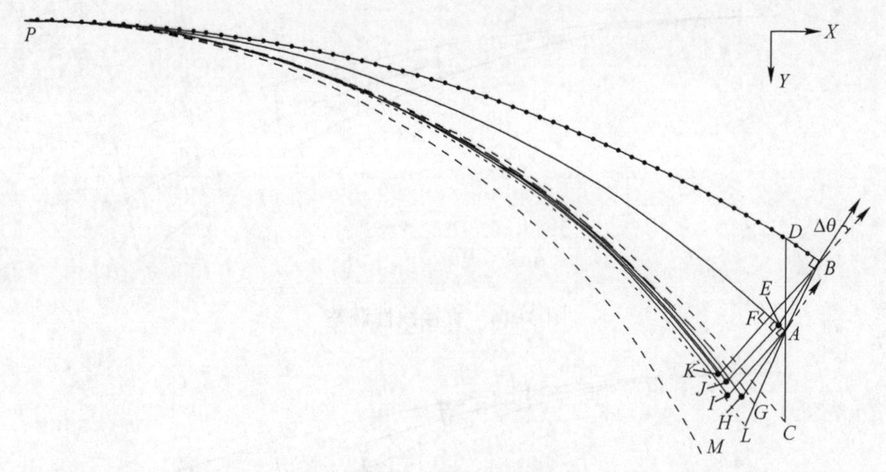

图 3-12　位移调整方法

1）*Y* 方向位移调整方法

如图 3-13 所示，利用模具型面曲线和回弹后曲线在 Y 方向上的偏差进行修正，具体方法为：在模具型面曲线的节点 A 处作与 Y 轴方向平行线，与回弹后曲线相交于点 D，之后沿此方向反方向延长 $|DA|$ 得到调整后的点 C。对于 U 形件，该方法一般需要进行 3 次迭代补偿后收敛，满足成形精度要求。

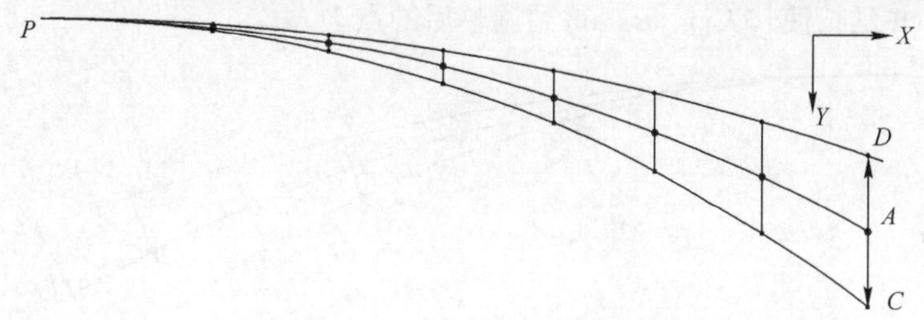

图 3-13　*Y* 方向线位移调整

2）反向位移调整方法

如图 3-14 所示，将模具型面曲线的节点 A 与回弹后曲线上对应的节点 B 连线，接着向连线的反方向延长使得 $|AG|=|BA|$，从而确定调整后的点 G。

3）法向位移调整方法

法向位移调整方法分为 3 类。

如图 3-15 所示，第一类为由回弹后曲线节点 B 处法线与模具型面曲线相交得到交点 E，在交点处再沿模具型面曲线的法线方向作 $|EJ|=|BE|$ 得到调整后的点 J。

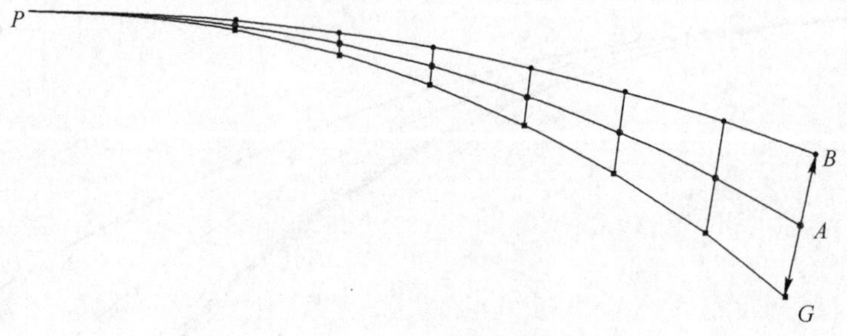

图 3-14 直接线性调整

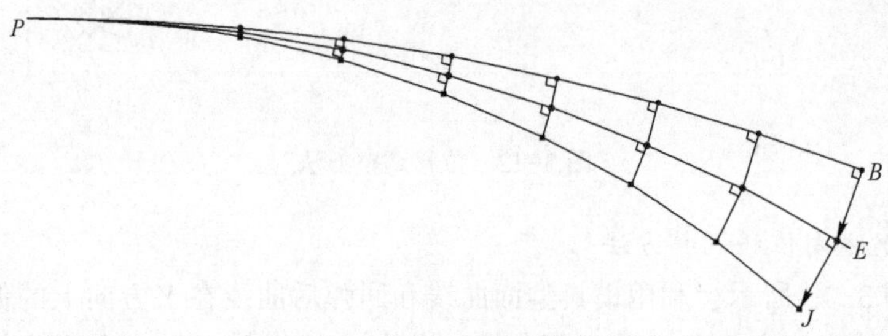

图 3-15 双法向位移调整

如图 3-16 所示，第二类为由回弹后曲线的节点 B 向模具型面曲线作法线交于 F，并延长使 $|FK|=|BF|$ 得到调整后的点 K。

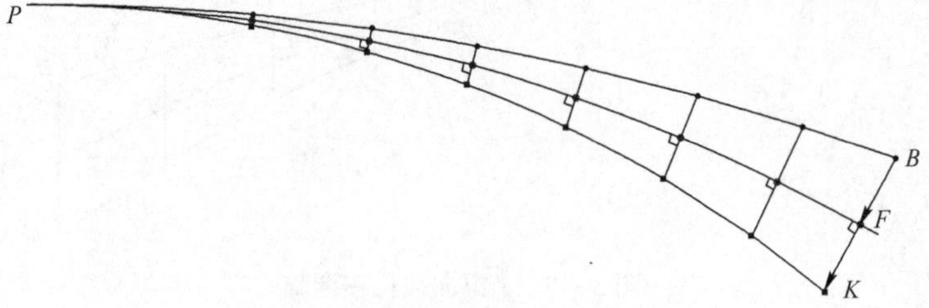

图 3-16 模具型面曲线法向直接延伸的位移调整

如图 3-17 所示，第三类为首先沿回弹后曲线的节点 B 向模具型面曲线作法线交于点 F，节点 B 在模具型面曲线上的对应节点为 A，然后从 A 点沿 BF 方向取线段，使得 $|AI|=|BF|$ 得到调整后的点 I。

4）加速位移调整方法

由于实际调整的方向、距离与实际的变形量不尽一致，因此，不可避免存在补偿上的偏差，通常需要一次以上循环才能使补偿后型面回弹后与设计型面的距离控制在一定的偏差范围之内。为了实现一步调整，以一定的补偿因子对

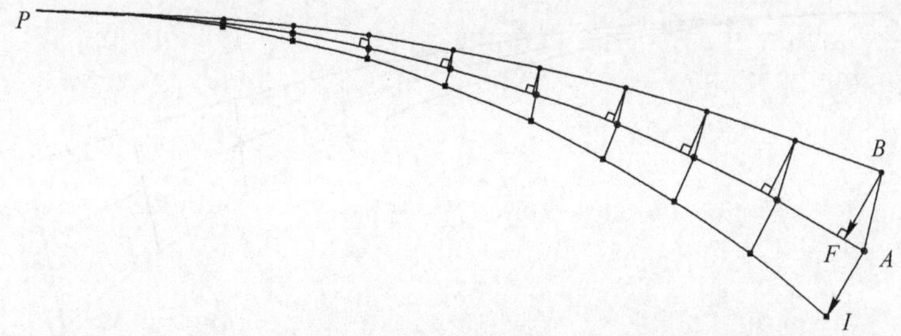

图 3-17　以回弹后点在模具型面曲线法向距离的位移调整

位移的长度或方向进行进一步修正，这种方法称为加速位移调整法。

如图 3-18 所示，第一类为连接模具型面曲线的节点 A 和回弹后曲线的节点 B，在 A 点处作模具型面曲线的法线 $|AH|=|AB|$ 从而得到补偿点 H。计算效率是采用有限元计算回弹偏差和进行补偿的重要影响因素。由于该调整方向更接近于实际的变形反方向，因此，可加速调整过程。但对于一个 U 形或 V 形件而言，仍然需要 2 次循环。

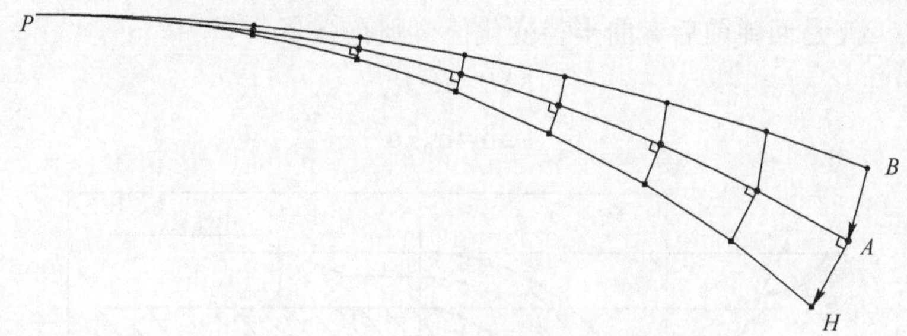

图 3-18　方向变化的加速线位移调整

如图 3-19 所示，第二类为在直接线性补偿方法的基础上给 $|BA|$ 乘以系数 λ 后使 $|AL|=\lambda|BA|$，从而得到调整后的点 L。计算准确度是采用有限元分析计算回弹偏差和进行补偿的另一个重要影响因素。零件形状通常是按照理论预测的回弹偏差进行调整。现有的研究表明，有限元分析计算的结果和实际的成形结果之间存在偏差。另一种补偿因子是用于调整理论计算值，称为提升准确度的补偿因子。对于实际产品，这种补偿因子根据零件几何和材料特征通过试验确定。

2. 角位移表达与调整

零件回弹变形也可用角位移来表达。针对单曲率圆弧段，根据零件回弹过程中的假设条件：①在外力卸载后，零件产生回弹过程中任意时刻，零件形状均满足圆弧形状；②零件在回弹过程中中性层长度保持不变，可知，角位移是

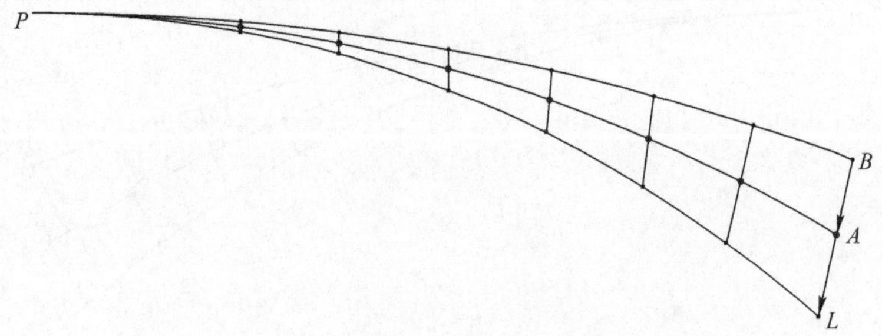

图 3-19　距离修正的加速线位移调整

针对等曲率的圆弧段而言，其变形可用变形方向和角度或半径的变化量来表达。根据零件结构和变形特点，其调整方法有两种：角度和圆弧半径调整、角度和变形区位置调整，以使调整后零件回弹后形状与设计要求一致。

1）角度和圆弧半径调整对回弹补偿

如图 3-20 所示，R_0 是成形模具弯曲半径，α_0 是成形模具弯曲角度，R 是回弹后工件弯曲内半径，α 是回弹后工件弯曲角度。$\Delta\alpha$ 是回弹前后弯曲角度变化值，ΔR 是回弹前后弯曲半径变化值，则有

$$\begin{cases} \Delta R = R - R_0 \\ \Delta\alpha = \alpha_0 - \alpha \end{cases} \tag{3-7}$$

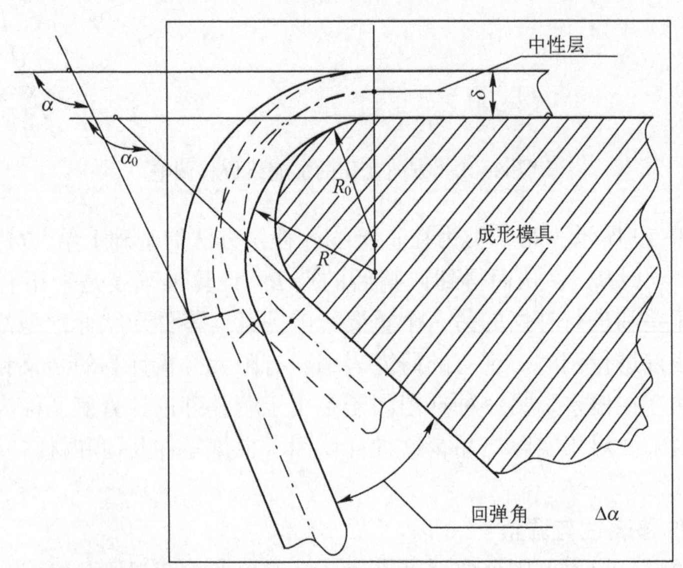

图 3-20　角度和圆弧半径调整的回弹补偿原理

成形模具与工件圆弧段的弯曲角度关系为

$$\alpha_0=\alpha+\Delta\alpha \tag{3-8}$$

回弹前后中性层长度不变，则有

$$(R_0+K\delta)\alpha_0=(R+K\delta)\alpha \tag{3-9}$$

式中：δ 为材料厚度；K 为与零件材料厚度和弯曲半径有关的中性层系数。

根据回弹角计算求得回弹补偿后模具弯曲半径 R_0：

$$R_0=\frac{\alpha}{\alpha_0}R-\frac{\alpha_0-\alpha}{\alpha_0}K\delta=\frac{\alpha}{\alpha+\Delta\alpha}R-\frac{\Delta\alpha}{\alpha+\Delta\alpha}k\delta \tag{3-10}$$

依据回弹补偿后的弯曲圆角半径 R_0 和弯曲角度 α_0，即可完成参考面圆角区的回弹补偿。

2）角度和变形区位置调整

调整角度和变形区位置方法是将变形区调整一定角度并向内偏置一定距离以实现弯边回弹补偿。如图 3-21 所示，α 是成形零件的弯曲角度，α_0 是成形模具弯曲角度，$\Delta\alpha$ 是回弹前后弯边角度变化值；R_0 为成形模具弯曲半径，直接采用设计模型的弯曲半径值；R 是成形工件的弯曲内半径（与设计模型的弯曲内半径不同），ΔR 是回弹前后弯曲半径的变化值；ΔL 是弯边向内偏置的距离值。

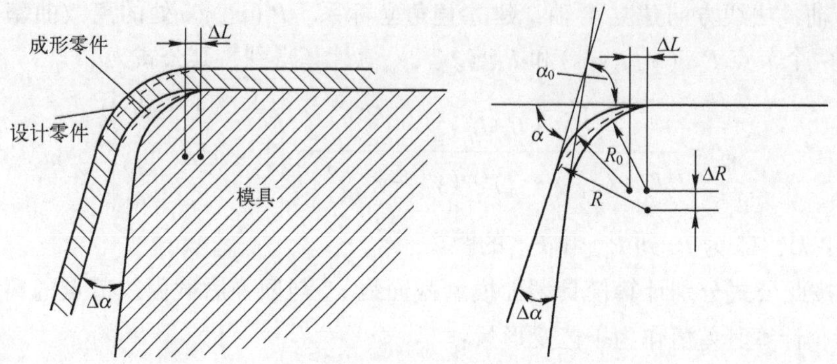

图 3-21　角度和截面线位置调整的回弹补偿原理

根据几何关系，得

$$\begin{cases}\Delta R=R-R_0\\ \Delta\alpha=\alpha_0-\alpha\\ \Delta L=\Delta R\times\tan(\alpha/2)\end{cases} \tag{3-11}$$

式（3-11）描述了通过补偿加深值和角度方法设计模具型面形状时，其关键尺寸与设计模型的关系，根据式（3-11）推得

$$R=R_0+\Delta R=R_0+\Delta L/\tan(\alpha/2) \tag{3-12}$$

材料中性层长度在回弹前后不发生变化，中性层位置内移系数为 K，则变形前后零件弯曲半径与弯边圆心角的关系（δ 表示材料厚度）为

$$(R+K\delta)\alpha=(R_0+K\delta)\alpha_0 \tag{3-13}$$

将式（3-12）代入式（3-13），得

$$(R_0+\Delta L/\tan(\alpha/2)+K\delta)\alpha=(R_0+K\delta)\alpha_0 \tag{3-14}$$

推导出计算公式

$$\Delta L=(R_0+K\delta)(\alpha_0/\alpha-1)\tan(\alpha/2) \tag{3-15}$$

根据零件材料牌号、材料厚度、圆角半径检索和预测对应的回弹角 $\Delta\alpha$，然后根据式（3-11）可计算出模具型面圆心角 α_0，进而利用式（3-15）计算加深值 ΔL。

3. 离散曲率表达与调整

离散曲率是平面曲线的一个内在几何特征。基于离散曲率的回弹补偿是根据一种离散曲率的计算公式，计算模具型面与回弹之后截面线各点处的离散曲率；用相邻点离散曲率的偏差表达回弹量，然后根据其偏差对模具型面截面线进行修正。

如图 3-22 所示，以截面线的第一个节点处为原点，沿截面线切线方向建立 X 轴，法线方向建立 Y 轴，建立直角坐标系。$P_i(x_i,y_i)$处的离散曲率由其相邻两个节点 $P_{i-1}(x_{i-1},y_{i-1})$和 $P_{i+1}(x_{i+1},y_{i+1})$计算得到，其公式为

$$\kappa_i=\frac{(L_i^{\mathrm{f}}+L_i^{\mathrm{b}})^2}{L_i^{\mathrm{f}}L_i^{\mathrm{b}}\left((x_{i+1}-x_{i-1})^2+(y_{i+1}-y_{i-1})^2\right)^{\frac{3}{2}}}\begin{vmatrix}1 & 1 & 1\\ x_{i-1} & x_i & x_{i+1}\\ y_{i-1} & y_i & y_{i+1}\end{vmatrix} \tag{3-16}$$

式中：L_i^{f}，L_i^{b} 为 P_i 到 P_{i+1}和 P_{i-1}的距离。

按此公式分别计算模具型面模型截面线 κ_i^{d} 与回弹后截面线节点的离散曲率 κ_i^{s}，计算其差值作为工艺变形量：

$$\Delta k_i=\kappa_i^{\mathrm{d}}-\kappa_i^{\mathrm{s}} \tag{3-17}$$

将截面线回弹前后离散曲率的偏差加到模具型面对应点上，通过对两条曲线对应点处的离散曲率做线性运算，得到补偿后曲线上该节点的离散曲率：

$$\kappa_i^{\mathrm{c}}=\kappa_i^{\mathrm{d}}+(\kappa_i^{\mathrm{d}}-\kappa_i^{\mathrm{s}})\quad i=2,3,\cdots,n-1 \tag{3-18}$$

计算得到补偿后截面线节点的离散曲率集合 $K_{\mathrm{C}}=[\kappa_2^{\mathrm{c}},\kappa_3^{\mathrm{c}},\cdots,\kappa_{n-1}^{\mathrm{c}}]$。

计算工艺变形补偿后截面线离散点位置，工艺变形补偿后截面线离散点集与成形模具截面线离散点集中第一个顶点相同，即 $p_1^{\mathrm{c}}=p_1^{\mathrm{d}}$，第二个点的计算公式为

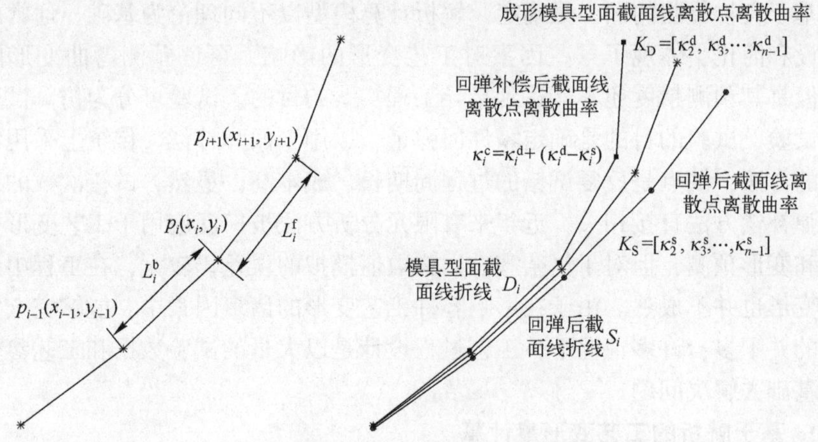

图 3-22　离散曲率计算

$$
\begin{cases}
x_2^c = x_1^c + \rho^d \cos\alpha^c \\
y_2^c = y_1^c + \rho^d \sin\alpha^c
\end{cases}
\tag{3-19}
$$

式中：ρ^d 为模具型面第 1 个和第 2 个节点之间的距离，$\alpha^c=\alpha^d+\theta^c$，这里 α^d 是 D_i 的第一条边向量 $\overrightarrow{P_1^dP_2^d}$ 与 x 正半轴的夹角，θ^c 为 D_i 和 S_i 的各自前两个点对应线段的夹角，即 $\theta^c=<\overrightarrow{P_1^dP_2^d},\overrightarrow{P_1^sP_2^s}>$。

由补偿后的离散曲率和成形模具截面线节点折线的边长值计算补偿后截面线其余点的坐标，公式为

$$
\begin{cases}
x_{i+1}^c = x_i^c + \rho^d \cos\left(\theta_i^c + 2\arcsin\left(\dfrac{-1+\sqrt{1+4\,(\rho^d)^2\,(\kappa_i^c)^2}}{2\rho^d\kappa_i^c}\right)\right) \\
y_{i+1}^c = y_i^c + \rho^d \sin\left(\theta_i^c + 2\arcsin\left(\dfrac{-1+\sqrt{1+4\,(\rho^d)^2\,(\kappa_i^c)^2}}{2\rho^d\kappa_i^c}\right)\right)
\end{cases}
\quad i=2,3,\cdots,n-1
\tag{3-20}
$$

其中，$\rho^d=\sqrt{(x_{i+1}-x_i)^2+(y_{i+1}-y_i)^2}$。

最后，根据调整后的离散点重构出补偿后目标修模面的外形。这种方法较好地考虑到了截面线各处的几何特征，对模具型面截面线所离散的每个节点均进行修正，当所获取的回弹后数据质量不高时，将对补偿精度造成一定影响。

3.3.2　回弹工艺变形量的计算

回弹变形的计算方法主要包括解析计算、有限元分析、基于知识的智能预

测和基于实物检测的回弹量确定。解析计算模型以不同理论为基础，通常做一些假设和简化，体现了某些因素对工艺变形的影响，可以预测弯曲变形的回弹，但是其预测精度还不能达到指导工程实践的目的。试验可分为仿真试验和实物试验，试验的目的是确定零件回弹量，以用于回弹补偿。传统上采用实物试验的方法，缺点是反复试错的过程周期长、成本高，显然，试错次数的多少与回弹补偿方法直接相关。近年来有限元分析方法被广泛应用于工艺变形机制分析和变形预测，但对于复杂零件回弹数值模拟的误差仍较大，在工程中预测固化变形也并不成熟。由于在影响零件工艺变形的诸多因素中，能够完全定量把握的并不多，许多情况下，工艺过程设计是以大量的试验数据和工艺参数实例为基础去解决问题。

1. 基于解析的工艺变形量计算

解析计算基本思路是通过对各类成形过程材料内部的力学特性进行分析，利用解析法推导回弹量的计算公式。显然，不同工艺过程中所对应力的作用方式不同，解析计算公式亦不相同。以框肋零件弯边成形回弹角计算为例，航空制造工程手册给出计算公式为

$$\Delta\alpha=K_1\left(\frac{3\sigma_s}{E}\times\frac{r}{t}+\frac{D}{E}\right)(180-\alpha)+K_2 \tag{3-21}$$

式中：σ_s 为屈服强度；D 为应变刚模量；E 为弹性模量；α 为成形角度（弯曲角度的补角）；r 为弯曲内半径；t 为材料厚度；K_1 为与成形有关的系数，当压力为 20~40MPa 时，可取 $K_1=1.065$；在弯边成形系数 $K\leqslant2\%$时，凸弯边可取 $K_2=30'\sim1°$，凹弯边可取 $K_2=40'$。

应变刚模量的定义如下：在实际工程计算中，常采用折线型应力曲线来简化实际应力曲线，如图 3-23 所示，折线型应力曲线是由实验得到的实际应力曲线的坐标原点 O、对应于屈服极限 $\sigma_{0.2}$的点 S 以及对应于某一特定的实际应变的特定点 T 等 3 点所连成的折线。对于新淬火状态下的弯曲回弹计算中，特定点 T 取在实际应变 9%所对应的位置。连接 S 点与 T 点，该线段的斜率即为应变刚模量，计算公式为

$$D=\frac{\sigma_{9\%}-\sigma_{0.2}}{\delta_{9\%}-\delta_{0.2}} \tag{3-22}$$

2. 基于 FEA 的工艺变形量计算

有限元分析（finite element analysis，FEA）是根据由实验和理论方法所得到的材料本构关系、摩擦定律及有关力学原理和简化假设，建立数值计算模型，模拟工件在成形过程中各瞬间的位移、应变和应力分布，预测工件的回弹。

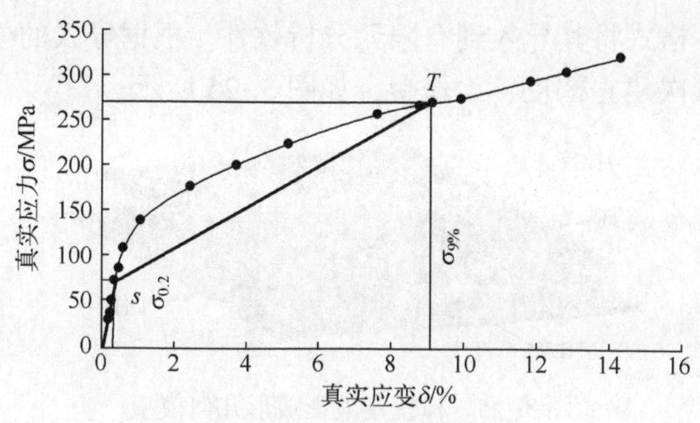

图 3-23　应变刚模量定义图

对橡皮囊成形工艺过程进行数值模拟的工艺流程如图 3-24 所示，主要分为 3 个部分：前置处理、求解计算和后置处理。

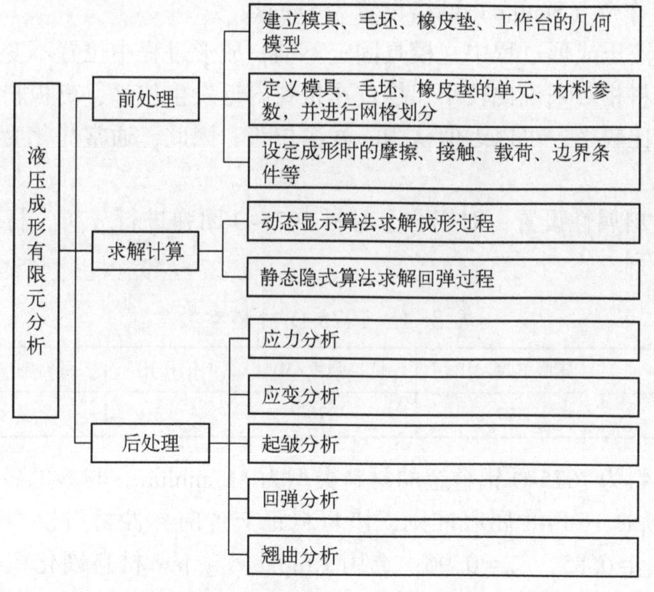

图 3-24　液压成形有限元分析步骤

1）前置处理

通过建立框肋零件模具模型、板料模型、坐标系、橡皮垫模型、工作台模型，并对各部件进行单元类型选择和网格划分，输入材料参数，参照橡皮囊液压成形过程定义合理的摩擦、接触、载荷、位移及边界条件等成形及回弹进程参数，完成有限元模型的建立。

（1）几何模型的创建与网格划分。在 CAD 系统中设计零件的模具与板料，然后以 IGS 格式将其导入到有限元分析软件。根据导入的模具与板料建立坐标系，之后依次建立橡皮、工作台，如图 3-25 所示。

图 3-25　橡皮囊液压成形几何模型

板料成形有限元模拟主要有壳单元和体单元两类，当板料厚度小于板料宏观尺寸的 1/10 时可以使用壳单元进行模拟。采用壳体单元进行模拟，板料（Blank）网格设为 2mm，橡皮（Rubber）网格设为 2mm，模具（Die）网格设为 5mm，工作台（Station）网格设置为 5mm。

橡皮囊液压成形过程中，模具固定不动，成形过程中位置不变。板料被准确定位，板料相对来说比较小，橡皮在板料附近发生位移，离板料距离远的橡皮相对位移比较小，可以近似认为不发生位移，因此，通常简化为沿橡皮四周固定。

（2）材料属性设置。对铝合金材料 7075-O 回弹进行分析，材料基本参数如表 3-1 所列。

表 3-1　7075-O 材料参数

弹性模量/GPa	屈服强度/MPa	抗拉强度/MPa	泊松比	材料密度/(kg/mm^3)
70.2	127	270	0.3	2.86×10^{-6}

定义板料为 7075-O 铝合金的材料类型为 Aluminium，材料的各向同性准则选用 Orthotopic Hill 48 屈服准则，该材料正交各向异性材料模型系数分别为 $r_0=0.73$，$r_{45}=0.85$，$r_{90}=0.96$；选用 Krupkowsky law 材料硬化模型，并设定预应变 $E_{ps0}=0.02337$，硬化系数 $K=0.69$，硬化指数 $n=0.203$。

橡皮的材料类型为 Mooney-Rivlin；材料模型选择 Orthotropic Hill48；密度设为 1.2×10^{-6} kg/mm^3；泊松比为 0.499；弹性常数 A、B 设定为 0.00279 和 0.0006975GPa。

（3）成形压力参数设置。橡皮囊液压成形中压力参数设置包括液速率曲线（volume flow rate curve）、最大内应力曲线（maximum fluid pressure curve）、最大节点速度曲线（maximum velocity curve）。

（4）摩擦条件设置。对模具、板料、橡皮、工作台之间的摩擦因数及接触算法进行设定，表 3-2 设定了主从接触面及摩擦因数、罚函数因子、接触算法类型。

表 3-2　摩擦条件设定

主接触面	从接触面	摩擦因数	罚函数因子	接触算法
Die	Blank	0.15	0.03	Accurate
Die	Rubber	0.3	0.03	Accurate
Station	Rubber	0.3	0.03	Accurate
Blank	Rubber	0.3	0.03	Accurate

2）成形与回弹计算

根据橡皮囊液压成形过程的特点，选择 PamStamp solver 求解器对橡皮囊液压成形及回弹过程进行求解计算。橡皮囊液压成形过程采用动态显式算法计算，回弹过程采用静态隐式算法计算。橡皮囊液压成形过程是一个准静态过程，动态算法计算时间取 0.382s，设置 50 步，降低动态惯性效应对板料成形的影响。

3）结果分析

根据有限元分析结果得出成形过程应力、应变计算结果，通过对比模拟结果与设计模型之间的差异，分析回弹、成形性和成形缺陷。选择云图类型并进行结果分析，计算结果包括板料厚度变薄分布，应力、应变信息，模具受力，板料变形情况等。如图 3-26 所示回弹距离云图，回弹距离是回弹前后对应网格节点的位移。

图 3-26　实例零件回弹距离云图

3. 基于知识的工艺变形量计算

基于知识的智能预测是基于获取的工艺知识，建立工艺变形量推理模型或计算模型，根据零件材料、几何等参数计算零件回弹工艺变形量。对于试验数据或生产实例的使用，一种方式是将试验数据用于拟合成一个近似的函数，建立输入和输出之间的映射关系，如人工神经网络；另一种方式直接利用这些实例，基于相似性推理得到与当前零件最接近问题的解决方案，如基于实例的推理，下面以基于实例的框肋零件弯边回弹量预测予以介绍。

采用基于实例的弯边回弹角预测是根据材料牌号、厚度、弯曲半径、弯曲角度等零件参数，采用最近相邻法检索得到与当前截面参数最近的实例，取其回弹角 $\Delta\alpha$ 作为预测值。

设回弹预测实例知识有 m 个实例，即 $CB=\{C_1,C_2,\cdots,C_m\}$；将制造要素定量特征表示为一个数据序列向量，每个实例有 n 个特征因子，则实例可以表示为 $C_i=(f_{i1},f_{i2},\cdots,f_{ij},\cdots,f_{in})$，$f_{ij}$表示第 i 个实例的第 j 个特征因子，其中 $i=1,2,\cdots,m$；$j=1,2,\cdots,n$。

影响弯边回弹的因素包括材料性能参数和几何参数，弯边结构单元回弹预测实例表达为：弯边特征参数+回弹角，具体为

（弹性模量，屈服强度，材料厚度，弯曲半径，弯曲角度，回弹角）

函数 $P_c(f_{ij})$ 表示第 i 个实例的第 j 个特征因子对应的值，$P_0(f_j)$ 表示当前弯边第 j 个特征因子对应的值，f_j表示其第 j 个特征因子。将当前弯边对象与知识库实例相似匹配问题定义如下：

已知当前弯边对象的定量特征描述向量 $\boldsymbol{C}_0$ 和已有知识元本源对象定量特征描述向量 $\boldsymbol{C}_i$，$i=1,2,\cdots,m$；求计算 $\boldsymbol{C}_i$ 中与 $\boldsymbol{C}_0$ 最相似的向量。

假设 $D(\boldsymbol{C}_i,\boldsymbol{C}_0)$ 表示 $\boldsymbol{C}_i$ 与 $\boldsymbol{C}_0$ 之间的距离，$S(\boldsymbol{C}_i,\boldsymbol{C}_0)$ 表示 $\boldsymbol{C}_i$ 与 $\boldsymbol{C}_0$ 之间的相似度，$P_0(f_j)\in[P_a,P_b]$，其中 P_a、P_b 是实例库中靠近 $P_0(f_j)$ 的两个相邻的值。

（1）特征因子相似度计算。特征因子相似度是衡量两特征因子相似程度的重要依据，而特征因子间的贴近度反映了特征因子间的相似程度。贴近度越大，则表示两特征因子的相似程度越高。相似度和贴近度都具有自反性、非负性和对称性的特征。根据所选取的定量特征因子的数值类型，采用最大最小贴近度来表示特征因子的相似度，第 i 个实例和待重用实例弯边特征在第 j 个特征因子的相似度 $S(f_{ij})$ 为

$$S(f_{ij})=\frac{P_c(f_{ij})\wedge P_0(f_j)}{P_c(f_{ij})\vee P_0(f_j)} \tag{3-23}$$

（2）特征因子权值确定。为不同的属性赋予不同的权值，应根据具体的

知识类型及相应的组成特征而定，没有统一的规则可以遵循。确定零件特征因子的权值时，根据具体情况，使用者可以指定自己的权值分配策略，或者全部由用户指定，但是要满足：

$$\sum_{j=1}^{n} \omega_j = 1$$

材料性能和几何参数对弯边回弹的影响权重如表 3-3 所列。

表 3-3　弯边特征参数

属　性	权　重	参数组成	权　值
材料	0.43	屈服强度 σ_s	0.05
		弹性模量 E	0.05
几何	0.57	材料厚度 δ	0.33
		弯曲内半径 r	0.37
		弯曲角度 α	0.2

（3）实例相似度计算。根据当前弯边各特征因子相似度的计算结果以及特征因子的最终权值，则第 i 个实例和待重用实例的相似度为

$$S(C_i, C_0) = \sum_{j=1}^{n} \omega_j s(f_{ij}) \tag{3-24}$$

（4）实例选择和重用。得到实例与当前弯边的相似度之后，将相似度大于初始设置阈值的实例按照从大到小的顺序排列，选择相似度最大的实例进行重用，取其回弹角作为当前弯边回弹角的初始解。

4. 基于实物检测的回弹量计算

数字化检测是已知零件三维设计模型，通过三维扫描测量建立实际零件表面的几何模型，将两个模型进行对齐，分析工件的外形偏差。工件扫描点云模型和零件设计模型的框肋零件弯边回弹角测量如图 3-27 所示。

弯边回弹角测量的具体过程为：在逆向工程软件导入零件设计模型、成形工件的点云模型，将设计模型设置为参考，成形工件的点云模型设置为测试；采用特征对齐的方式将零件设计模型与成形工件的点云模型对齐（图 3-28）；将设计模型的边界均匀离散，取测量点，过测量点做边界的法平面，使之与模型相交得到截面线；分别测量设计模型截面线与成形工件截面线的弯曲角度，相减即可得到回弹角，测量角度的过程中为了减小误差，通常测量 5 组取其平均值。

测量时需要首先获得设计模型的弯边线，在 CATIA 中提取设计模型外形面的腹板面，其边界即为所要获得的弯边线，截面线获取的具体过程如图 3-29 所示。

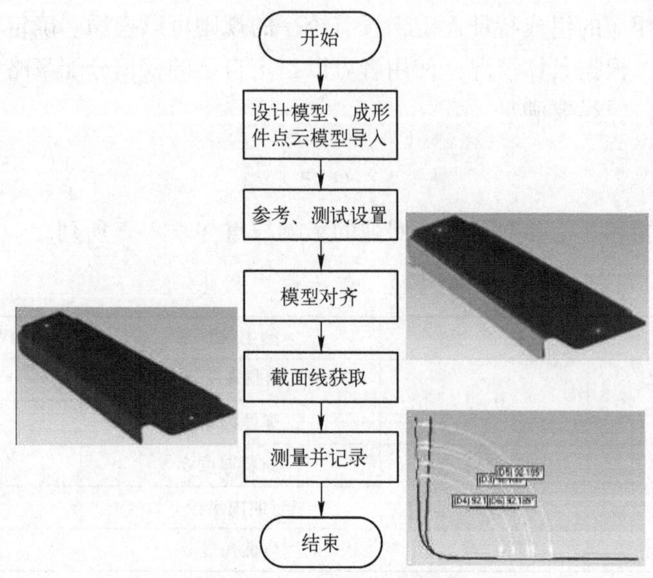

图 3-27　框肋零件弯边回弹角的测量

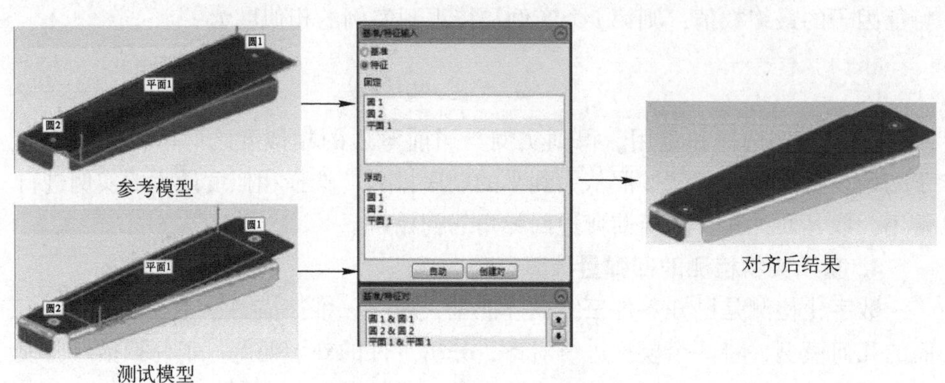

图 3-28　点云模型对齐过程

以模型弯边截面线的获取为例进行说明，主要分为 3 个步骤：①将腹板面模型、设计模型和成形件点云模型对齐；②设置弯边线模型为参考，设计模型为测试，沿着模型边界等距地做法平面，使之与设计模型相交得到截面线，保留沿着弯边线做法平面相交所得的截面线，即为设计模型弯边的截面线；③设置腹板面模型为参考，点云模型为测试，采用与步骤②相同的方法和参数设置即可得到对应位置点云模型弯边的截面线。选择截面线组测量设计模型和回弹后模型弯边角度如图 3-30 所示，据此计算回弹角。

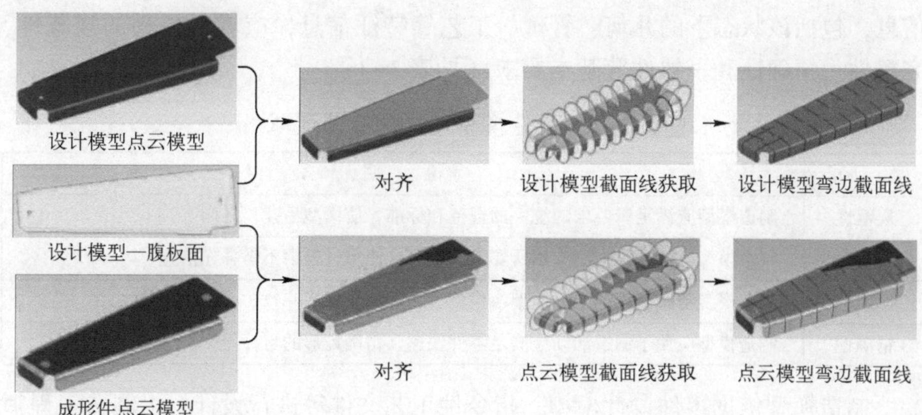

图 3-29 设计模型与成形工件点云模型截面线获取

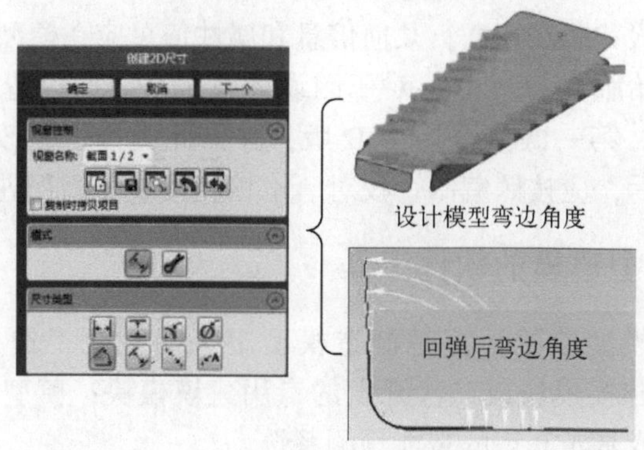

图 3-30 设计模型与回弹后模型弯边角度测量

3.4 复杂零件制造模型建模方法

复杂零件制造模型是面向工艺过程中的下料、成形等工序分别定义几何、标注和属性信息，几何建模是制造模型各个状态定义的核心，其主要功能是根据不同应用“场景”进行信息的添加、离散、展开和变形，根据控制面的展开或变形结果建立三维实体模型，模型特征树中还要增加制造模型本身设计、校审和更改等属性信息。通过开发各类复杂零件制造模型专用建模工具实现其快速精确定义。

3.4.1 制造模型建模的基本要求

制造模型为零件在工艺过程中的各个状态（阶段）提供一致的、精确的信息，包括该状态下的几何、管理、工艺等特征信息，应满足模型的规范性、完整性、精确性和一致性等基本要求（见表3-4）。

表3-4　制造模型定义的基本要求

要　求	说　明
规范性	制造模型应满足所要求的统一的规范和标准，使模型易读、易用
完整性	制造模型应包括该模型应用所要求的信息，使用过程中不需补充信息
一致性	制造模型与所引用的设计模型、模型参数等信息保持一致
精确性	制造模型应用于制造活动应满足零件快速、精确控形的目标

制造模型依据零件设计模型、指令性工艺文件等进行设计，由制造工程师定义，采用的软件平台与设计数模保持一致，几何信息建模坐标系在设计数模的同一坐标系下1∶1建立，制造模型的命名应统一，成形工艺模型在设计模型名称后加上后缀和版次信息；几何信息和属性信息应在模型特征树中规范表达。制造模型初始版本为A版，对于因设计及工艺等原因造成的更改，应更新制造模型版本，第一次修改后为B版，并依此类推，更改后再进行审签。制造模型建立以后，应按照编制、校对、审核和批准等流程进行审签。

3.4.2　制造模型建模的软件工具

几何建模和模型参数计算是制造模型定义的主要工作。几何建模采用CAD系统的通用建模模块或二次开发的专用建模模块；模型参数计算则采用有限元分析软件或基于知识的智能预测系统。

1. 制造模型几何建模模块

通用建模模块包括各种特征的造型等，商品化的CAD软件提供了机械设计、航空钣金、复合材料等模块。

专用建模模块为设计者提供的用于特定结构零件模型建模所必需的软件工具，一般基于CAD系统二次开发，如曲面展开、结构要素快速添加、曲面离散、曲面重构、特征树定义等软件工具。

2. 制造模型参数计算工具

根据零件材料、几何、工艺等特征计算模型的回弹量参数，如有限元分析软件、基于知识的智能预测系统。实践表明，以经验知识为基础的决策支持以寻求工程上的可行解是一种有效的解决途径。

如图3-31所示，实现三维制造模型建模软件和模型参数计算工具之间的集成，将复杂外形零件工艺模型以不同格式进行表达。如图3-31所示，制造模型数据定义中的数据集成主要包括两种方式：

（1）以标准数据格式表达。当两个系统为通用商业软件时，将 CAD 模型转换为 IGES 格式，如 CAD 模型数据应用有限元分析，分析结果以 STL 格式返回。

（2）以专用数据格式表达。当有知识库系统与 CAD 软件集成时，从 CAD 模型中提取型面数据或从知识库检索的模型参数数据采用基于 XML 的专用格式表达，实现异构平台之间的数据传递和应用。

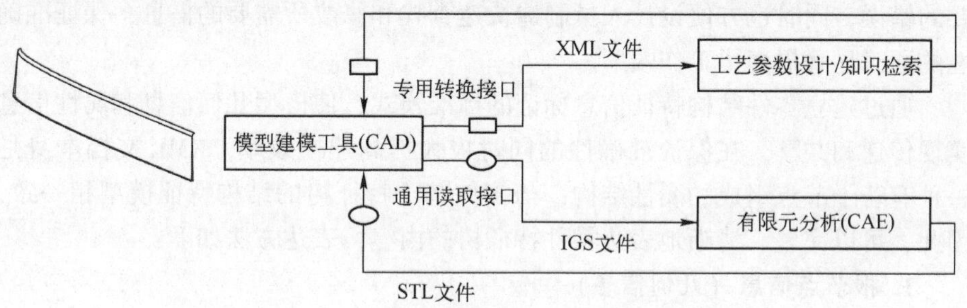

图 3-31　制造模型数据定义中的数据集成

3.4.3　制造模型特征树自动创建

制造模型是在设计模型基础上定义，首先在模型特征树中创建存储几何和属性信息的节点，进而添加、提取、变形等操作的结果存储在相应节点之下，以实现模型定义的规范化。然而，不同零件制造模型节点种类繁多且信息量大，手工建立模型节点效率低。零件制造模型特征树节点创建过程如图 3-32 所示。将制造模型特征树的节点内容以参数化表达，采用知识库进行存储，根据各类零件模型特点定制相应的内容，即可对信息进行增加、删除、修改、保存入库等操作，设计人员能够根据不同的建模要求来随时改变零件的

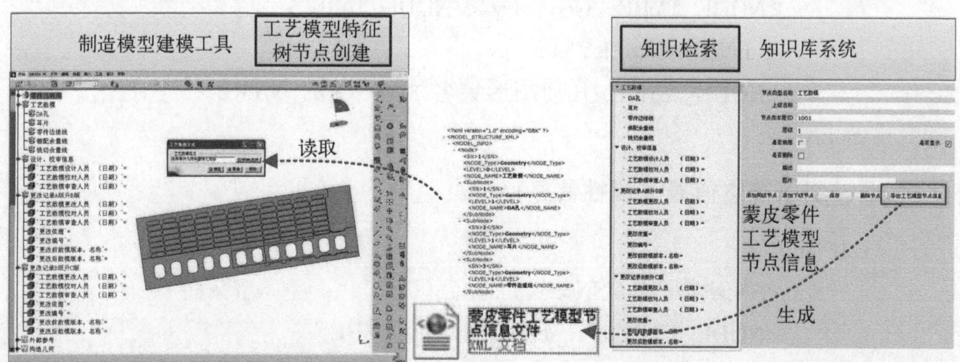

图 3-32　零件制造模型特征树节点创建过程

模型信息，也便于后续的修改，实现特征树节点知识管理和应用的灵活化。每类零件模型特征树节点从知识库中下载后以 XML 文件进行传递和应用；开发三维制造模型特征树节点快速创建算法和工具，在制造模型的结构树上直接选择零件几何体，选择从知识库中下载的零件模型特征树节点信息 XML 文件，读取 XML 文件中已配置的模型节点内容，分节点和分级自动创建模型的几何信息和属性信息，既可避免采用手动建模的繁琐复杂过程，也可避免出现不必要的错误，同时也方便设计人员制造快速查找和修改所需要的信息，保证准确性的同时显著提高了工作效率。

通过建立零件结构特征信息标记的标准模式，使模型几何信息和属性信息实现传递和共享，在保证准确性的同时极大提高建模效率。XML 文档本身是一种有若干节点组成的属性结构，与零件基于特征树的结构特征模型相一致，因此，可以完整、清晰地表达零件特征树的内容，表达方法如下：

1. 根节点信息（几何信息）

```
<Node>
    <SN>序列号</SN>
    <NODE_TYPE>Geometry</NODE_TYPE>
    <LEVEL>0</LEVEL>
    <NODE_NAME>几何图形集名称</NODE_NAME>
<Node>
```

2. 一级子节点信息（几何信息）

```
<SubNode>
        <SN>序列号</SN>
        <NODE_TYPE> Geometry </NODE_TYPE>
        <LEVEL>1</LEVEL>
        <NODE_NAME>几何图形集名称</NODE_NAME>
</SubNode>
```

3. 一级子节点信息（属性信息）

```
<SubNode>
        <SN>序列号</SN>
        <NODE_TYPE>Property</NODE_TYPE>
        <LEVEL>1</LEVEL>
        <PARAMETER_NAME>参数信息名称</PARAMETER_NAME>
```

<PARAMETER_CONTENT>/</PARAMETER_CONTENT>

</SubNode>

其中，Node 代表任一根节点格式；SubNode 代表任一子节点格式；SN 代表了节点信息的顺序；LEVEL 代表节点信息所属层级，以 0 为起点规定为根节点层级，依次类推；NODE_TYPE 代表节点信息所属类型，Geometry 代表创建的几何信息类，Property 代表创建的属性信息类；NODE_NAME 代表节点的几何图形集名称；PARAMETER_NAME 代表节点的参数信息名称；PARAMETER_CONTENT 代表节点的参数信息内容，/代表所属内容为空，可添加参数内容。

3.4.4　制造模型快速建模方法

制造模型是对原零件设计模型型面进行展开或变形的基础上建模而形成。型面是模型建模的依据，也是结构特征参数建模的参数之一。根据三维模型中几何特征关联关系提出基于设计关联的制造模型建模方法。

1. 基于设计关联的制造模型建模

传统的制造模型建模需要首先根据设计模型的结构特征分析其建模过程，明确各结构特征与基体的位置关系、建模依据、结构参数以及限制条件等；然后将结构要素的草图轮廓映射到工艺模型控制面上，按照其在设计模型中的参数和限制条件等手动重新建模。对设计模型的分析往往需要花费大量的时间和精力，而且手动重新建模容易造成错误、周期长，并由于建模者建模习惯的差异，同一结构要素在模型结构树中的位置和表现形式也不一样，从而导致工艺模型的质量差别较大。

制造模型是在设计模型的基础上生衍而成，如框肋零件回弹补偿工艺模型、整体壁板板坯模型等，其结构特征间拓扑关系不变，可以采用与设计模型建模过程和相互关联关系完全一致而只改变构成特征的要素来建立制造模型。即在零件设计模型的基础上，不修改结构特征间关联关系以及每个结构要素的建模过程和几何参数，只对引起结构要素变化的控制面、草图轮廓等进行一定的修改，这种方法称为基于设计关联的工艺模型建模方法。

1）基于零件控制面关联的弯边建模

外部参考是几何特征建模的控制依据，对于飞机整体壁板、蒙皮、框肋等零件，主要是指飞机理论型面。以框肋零件为例，零件的外部参考有弯边参考面、下陷位置参考面、加强槽草图等。弯边参考面决定了弯边结构的外形，在框肋零件的外部参考元素中，弯边参考面是最基本和关键的组成部分。多数框肋零件的弯边与蒙皮搭接，弯边参考面往往来源于蒙皮内型面。在设计过程中，由于飞机蒙皮外形的设计更改，会造成弯边参考面的形状变化。

如图 3-33 所示，弯边参考面的变形造成了弯边结构特征的变化，具体表现为弯边结构特征控制面的变化，曲面凸缘 .3（弯边）在设计模型中的支持面为“理论外缘 1-4. 32”，而在制造模型中支持几何更改为“理论外缘 1-4. 32-更改”，除此之外，模型结构树的其他特征及排序均无变化，即可完成制造模型的建模。

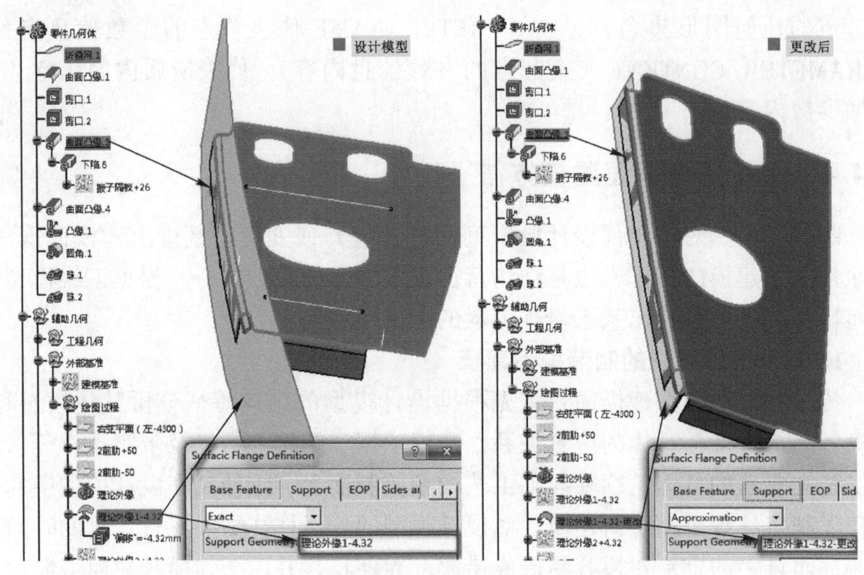

图 3-33　基于控制面更改的弯边重构

2）基于草图和限制面关联的特征建模

以整体壁板板坯建模为例，对于每一个结构要素，由于其几何体的生成都是通过对截面轮廓线的拉伸而形成的，由设计模型到板坯模型的衍化主要是依附于外形面上的截面轮廓线或引导线的变化。通过将截面轮廓线或引导线映射到制造模型控制面（展开面），然后替换原有轮廓草图或引导线，保持实体建模过程和参数不变，即可完成结构要素的建模工作。如图 3-34 所示，以板坯模型中的凸台为例，其建模过程中只需要将草图轮廓线映射到外形展开面上，替换设计模型中的草图，同时用外形面和重构的限制曲面替换设计模型中的相应限制面，保持凸台拉伸方向和高度都不变，更新零件几何体即可完成制造模型凸台的建模。

2. 典型零件制造模型建模的场景

以回弹补偿工艺模型建模为例，传统上是以反复修正和试错为基础。数字

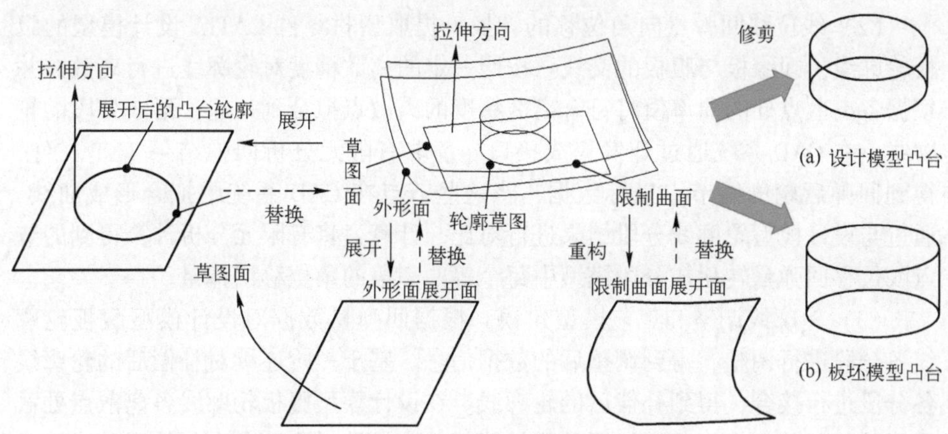

图 3-34　基于草图和限制面更改的凸台建模

化制造条件下，回弹补偿工艺模型的设计方法有两种：一是利用工艺知识确定回弹补偿量，基于专用辅助模型建模工具建立工艺模型；二是利用成形过程分析模拟软件，根据分析结果确定回弹后状态，建立补偿后工艺模型。

1）型材零件工艺模型建模

型材零件工艺模型建模过程如图 3-35 所示。零件轮廓线的回弹补偿中，轮廓线分段、轮廓线重构采用 CAD 系统，拉弯成形及回弹过程采用有限元分析，因此，涉及有限元分析 CAE 系统与模型建模 CAD 系统间的集成。

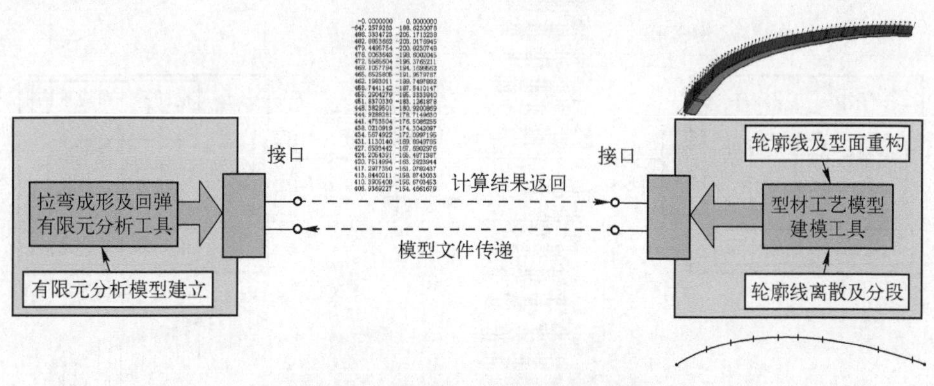

图 3-35　型材零件工艺模型建模过程

（1）拉弯成形和回弹过程分析。以设计模型以标准格式文件导出，在 CAE 软件导入建立型材拉弯的有限元分析模型，对成形与回弹过程进行分析，得到型材零件回弹后的网格模型，回弹结果以 TXT 文件存储和导出。

（2）线位移回弹量向角位移的转换。提取型材零件 CATIA 设计模型的腹板轮廓线，即缘板与腹板的交线。按照一定的离散精度对轮廓线进行离散，并根据各离散点处的曲率值将符合离散精度的离散点拟合到一起，形成分段的轮廓线；在 CAD 系统通过开发集成接口，读取有限元分析回弹结果 TXT 文件，得到回弹后轮廓线节点坐标数据，将这些节点在 CAD 系统中拟合形成曲线，通过与设计模型轮廓线分段结果进行对比、计算，将有限元分析计算得到的节点线位移回弹量转化成分段模型中每个等曲率段的角位移回弹量。

（3）轮廓线调整和工艺模型建模。根据回弹量数据对设计模型腹板轮廓线各分段进行调整，得到调整后的数据信息。基于一阶连续对补偿后的轮廓线各分段进行接合，得到补偿后的轮廓线。在设计模型腹板轮廓线各离散点处截取零件外形截面，将截面线平移到补偿后轮廓线的对应节点上，将平移后的截面线以多截面曲面创建工艺模型型面，最终根据该型面完成工艺模型的设计。对于带有下陷结构的型材零件，需根据型材零件设计模型下陷所在位置、下陷深度与下陷的宽度，在工艺模型对应位置处建立下陷结构。

2）框肋零件工艺模型建模

框肋零件工艺模型建模过程如图 3-36 所示。弯边分析与离散、位移调整和型面重构由 CAD 系统执行，回弹预测基于知识库系统计算，因此，涉及基于知识的回弹预测工具与框肋零件工艺模型建模工具的集成。

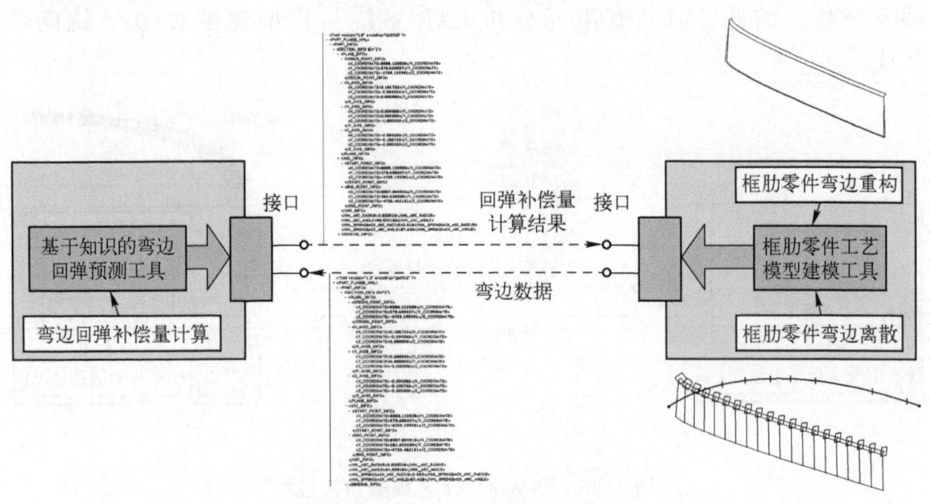

图 3-36　框肋零件工艺模型建模过程

（1）弯边离散数据导出与回弹量预测。在 CAD 中以二次开发的框肋零件弯边工艺模型专用定义工具，将零件弯边型面沿离散为各法向截面线，再对各截面曲线进行直线段和圆弧段拟合处理，以 XML 格式导出。使用基于知识的回弹量预测工具导入基于 XML 表达的弯边离散数据，预测各弯边结构单元的回弹量并计算补偿后的半径和角度。

（2）回弹补偿数据导出与曲面重构。将弯边结构单元回弹补偿数据以 XML 格式导出，在 CAD 中以专用数据接口导入读取，进行曲面重构形成回弹补偿后的型面，进一步建立工艺模型建模，用于成形模具设计。

第 4 章　框肋零件制造模型及其数字化定义

框肋类零件是飞机机体中的骨架类零件，包括隔框和翼肋零件，大都位于机体的控制截面上，与蒙皮搭接，担负着确定飞机外形和承受气动载荷的双重任务，占飞机钣金件数量 30% 以上。框肋零件的主要结构是与腹板搭接的弯边、下陷以及腹板上的加强槽等。弯边周向结构、径向结构，腹板内部加强槽、工艺孔等以及尺寸的变化，都会对零件形状产生直接影响。面向框肋零件"一步法"成形工艺过程，通过对典型框肋结构及变形规律的分析，建立变曲率、变截面、带下陷、尺寸各异等各种结构形式复杂框肋零件展开与回弹补偿技术方案，发展相应的工艺模型定义技术，以实现框肋零件高效精确制造。

4.1　框肋零件结构特征及其设计模型

4.1.1　框肋零件结构特征

框肋零件实例如图 4-1 所示。框肋零件腹板多为平面结构，为满足刚度、减重、成形等需求，腹板上存在加强窝、加强槽、减轻孔、定位孔等结构要素；也存在非平板结构腹板，如折弯腹板结构、平面下陷腹板结构以及曲面腹

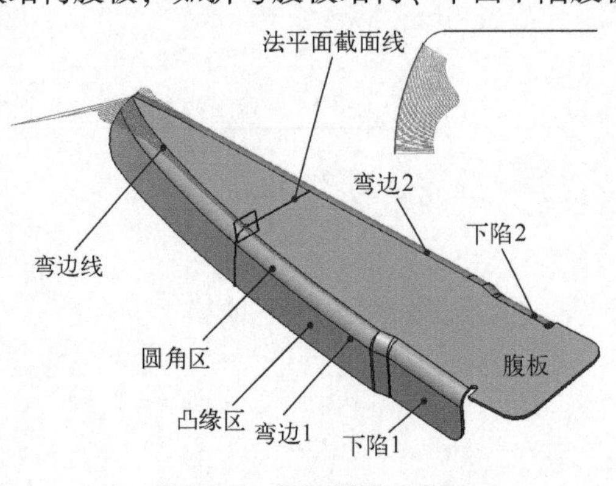

图 4-1　框肋零件实例

板结构等。腹板在框肋零件中起定位和支持作用，可通过定位面、厚度以及边界确定腹板的结构尺寸。弯边是框肋零件成形中的主要结构特征，由圆角区和凸缘区组成，通常带有下陷、长桁缺口等结构以便于和其他零件搭接。

弯边特征主要从弯边的周向和径向两个方向参数予以分析。如图 4-2 所示，弯边径向的截面参数包括弯边圆角内半径 R、弯边圆角 α、弯边高度 H。弯边周向的弯边基线参数包括弯边基线圆角半径 CR、弯边基线圆角 β。

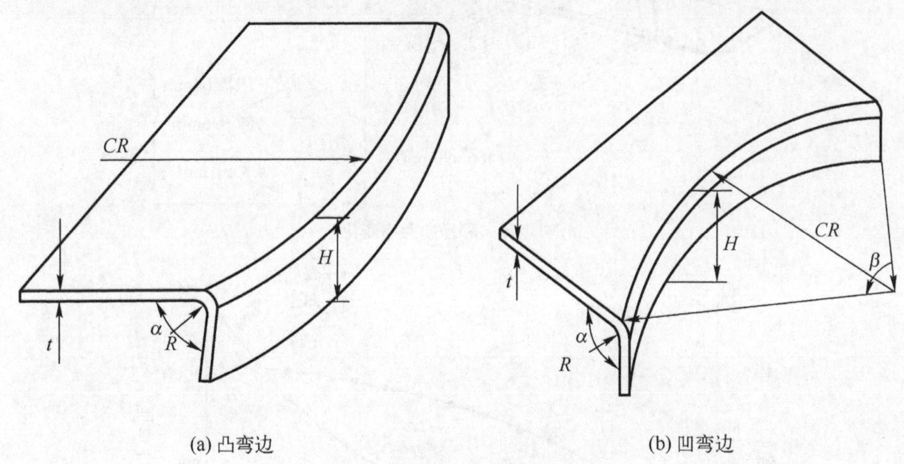

(a) 凸弯边　　(b) 凹弯边

图 4-2　弯边结构特征参数

框肋零件与蒙皮搭接，起到维持飞机外形的作用，而蒙皮零件具有与气动外形有关的曲面外形，因此，凸缘型面多为变曲率曲面，弯边基线曲率是变化的，弯边的高度和圆角度沿弯边基线不断变化，同一弯边的圆角半径通常不变，如图 4-3 所示。除此之外，其复杂性在于沿其周向和径向带有变化的结构特征组合。

1. 周向结构特征

弯边基线形状有 3 种基本型，即直弯边、凸曲线弯边、凹曲线弯边，实际零件的弯边可以是这些基本形式的组合。

（1）直弯边（图 4-4）。弯边基线的曲率为 0，弯边基线曲率小于 10^{-3} 数量级，也可近似作直弯边处理。成形常出现的缺陷是零件的圆角半径大于模胎的圆角半径和零件平面的边缘部位隆起。

（2）凸曲线弯边（图 4-5）。简称凸弯边，依据弯边基线曲率的变化分为定曲率凸弯边和变曲率凸弯边。弯边受压应力，又称为压缩弯边，材料压缩增厚，易起皱。

（3）凹曲线弯边（图 4-6）。简称凹弯边，依据弯边基线曲率的变化可分为定曲率凹弯边和变曲率凹弯边。弯边受拉应力，又称为拉伸弯边，材料拉伸变薄，易破裂。

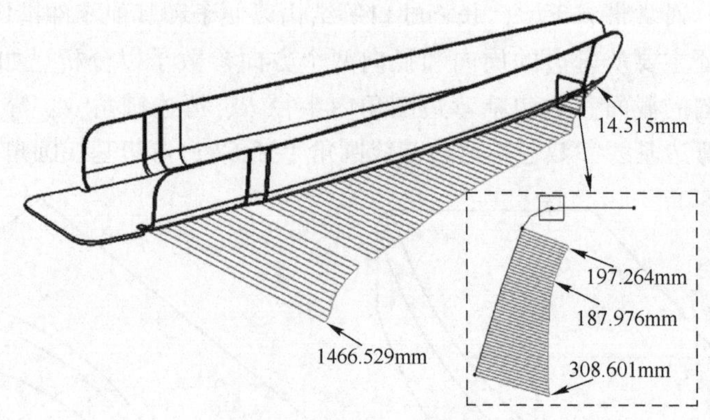

(a) 弯边周向和径向曲率变化

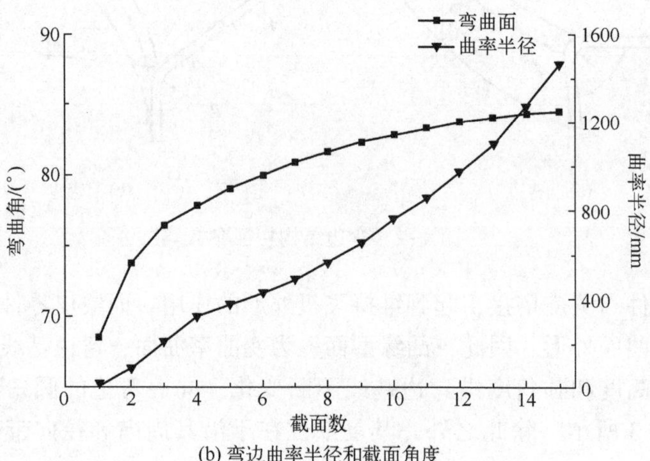

(b) 弯边曲率半径和截面角度

图 4-3　实例零件弯边特征

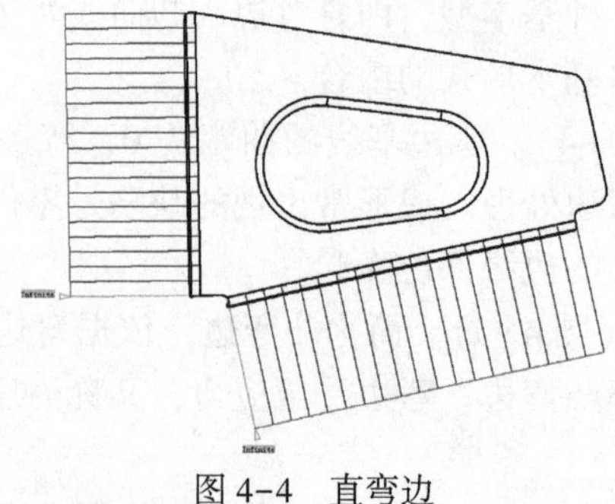

图 4-4　直弯边

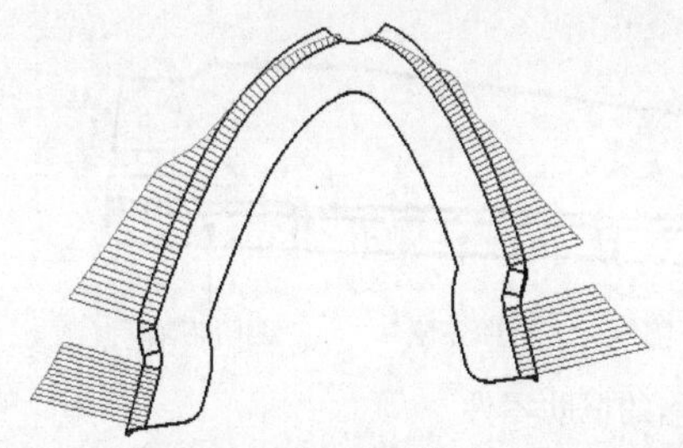

图 4-5　凸曲线弯边

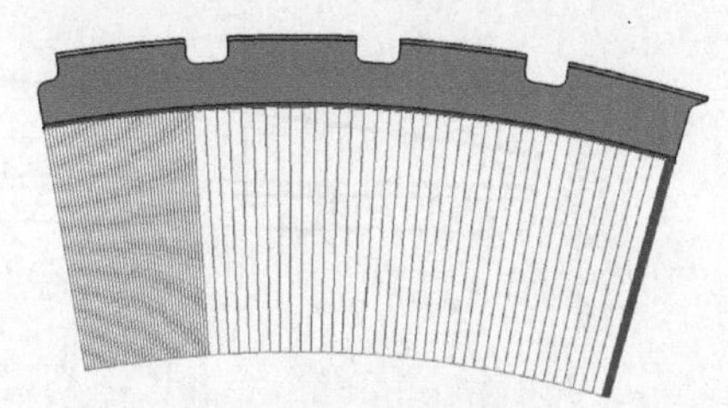

图 4-6　凹曲线弯边

为避让长桁等结构通过，或便于角片等结构搭接，在弯边上设计了下陷结构，下陷结构使得弯边沿周向突变。如图 4-7 所示，下陷区的结构参数包括：深度 h、过渡区长度 l、下陷段长度 L、下陷与弯边过渡圆角半径 r_1 和 r_2。

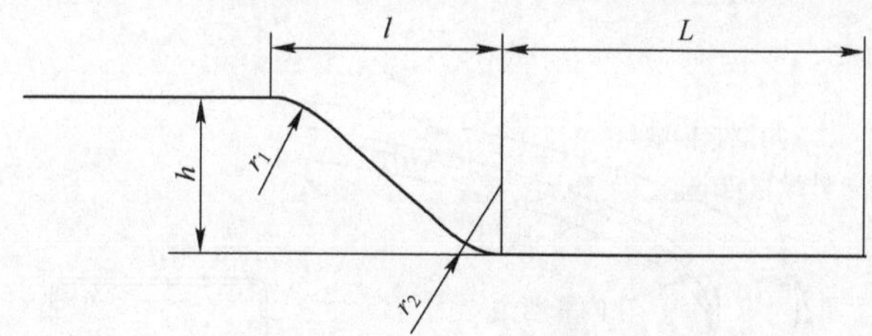

图 4-7　下陷区的几何参数

下陷使弯边结构复杂化，导致成形、展开和回弹补偿难度增加。不同的下陷位置有不同的结构形式，主要包括端头下陷和中间下陷，如图 4-8 所示。

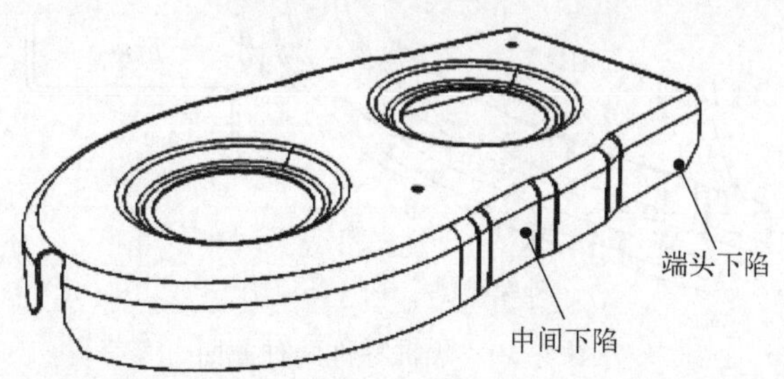

图 4-8　具有端头下陷和中间下陷的框肋零件

按照下陷之间的搭接关系，分为独立下陷和阶梯下陷。如图 4-9 所示，阶梯下陷的框肋零件在弯边处具有连续 2 个以上的下陷结构，按照距离弯边处由近到远的顺序将连续的 n 个下陷分别称为一阶下陷、二阶下陷直至 n 阶下陷。

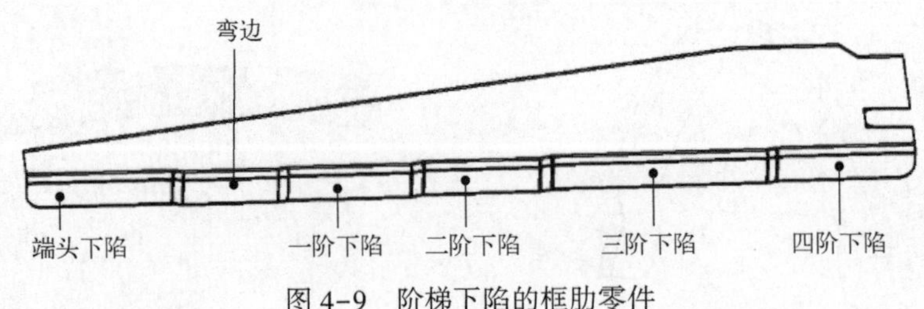

图 4-9　阶梯下陷的框肋零件

2. 径向结构特征

弯边由圆角区和凸缘区组成，按其参数分为定截面弯边和变截面弯边，变截面弯边的弯曲角度和弯边高度不断变化，而圆角半径通常保持不变。根据同一零件中弯边的方向，框肋零件弯边截面形式包括同向（U 形）弯边和异向（S 形或 Z 形）弯边。图 4-10 所示为隔框零件两种截面。

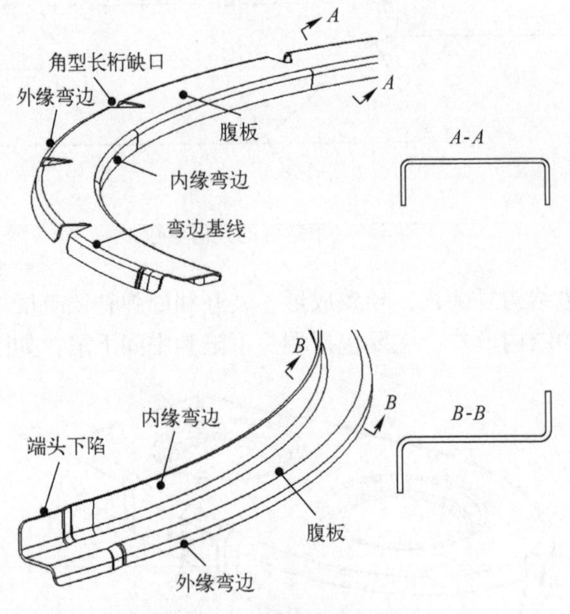

图 4-10　隔框零件两种截面

单弯边呈 L 形，复合弯边是在此基础上带有起加强作用的连续弯边，用于提高零件的结构刚度。加强边是与原弯边搭接的弯边，表现为弯边在径向连续弯曲成形，增加了弯边精度控制的难度。因此，径向连续弯边由一级弯边和二级弯边共同组成，异向弯边隔框零件截面参数如图 4-11 所示。

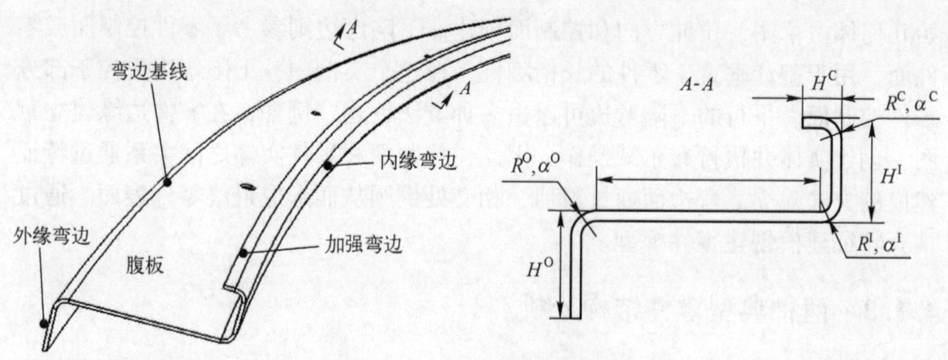

图 4-11　异向弯边隔框零件

4.1.2　框肋零件设计模型

如图 4-12 所示，框肋零件三维模型几何集包括零件几何体、外部参考面、构造几何。下面以 CATIA V5 机械设计模块建立的翼肋零件模型说明几何要素之间关系，通过将零件理论外形面向内偏置蒙皮厚度，在构造几何中创建零件控制面。腹板和草图面由肋位面确定，在草图面中建立零件草图。零件初

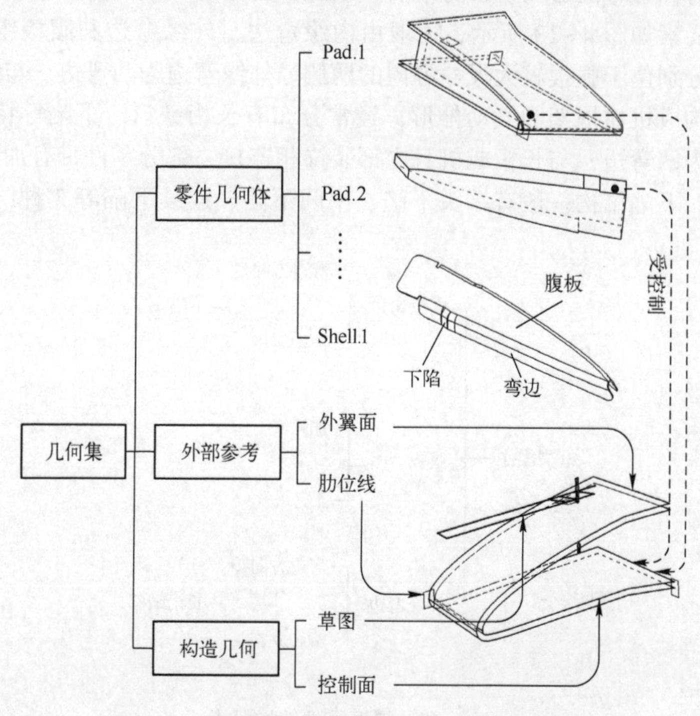

图 4-12　框肋零件三维模型的几何集及其关系

始几何体由草图、拉伸方向和控制面创建。下陷弯边则参考了零件控制面或零件面，用于避让垂直于零件的长桁零件。在这个实例中，下陷弯边受控于部分零件控制面。平行的下陷弯边可以由多种方法创建。例如，在零件边缘建立草图，创建实体并执行布尔减操作。因此，控制面和零件实体之间关系通过特征建模的方法建立。弯边面通过裁剪、相交处倒圆从而形成最终零件表面。通过抽壳特征建模创建零件模型。

4.1.3 两种典型零件结构分析

典型框肋零件包括机身的隔框零件和机翼的翼肋零件，由于在机体结构中所处的位置各不相同，因此，框肋零件的结构类型、截面尺寸、周向尺寸及结构要素各不相同，需要对框肋零件的结构进行分析，确定框肋零件的主要结构及几何参数，建立框肋零件的结构参数定量化表达方法。下面以机身隔框零件和机翼翼肋零件为对象分析框肋零件的典型结构。

1. 隔框零件结构分析

隔框零件是飞机的骨架零件，用来维持机身的截面形状，一般空气压力在机身周向对称分布能够实现自身平衡，因此，普通框一般设计成环形框。隔框零件结构要素如图 4-13 所示，一般由内缘弯边、外缘弯边和腹板组成，内、外缘弯边分别位于腹板较大尺寸方向的两侧。外缘弯边为凸弯边，与蒙皮、长桁搭接，构成机体框架和气动外形，经常分布有长桁缺口、下陷等特定结构；内缘弯边为凹弯边，与长桁或机身内部装饰相连接，部分零件带有加强弯边或下陷结构。下陷结构一般有端头下陷、中间下陷、连续下陷等 3 种结构形式；

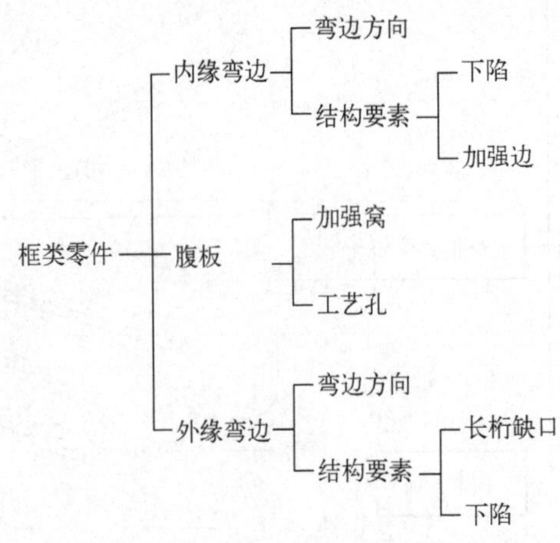

图 4-13 隔框零件结构要素

长桁缺口和通过其的型材零件有关，常见长桁缺口形状包括 L 形（角型）、U 形（槽型）和 Z 形等截面，相关标准对其尺寸做出了定义。

机身蒙皮同骨架元件（隔框、长桁）的连接方式主要有两种：①蒙皮只与桁条相连，该连接方式只有纵向铆缝，能得到较好的蒙皮质量，气动性更好，但蒙皮没有横向支撑，承剪能力较差，为了克服这个缺点，有时采用专门的补偿片与蒙皮连接，如图 4-14（a）所示，该类隔框零件长度从 1m 到 3m 不等，在成形时翘曲变形较大，如果不进行控制仍需要大量手工校形。②蒙皮既与隔框相连，又与桁条相连，采用这种连接方式的隔框上开长桁缺口以使桁条通过，如图 4-14（b）所示，带长桁缺口的隔框零件在成形后翘曲变形量较小，该类隔框零件弯边回弹补偿后，采用“一步法”成形工艺，可实现精确成形。

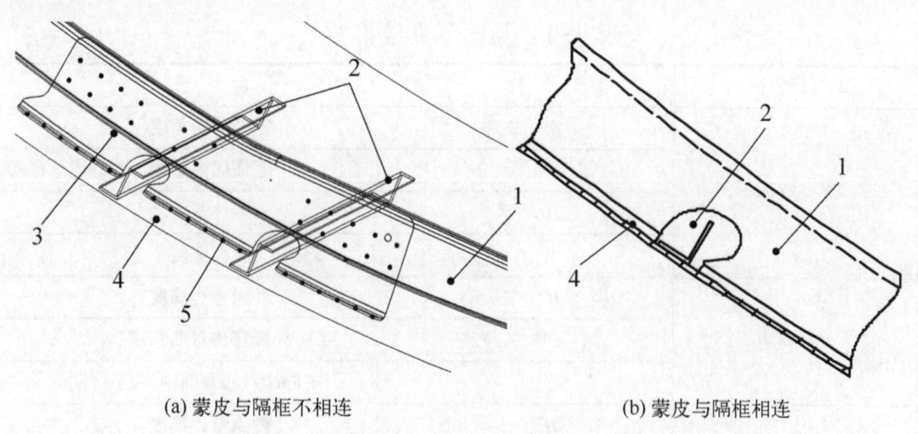

(a) 蒙皮与隔框不相连　　(b) 蒙皮与隔框相连

1—隔框；2—长桁；3—补偿片；4—蒙皮；5—铆接点位。

图 4-14　隔框与蒙皮连接示意图

长度较大、无长桁缺口的隔框零件一般有较大的翘曲变形，该类隔框零件是通过补偿片或连接角片与机身蒙皮装配，因此，其外缘弯边上较少出现下陷结构。另外，通过对带下陷结构的隔框零件的分析发现，下陷结构对隔框零件翘曲变形的影响并不明显。

无长桁缺口无下陷的异向弯边隔框零件，其内缘弯边带加强边结构，基本结构形式如图 4-15 所示。如表 4-1 所列，隔框零件结构参数包括材料厚度 t、零件周向角度 β^{P}、周向半径 R^{P}、弯曲角度 α、腹板宽度 W、外缘弯边结构参数（弯曲半径 r^{OA}、弯曲角度 α^{OA}、弯边高度 H^{O}）、内缘弯边结构参数（弯曲半径 r^{IA}、弯曲角度 α^{IA}、弯边高度 H^{I}）。

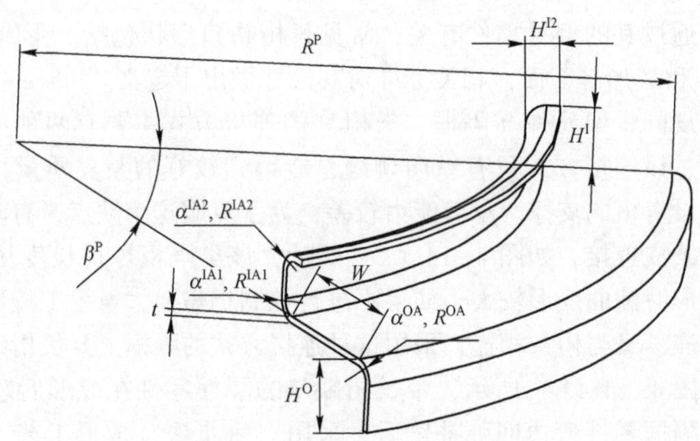

图 4-15　异向弯边隔框零件基本结构形式

表 4-1　隔框零件结构参数

结构特征	参　数	含　义
零件整体	β^P	零件周向角度
	R^P	零件周向半径
	t	零件厚度
	W	腹板宽度
外缘弯边	H^O	外缘弯边高度
	α^{OA}	外缘弯边弯曲角度
	r^{OA}	外缘弯边弯曲内半径
内缘弯边	H^I	内缘弯边高度
	α^{IA}	内缘弯边弯曲角度
	r^{IA}	内缘弯边弯曲内半径

隔框零件周向尺寸参数与机身尺寸及隔框零件在机身中所处的位置有关，其外缘弯边基线长度一般在 500mm 以上，大型客机的隔框零件长度可达 3000mm 以上。由于机身气动性能等要求的原因，隔框周向曲率一般在小范围内变化。如图 4-16 所示，为了方便分析成形零件翘曲变形，将零件弯边基线以 1~5mm 的间距离散，得到离散点坐标，利用最小二乘拟合的方法，将各离散点拟合为圆弧，可得到该零件弯边基线的拟合半径 R^P，弯边基线长度为 L^P，则零件周向角度 β^P 为

$$\beta^P = \frac{L^P}{R^P} \tag{4-1}$$

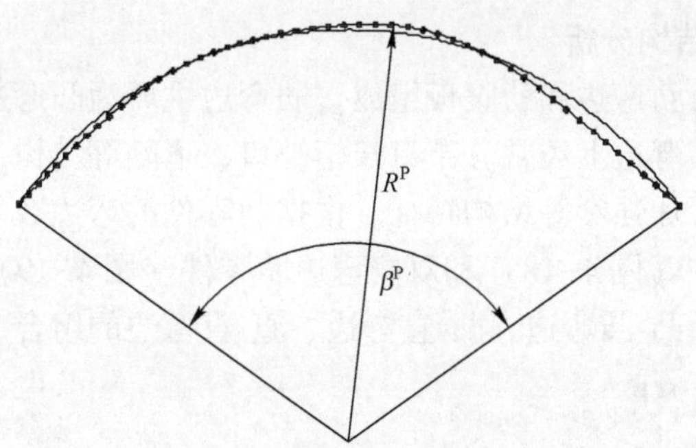

图 4-16　弯边基线离散与拟合

某隔框案例零件如图 4-17 所示，该零件主要结构有腹板和外缘弯边，外缘弯边曲率半径变化范围为 753~1020mm，外缘弯边曲率半径基本呈现为两端小中间大的趋势，案例零件几何参数如表 4-2 所列。

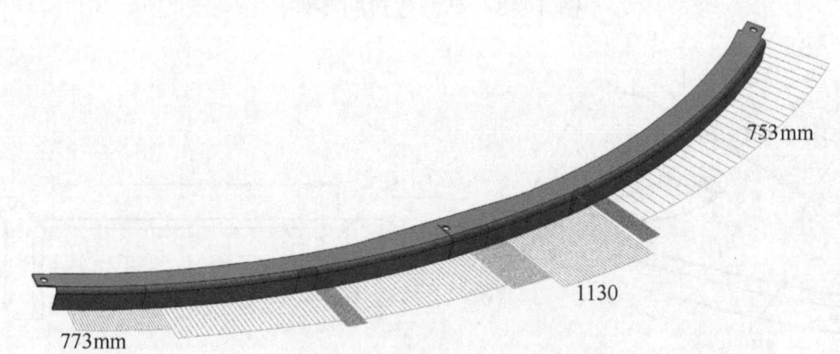

图 4-17　某隔框案例零件

表 4-2　案例零件几何参数

几何尺寸	参数值
零件周向角度 β^{P}	52°
零件周向半径 R^{P}	923.866mm
零件厚度 t	1.27mm
腹板宽度 W	17.8~21.9mm
外缘弯边弯边高度 H^{O}	20mm
外缘弯边弯曲角度 α^{OA}	90°
外缘弯边弯曲外半径 r^{OA}	3mm
内缘弯边高度 H^{I}	—
内缘弯边弯曲角度 α^{IA}	—
内缘弯边弯曲内半径 r^{IA}	—

2. 翼肋零件结构分析

肋零件一般由肋弯边和肋腹板组成。肋弯边主要为凸弯边或直弯边，与蒙皮、长桁搭接，其弯边上经常分布有长桁缺口、下陷等结构；部分零件的腹板上设计有减轻孔、加强窝等结构特征。根据肋零件的弯边数量可以将肋零件分为单侧弯边肋零件（图4-18）和双侧弯边肋零件（图4-19）两种基本结构类型，双侧弯边包括凸-凸弯边、凸-直弯边、直-直弯边的组合。

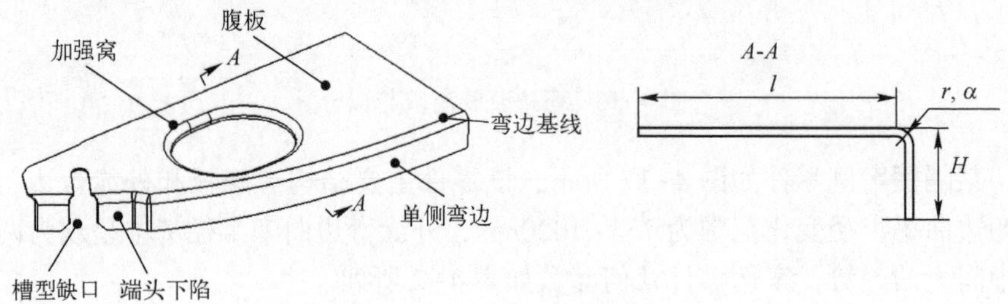

图 4-18　单侧弯边肋零件

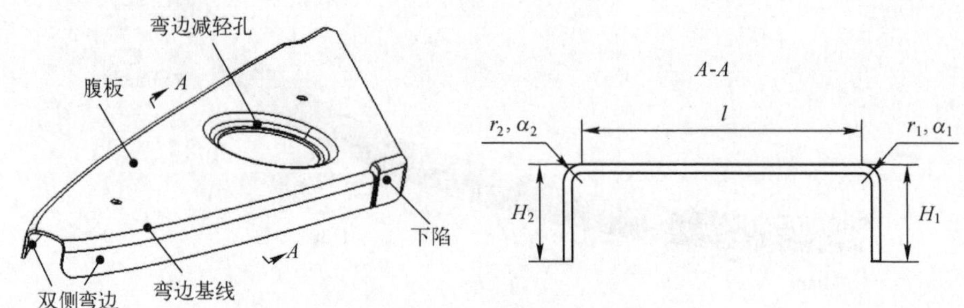

图 4-19　双侧弯边肋零件

带下陷的肋零件结构参数如图 4-20 所示，包括弯边、下陷和下陷过渡区。其结构参数包括材料厚度 t、直线段长度 L、弯边结构参数（弯曲半径 r、弯曲角度 α、弯边高度 H）、下陷高度 h 和下陷过渡区圆角 r。

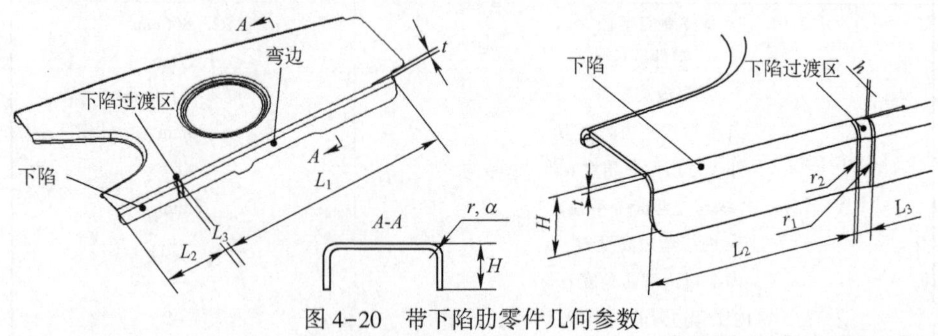

图 4-20　带下陷肋零件几何参数

凸弯边的框肋零件各个参数包括材料厚度 t、零件圆弧中心角 θ^P、零件曲率半径 R^P、直线段长度 L^P、弯边结构参数（弯曲半径 r、圆角 α、高度 H），见图 4-21 和表 4-3。

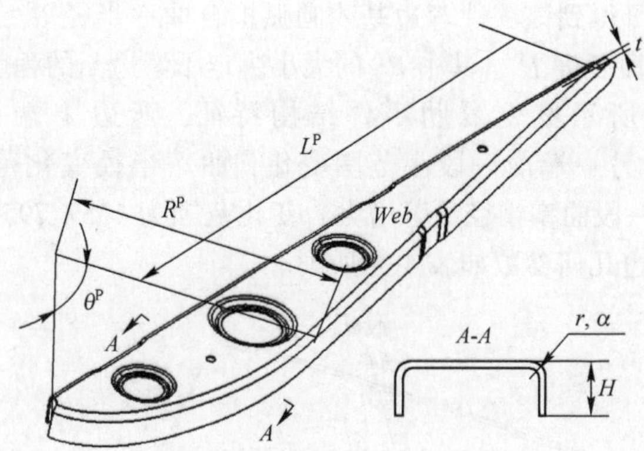

图 4-21　翼肋零件几何参数

表 4-3　翼肋零件几何参数

参　数	含　义
t	材料厚度
θ^P	零件圆弧中心角
R^P	零件曲率半径
L^P	直线段长度
H	弯边高度
α	弯曲角度
r	弯曲内半径

由于飞机机翼翼型的特点，翼肋零件弯边曲率变化较大，一般由大曲率部分和小曲率部分组成，如图 4-22 所示凸弯边基线实例。为了可以对实际零件

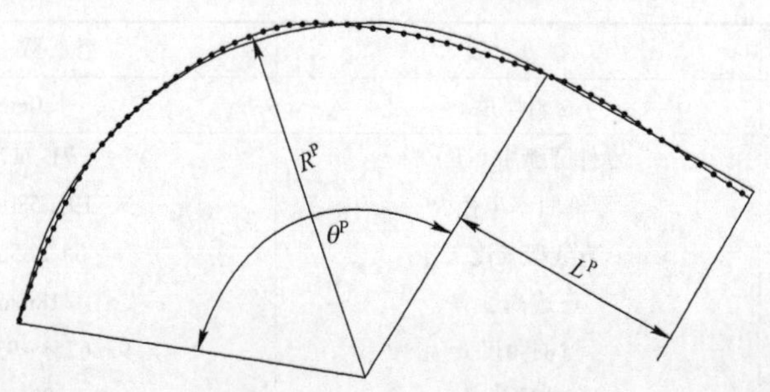

图 4-22　凸弯边基线实例

的起皱进行分析，将凸弯边弯边基线以 1~5mm 的等间距进行离散，各点曲率半径 R_i<1200mm 时，使用最小二乘的方法进行拟合，将各个离散点拟合为圆弧；各点曲率半径 R_i>1200mm 时，使用最小二乘的方法进行拟合，将各离散点拟合为直线，可得到该零件弯边基线圆弧拟合曲率半径 R^{P}，零件圆弧中心角 θ^{P}，弯边直线段长度 L^{P}，其中 R^{P} 的大小决定了弯边凸的程度。

如图 4-23 所示案例翼肋零件结构特征，弯边 1 端头曲率半径为 52.317mm，并向另一端前一段小范围变化，曲率半径变化范围为 52.317~366.548mm，后一段曲率半径显著增大，变化范围为 1357.795~19398.62mm。案例翼肋零件弯边几何参数如表 4-4 所列。

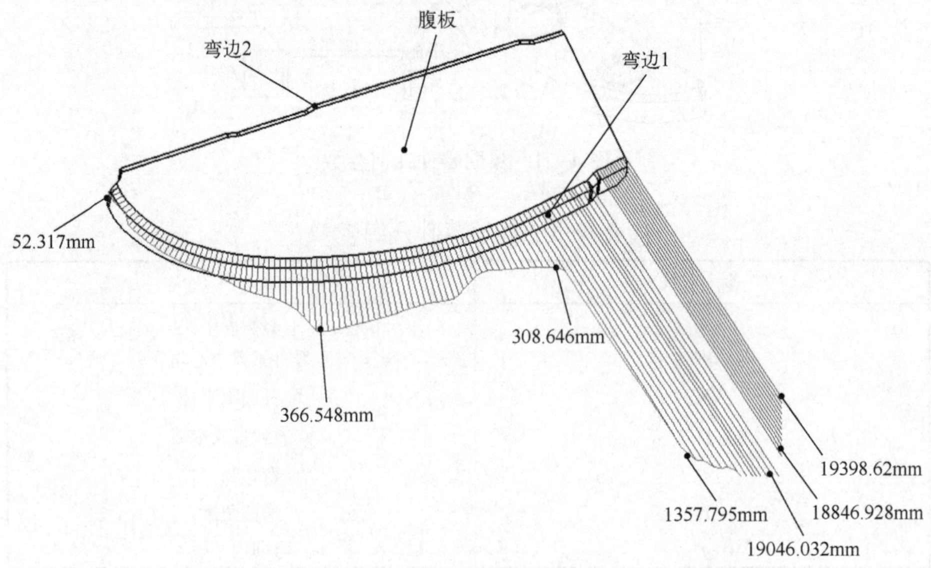

图 4-23 案例翼肋零件结构特征

表 4-4 案例翼肋零件弯边几何参数

结构要素	参数	参数值
整体	材料厚度 t	1.0mm
弯边 1	零件圆弧中心角 θ^{P}	71.717°
	零件曲率半径 R^{P}	195.580mm
	直线段长度 L^{P}	64.265mm
	弯边高度 H	18mm
	弯曲角度 α	93.675°~93.826°
	弯曲内半径 r	2.895mm

续表

结构要素	参　数	参数值
弯边 2	零件圆弧中心角 θ^{P}	—
	零件曲率半径 R^{P}	—
	直线段长度 L^{P}	—
	弯边高度 H	17mm
	弯曲角度 α	93. 271°~93. 440°
	弯曲内半径 r	2. 895mm

4. 2　框肋零件制造模型及其状态生衍过程

面向“一步法”成形工艺过程的框肋零件制造模型由毛坯模型和回弹补偿成形工艺模型组成，通过对设计模型添加工艺孔、曲面展开、曲面变形调整，形成制造模型，其复杂性在于弯边结构的外形双曲度、带下陷、截面多样。

4. 2. 1　框肋零件制造工艺过程分析

框肋零件数字化制造过程包括制造指令设计、制造模型设计、成形模具设计与制造、成形加工、检测等主要环节。根据框肋零件设计模型规划工艺过程，以此为基础定义制造模型；零件成形模具的设计以零件工艺数模为唯一的数据来源，通过对工艺数模型面进行适当移形，并进行加强结构、定位孔等辅助结构的设计，得到模具数模；采用数控加工中心，依据模具数模加工得到成形模具；由于此时成形模具的工作型面已不同于零件最终形状，无法再作为检验依据，因此，对成形后工件数字化测量，与设计零件数模进行比对，分析其成形准确度。框肋零件外形公差为±0. 5mm、有气动外形要求弯边角度公差为±0. 5°，无气动外形要求的弯边角度公差为±1°，弯边高度公差为±1. 0mm。

框肋零件材料通常为 2×××、7×××系列铝合金，主要采用橡皮囊液压成形工艺加工，由成形模具赋予形状。成形过程中，将橡皮囊液压成形模具和零件毛料放置在成形机工作台上，操纵工作台使之进入工作位置，使容框四周全部处于封闭状态，然后向橡皮囊中充入高压液体，充压的橡皮囊膨胀，压迫位于其下的橡皮垫，使其逐渐充满容框，产生高压，迫使毛料贴附模具形成零件。

框肋零件“淬火+成形”的“一步法”成形是利用铝合金板料经淬火后，

在新淬火状态下的良好塑性一次成形达到设计形状和性能要求，其工艺流程如图 4-24 所示。“一步法”成形是适应成形质量和周期要求不断提高而必须采用的制造方式，这要求考虑回弹因素建立成形工艺模型作为成形模具设计的依据。

图 4-24 “一步法”成形典型工艺流程

对于在 W 态下成形的零件需要严格控制成形过程中各步骤的时间，从冷藏箱中取出到加工成形完毕总时间要求不超过 30min，框肋零件毛料淬火后在后续的成形过程中各步骤需要控制的时间如表 4-5 所列。

表 4-5 橡皮囊液压成形“一步法”各步骤的时间要求

序号	步　骤	内　容	要求时间/min
1	毛料转移	从冷藏箱转移至校平设备	≤2
2	校平	对淬火后变形的毛坯进行校平处理	≤3
3	装料	将校正的毛坯零件装到液压模具上	≤4
4	成形	在橡皮囊液压机上设置好工艺参数，完成液压成形	≤3
5	取件	将成形完毕的框肋零件从液压模具上取下	≤4
6	检验	对零件进行检验	≤3

根据零件和机床工作台的尺寸大小，将成形模具安放到橡皮囊液压机床的托盘上。将零件毛料装到成形模上，利用定位销钉（已备好）固定位置；然后盖上成形橡皮，启动机床，设置保压时间和成形压力进行成形；橡皮囊液压成形工艺参数设为：成形压力 40MPa，橡皮硬度 A90，保压时间 3s。成形完成后，使用万能角度尺、游标卡尺或激光扫描仪等测量工具对成形件进行检测。

4.2.2 框肋零件制造模型生衍过程

框肋零件制造模型状态组成及其生衍过程如图 4-25 所示，包括面向下料工序的毛坯模型、排样下料模型和面向成形工序的工件模型、回弹补偿工艺模型。

由于框肋零件弯边形状与飞机的气动外形相关，沿着框肋零件的弯边基线，不仅弯边的曲率在不断变化，且各截面的弯曲角度也在不断变化。因此，

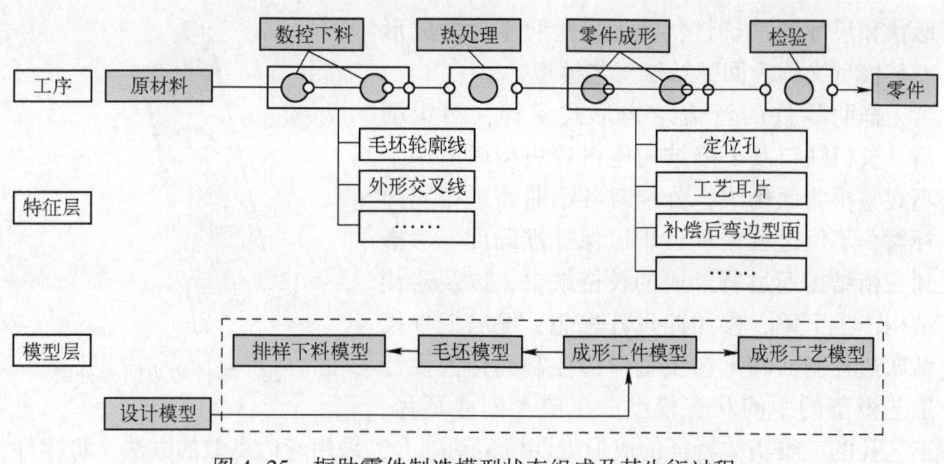

图 4-25　框肋零件制造模型状态组成及其生衍过程

从设计模型到工艺模型、从设计模型到毛坯模型的过程较为复杂。

（1）成形工件模型。为便于定位需要，在零件上添加销钉孔、耳片等结构（图 4-26），是其他状态模型设计的基础。

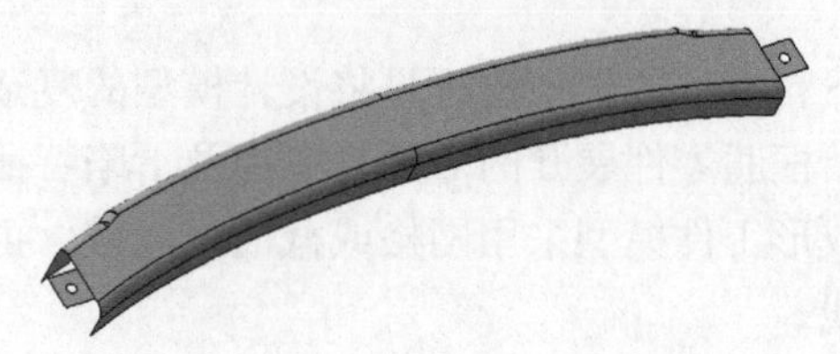

图 4-26　零件成形工件模型

（2）毛坯模型。零件弯边、减轻孔、加强窝、加强槽等结构要素展开形成毛坯模型（图 4-27），为生产下料提供数据。

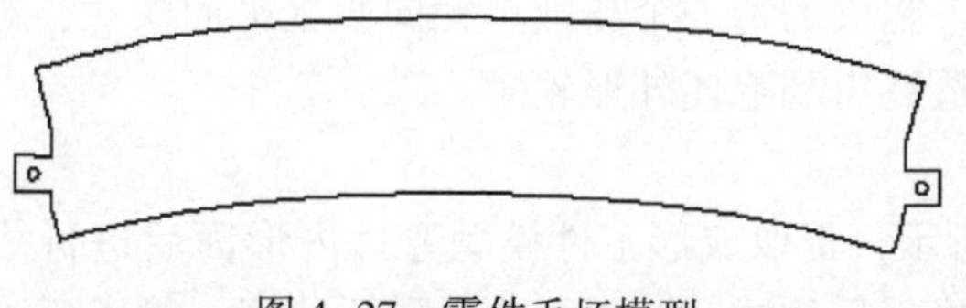

图 4-27　零件毛坯模型

（3）排样下料模型。即毛坯在板材内的位置以及下料工艺的相关信息，组合排样能够提高加工效率和材料利用率。

（4）成形工艺模型。由于框肋零件的弯边在成形后有回弹的现象，所以需预先对弯边回弹进行补偿（图 4-28），为模具型面的设计提供依据，以保证形状和尺寸的准确性，因此，框肋零件的成形工艺模型又称为回弹补偿工艺模型。

框肋零件的弯边结构形式多样，端头圆角、长桁缺口及下陷结构使得弯边型面由多个不规整小曲面构成，分别对各小曲面进行回弹补偿，不但过程繁琐且难以保证准确度。考虑到长桁结构通过所形成的长桁缺口，以及避让结构产生下陷，参照此设计思想，提出工件模型弯边控制面和工艺模型弯边控制面作为设计工艺模型的中间状态模型。在包含创建耳片、工艺孔的三维实体特征的成形工件模型基础上，采用弯边离散的方法，将零件离散成各个截面线，并对各截面线分别进行回弹预测和补偿，再生成回弹补偿后的控制面，进而重构建立成形工艺模型。

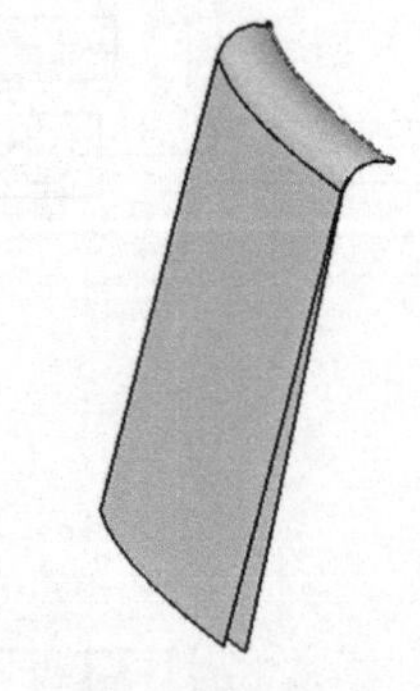

图 4-28　零件弯边回弹补偿

4.3　复杂弯边零件毛坯模型定义方法

框肋零件展开下料模型的生衍过程是将设计模型的复杂三维几何外形展开成平板毛料的过程，框肋零件展开的对象是弯边及下陷特征、腹板上减轻孔及加强槽等特征，对成形工件模型采用网格或截面线离散，再映射到平面生成展开后的型面或轮廓线。

4.3.1　弯边展开方法

框肋零件弯边展开采用解析计算、有限元逆算等方法。下面介绍基于经验公式的框肋零件弯边展开，将框肋零件弯边分为弯边段、下陷段、下陷过渡段，对弯边段和下陷段的每一个离散单元向腹板平面映射，对下陷过渡段采用公切线法确定，最终得到毛坯外形轮廓。

1. 弯边展开

如图 4-29 所示，提取成形工件模型弯边内形面后进行截面线离散，由圆弧段、凸缘段构成，采用式（3-5）进行展开计算。对于弯边截面线在截平面内发生变化，圆弧起点无变化，圆弧终点和凸缘终点根据展开长度映射到腹板平面内，成为毛坯的边界点。对每一个截面分别进行点偏移，则得到一个展开点的序列，将这些点用样条线拟合，得到展开线。

2. 下陷展开

下陷结构由圆角起始段、下陷过渡段、圆角终止段和下陷段四部分组成，

图 4-29　弯边展开

下陷段实质也是弯边，与弯边展开方法相同，下陷过渡段采用公切线法确定展开后轮廓，如图 4-30 所示。下陷段与弯边段的过渡点为 X_1，参照弯边段的展开方法得到其展开点 X_1'，其展开长度为 L_{X_1}。取下陷线上与 X_1 距离为 $15h$（h 为下陷深度）的点 X_2，若 $L_{X_1}<15h$，则 X_2 为下陷线的另一端点。参照弯边段的展开方法得到 X_2 的展开点 X_2'，其展开长度为 L_{X_2}。分别以 X_1、X_2 为圆心，以 L_{X_1}、L_{X_2} 为半径，作圆弧 C_1、C_2，作两圆弧公切线。

下陷过渡段公切线再和弯边与端头下陷展开轮廓修剪并接合，得到展开轮廓。提取非弯边区域腹板边界线，接合所有轮廓线，即可得到零件展开轮廓线，如图 4-31 所示。

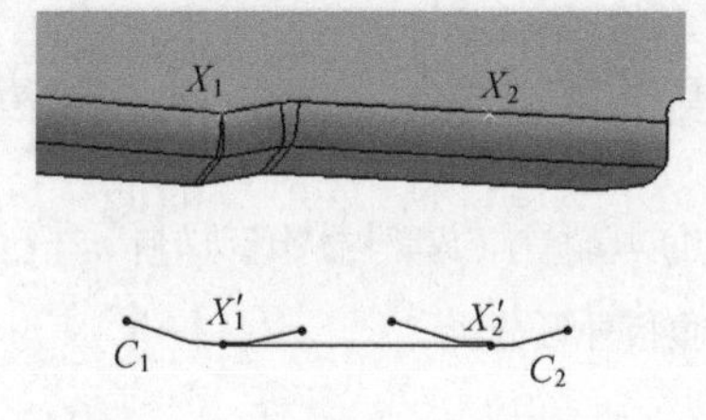

图 4-30　下陷过渡段展开方法

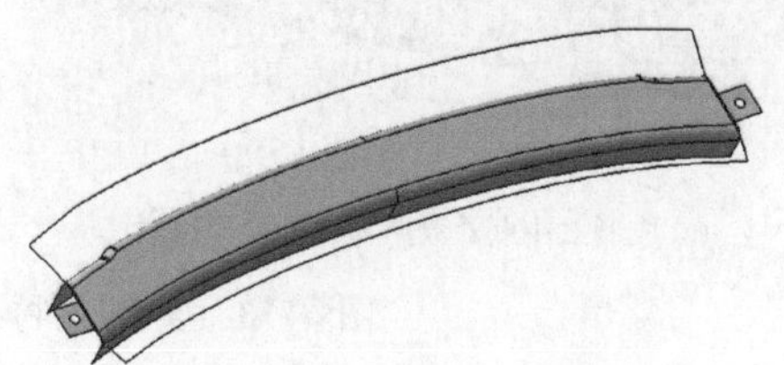

图 4-31　零件展开轮廓线

4.3.2　腹板展开方法

复杂框肋零件腹板面上通常带有加强槽、加强窝、减轻孔等加强类结构，此类结构在成形时有相邻面材料流入，在展开下料模型定义时须考虑加强槽对外形精度的影响，以免毛坯尺寸偏小。通过试验分析确定加强槽对外形精度的影响规律，建立腹板展开方法，以实现该类结构零件的精确成形。

1. 腹板加强结构对外形精度的影响分析

如图 4-32 所示为带加强槽的肋零件，其主要特征是与腹板搭接的弯边、下陷以及腹板上的加强槽、加强窝、减轻孔等结构，零件材料为 2B06-M-δ1.2。加强槽的凹梗在成形中带动了材料流动，在展开建模时需考虑这些结构特征的影响。

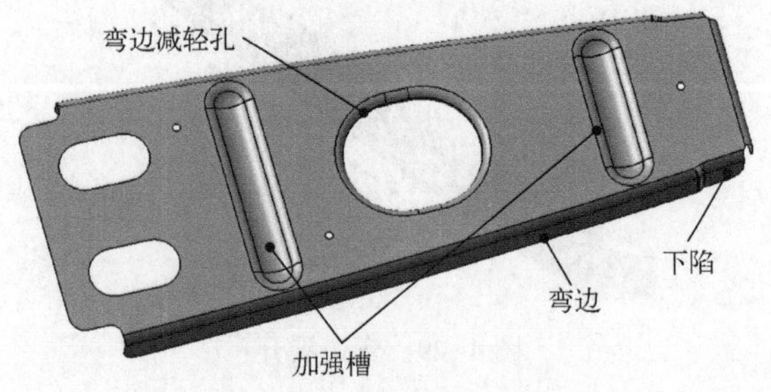

图 4-32　带加强槽的肋零件

实例零件外形尺寸为 400mm×180mm×19mm，腹板长度 361.38mm。按腹板原外形作为展开轮廓进行试验，工件检测结果表明，该零件腹板长度缩短 1.6mm，如图 4-33（a）所示；可见加强槽特征成形中材料流动造成毛坯尺寸偏小，影响了零件的成形质量，如图 4-33（b）所示。

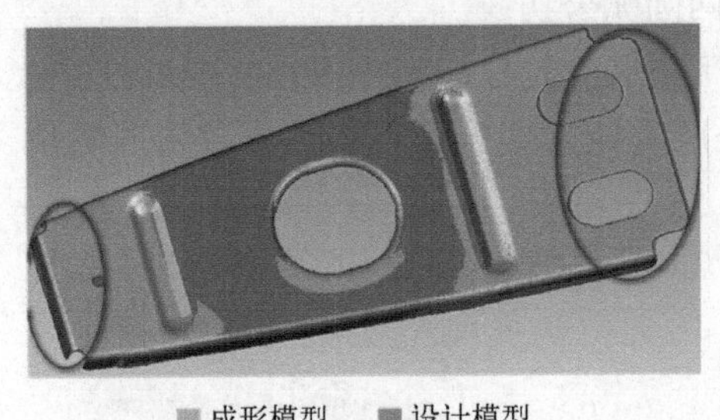

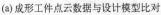

(a) 成形工件点云数据与设计模型比对

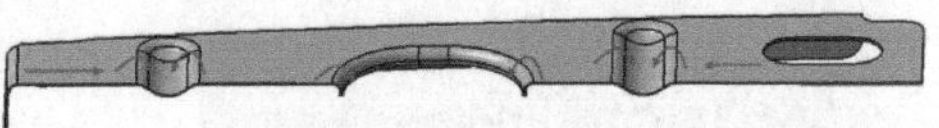

(b) 加强槽特征成形中材料流动方向

图 4-33　实例零件成形工件腹板外形分析

2. 腹板带加强结构的外形展开计算方法

腹板内的加强槽、加强窝等加强类结构展开后为平面，各结构的展开延伸量累加后延伸在腹板端头，如图 4-34 所示，这些特征的外形展开尺寸计算方法相似，但又各不相同。

1）带加强槽的腹板展开方法

如图 4-35 所示，将加强槽结构进一步分解为截面圆角段 A、B 和过渡段 C，以特征内型面为研究对象，截面圆角段 A 半径为 R_A、角度 α_A，过渡段 C 半径为 R_C、角度 α_C，截面圆角段 B 结构参数与 A 段相同。

截面圆角段 A、B 展开长度：

$$L_A = \pi(R_A + K\delta)\alpha_A / 180° \tag{4-2}$$

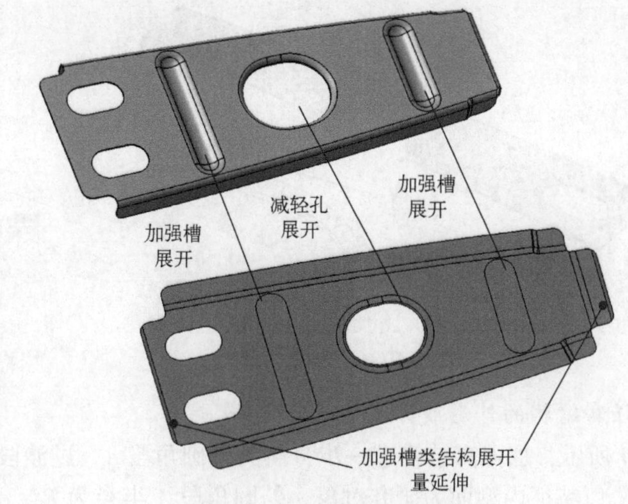

图 4-34　加强槽类结构展开

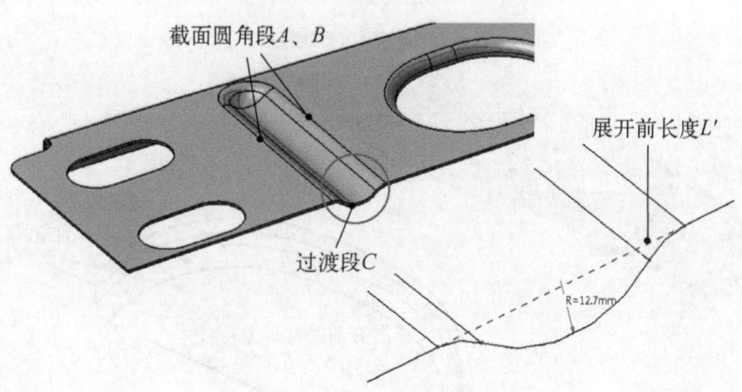

图 4-35　加强槽结构

过渡段 C 展开长度：

$$L_C=\pi[R_C-(1-K)\delta]\alpha_C/180° \tag{4-3}$$

式中：δ 为材料厚度；K 为弯曲中性层位置系数。此加强槽展开后与展开前的差值 ΔL：

$$\Delta L=L-L'=2L_A+L_C-L' \tag{4-4}$$

将 ΔL 值延伸在腹板上未与弯边搭接的端头，每一端延伸量为 $\Delta L/n$，n 为腹板上未与弯边搭接的端头数量。

2）带减轻孔结构的外形展开尺寸计算方法

如图 4-36 所示，减轻孔结构同弯边段的结构参数一致，采用与弯边圆角段相同的展开算法。

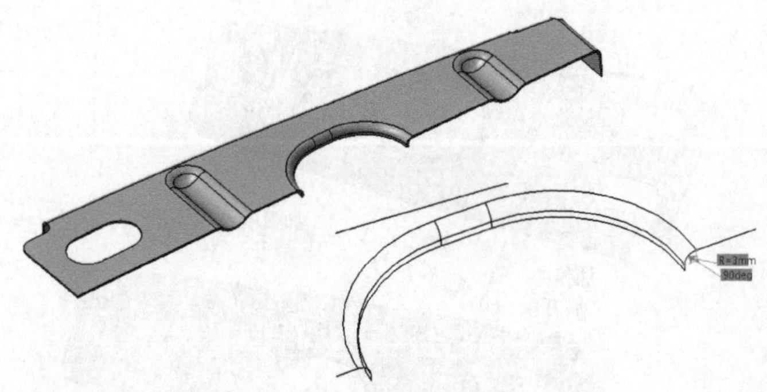

图 4-36　减轻孔结构

3）带加强窝结构的外形展开尺寸计算方法

如图 4-37 所示，加强窝结构进一步分解为外圆角段 A、过渡段 B、内圆角段 C、窝底 D，以特征内型面为研究对象，外圆角段 A 半径为 R_A、角度 α_A，过渡段 B 长度为 L_B，内圆角段 C 半径为 R_C、角度 α_C，窝底 D 腹板横向长度为 L_D。

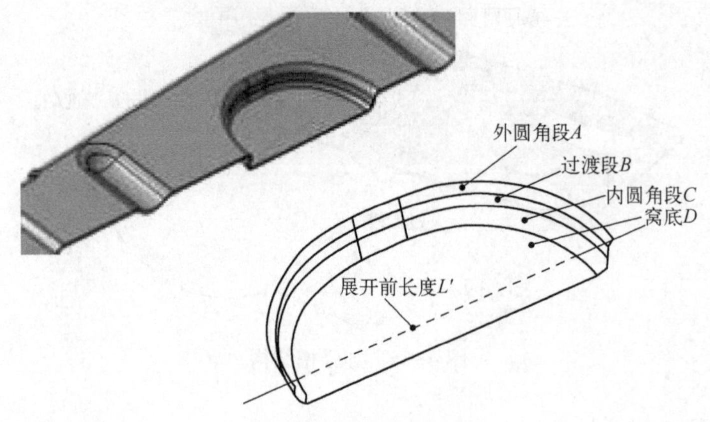

图 4-37　加强窝结构

外圆角段 A 展开长度：

$$L_A = \pi(R_A + K\delta)\alpha_A/180 \tag{4-5}$$

内圆角段 C 展开长度：

$$L_C = \pi[R_C - (1-K)\delta]\alpha_C/180 \tag{4-6}$$

式中：δ 为材料厚度；K 为弯曲中性层位置系数。此加强窝展开后与展开前的差值 ΔL：

$$\Delta L = L - L' = L_A + L_B + L_C + L_D - L' \tag{4-7}$$

将 ΔL 值延伸在腹板上未与弯边搭接的端头，每一端延伸量为 $\Delta L/n$，n 为腹板上未与弯边搭接的端头数量。

4.3.3　框肋零件展开软件工具开发

基于 CATIA 软件的 CAA 二次开发出弯边展开工具，适用于弯边基线变曲率、变弯曲角度、变弯边高度、弯边有缺口、边缘有切边、带有下陷的复杂框肋零件的快速精确展开。如图 4-38 所示，框肋弯边的展开以弯边区与下陷区分段进行，弯边区的展开使用“弯边展开”子功能，下陷区的展开使用“单点展开”子功能。最后对弯边区与下陷区的展开线进行接合修剪，可得零件展开轮廓。

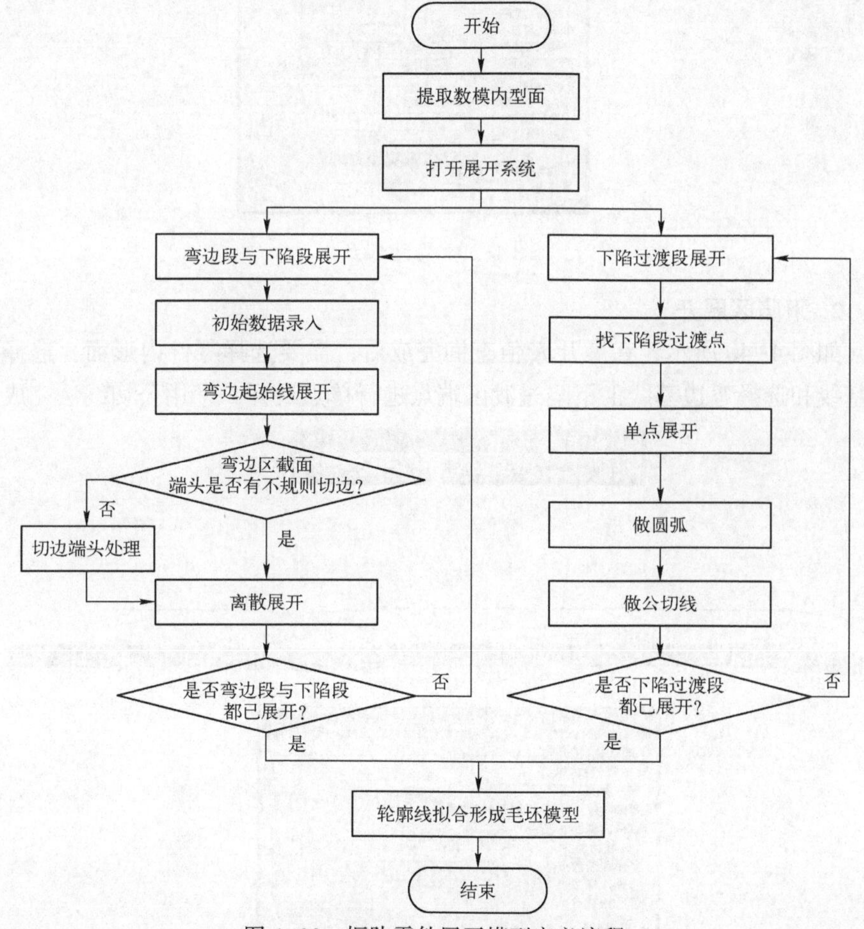

图 4-38　框肋零件展开模型定义流程

1. 弯边展开

如图 4-39 所示，输入零件厚度、弯曲半径值，进行 K 值查询后得到所需要的值，选择零件内型面，输入离散点数、选择弯边基线和弯边基线端点，完成弯边展开。

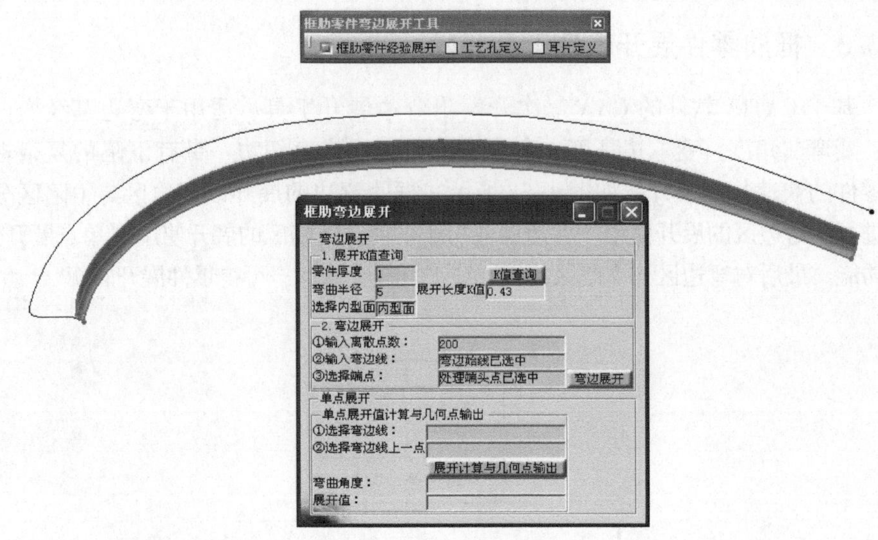

图 4-39　弯边展开

2. 下陷区展开

如图 4-40 所示，在展开 K 值查询完成后，需要选择零件内形面，选择弯边基线和选择弯边基线上下陷过渡区端点进行单点展开，采用公切线法完成下

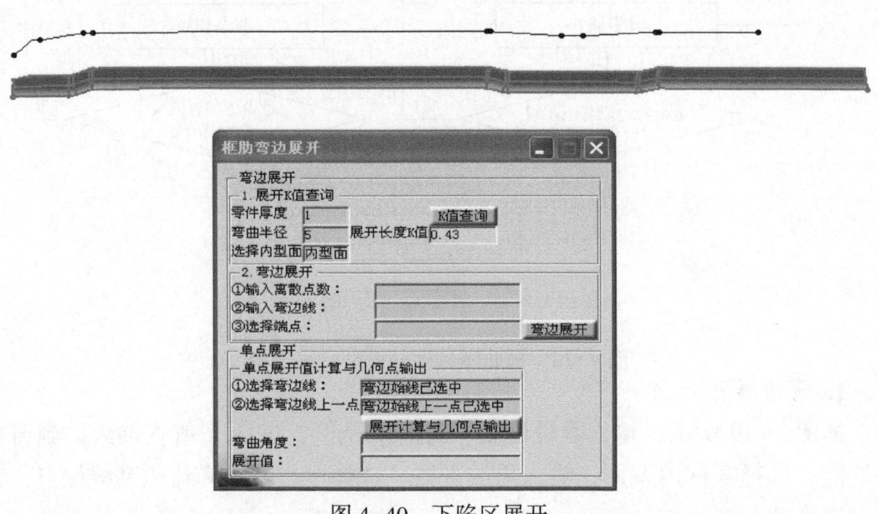

图 4-40　下陷区展开

陷区展开。

4.4　复杂弯边零件回弹补偿工艺模型定义方法

回弹补偿工艺模型决定了弯边外形精度，是工艺模型设计的核心内容。框肋零件的弯边结构形式多样，端头圆角、长桁缺口及下陷结构使得弯边型面由多个不规整小曲面构成，直观上，分别对各小曲面进行回弹补偿工艺模型的创建，但过程繁琐且难以保证准确度。面向复杂型面弯边零件精确成形，提出一种工业适用的框肋零件成形工艺模型定义方法，包括弯边截面线离散、回弹智能预测和工艺模型快速建模方法。

4.4.1　基于截面离散的弯边回弹补偿原理

框肋零件主要由橡皮囊液压成形模具控制形状，要实现精确成形，其模具设计依据为零件的工艺模型。框肋零件工艺模型定义是根据零件的设计模型，根据弯边回弹规律，构建出可以直接应用于模具工作型面设计的零件工艺模型。如图 4-41 所示，提出了一种新的框肋零件回弹补偿工艺模型定义方法，包括控制面处理（control surface processing：CSP）、回弹角预测、工艺模型建模。控制面处理包括零件控制面截取、离散、补偿和扩展以创建贴模的控制面。这一方法用于开发 3 种专用的软件工具：基于 CAD 的控制面离散工具、基于 CAD 的控制面补偿工具、基于知识库的智能化回弹预测系统，以实现工艺模型快速、精确的设计。控制面离散数据采用 XML 格式表达以进行软件工具之间集成。

（1）根据零件轮廓和弯边之间关系，切割零件外部参考面为独立的弯边控制面 S_i^{C}，进一步创建圆角面 S_i^{CA} 和凸缘面 $S_i^{\mathrm{CF}}(i=1,2,\cdots,G)$，其中 G 是弯边的数量。如果同一侧的弯边由同一个面控制，控制面只需切割一次。

（2）截取每一个弯边控制面形成截面线组，截面线由弯曲圆弧部分 L_{ik}^{A} 和凸缘部分 $L_{ik}^{\mathrm{F}}(k=1,2,\cdots,Q_i)$ 组成。将凸缘段 L_{ik}^{F} 用圆弧或直线段 $\mathrm{Seg}_{it}(t=1,2,\cdots,T_i)$ 拟合，最终得到弯边离散模型，以 XML 格式存储用于回弹预测。

（3）基于知识库预测每一个截面线的回弹补偿量，将回弹补偿角和半径添加到离散截面线数据之中，以 XML 输出用于控制面补偿。

（4）通过解析基于 XML 的截面分段数据以进行补偿，根据补偿后截面数据重构模具型面 $S_i^{\mathrm{CA'}}$ 和 $S_i^{\mathrm{CF'}}$。

（5）扩展、修剪和平移控制面以创建工艺模型的弯边控制面 $S_i^{\mathrm{C'}}$。

（6）根据零件几何体特征之间关系和构造几何，用新的弯边控制面 $S_i^{C'}$ 替换原设计模型的弯边控制面 S_i^C，将原设计模型衍化为贴模面工艺模型。

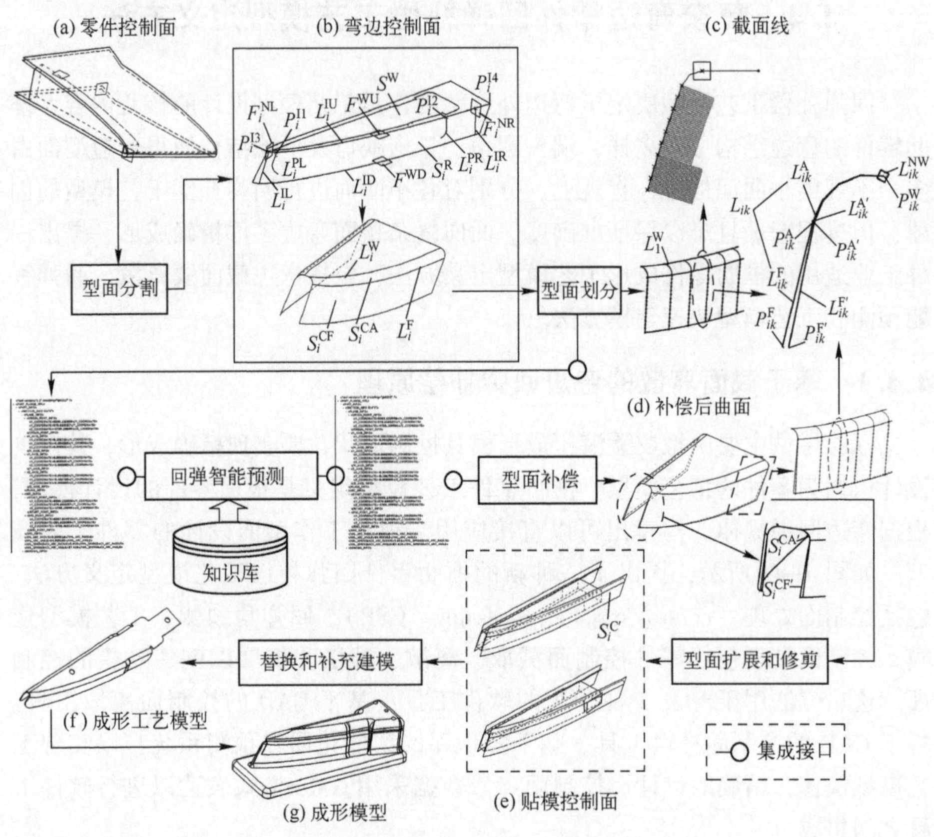

图 4-41　框肋零件回弹补偿工艺模型定义方法

这种方法不同于已有研究中的曲面过弯法（surface controlled overbending：SCO）。在曲面过弯法中，需要参考面的构造和变换，而控制面处理则直接使用零件控制面和补偿后控制面用于工艺模型建模。对于面的回弹补偿，这种方法使用截面线离散，而不是网格离散，使用基于知识的推理，而不是有限元分析。对于贴模面工艺模型建模，重用的不是参考面和原始面之间的关系，而是几何要素之间的关系，从而实现模型的快速构建。

4.4.2　复杂外形弯边截面线离散方法

如图 4-42 所示，将弯边控制面的弯边基线以一定间距均匀离散为点，通过各离散点作切向量，根据切向量分别做弯边基线的法平面，与弯边控制面圆角区和凸缘区相交形成截面线。对于任一截面线，与圆角区部分相交所得为圆弧，与凸缘区部分相交所得为曲线，进一步对各凸缘区截面线进行离散和拟合，得到弯边离散的截面线信息。圆角区截面线可由圆弧段起始点坐标、圆弧半径及圆心角等信息表示，凸缘区截面线可由各拟合直线圆弧起始点的点位信息、直线长度、圆弧半径及圆心角信息表示。

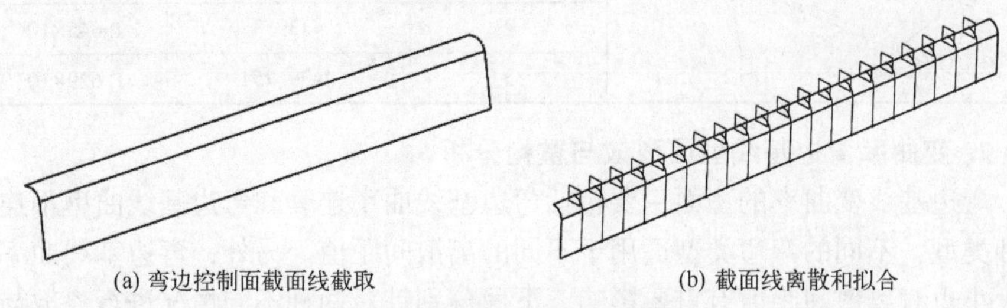

(a) 弯边控制面截面线截取　　(b) 截面线离散和拟合

图 4-42　复杂外形弯边截面线离散

对框肋零件外形面进行离散，既要保证离散过程的快速性，又要保证重构结果的准确性，离散间距值对弯边外型面的离散和回弹补偿计算效率和结果有明显的影响。弯边控制面离散为截面线以后，通过重构曲面与原曲面偏差计算，以判断离散间距值的合理性。外形面离散间距与零件弯曲角度和弯边基线曲率有关。选取不同分析对象，每个试验对象设置 0.5mm、1mm、1.5mm、2mm、3mm 五种不同的离散间距值进行框肋零件弯边外形面的离散与重构。分析其重构结果，确定不同弯曲角度、弯边曲率的离散间距值，以重构前后曲面的面积差和最大距离间距作为重构准确度的评判指标。框肋零件成形精度要求小于 0.1mm，成形模具加工精度要求小于 0.01mm，因此，重构型面最大间距小于 0.001mm、面积变化小于原弯边外形面面积的 1/1000 可满足要求。

1. 变弯曲角度型面离散与重构分析

选取某零件型面作为离散对象，其弯边基线长度为 217.4mm，沿弯边基线弯曲角度由 85.1°到 88.2°逐渐变化，曲面面积：4439.674mm^2，按照上述方案进行离散与重构，结果如表 4-6 所列。从测量结果可知，离散间距为 0.5mm 时零件弯边型面无法重构，大于 0.5mm 时可重构出曲面；与设计型面比，随着离散间距的增大，重构后弯边型面面积逐渐增大，面积变化都小于原型面面积的 1/1000；重构曲面与设计型面之间的最大间距逐渐增大，离散间距为 1mm 时两者的间距最小，为 7.639×10^{-4}mm；离散间距为 3mm 时两者的间距最大，达到 1.629×10^{-3}mm，因此，针对该类型变弯曲角度的弯边型面，离散间距为 1～2mm 的区间能够满足精度要求。

表 4-6　变角度弯边型面离散与重构结果

设计型面	离散精度/mm	重构型面面积/mm^2	最大间距/mm
217.4 mm 88.1° 85.2°	0.5	无法重构	—
	1	4339.528	7.639×10^{-5}
	1.5	4339.439	1.043×10^{-4}
	2	4439.3	4.645×10^{-4}
	3	4439.754	1.629×10^{-3}

2. 变曲率弯边基线型面离散与重构分析

弯边基线变曲率的型面主要包括弯边基线曲率连续和弯边基线曲率不连续两种类型，不同的弯边类型适用于不同的离散间距值。另外，弯边基线曲率变化大小也对离散间距值有重要影响。下面分别针对两种不同情况进行离散与重构，分析最佳离散间距。

1）弯边基线曲率连续的型面

选取某零件弯边型面为对象，该型面弯边基线长度为 300mm，弯边基线最大半径为 458.6mm，最小半径为 200.3mm，曲面面积为 6854.329mm^2，离散与重构结果如表 4-7 所列。从测量结果可知，当弯边基线曲率半径在 200～458mm 范围时，离散间距为 0.5mm 和 1mm，曲面无法重构；型面可重构时，随着离散间距的增大，重构型面与设计型面相比，面积变化在原弯边型面面积 1/1000 以内，符合精度要求；离散间距为 1.5mm 时两者的间距最小，达到 1.853×10^{-4}mm，离散间距为 3mm 时两者的间距最大，达到 0.062mm，可以看出弯边基线曲率半径为 200～458mm 时，最佳的离散间距为 1.5～2mm。

表 4-7　弯边基线切线连续型面离散与重构结果

设计型面	离散间距/mm	重构型面面积/mm^2	重构精度/mm
R458.6mm R200.3mm	0.5	无法重构	—
	1	无法重构	—
	1.5	6854.549	1.853×10^{-4}
	2	6854.278	4.272×10^{-4}
	3	6854.113	0.062

2）弯边基线曲率不连续的型面

如表 4-8 所列，零件型面弯边基线长度为 1100mm，最小曲率半径为 436.368mm，最大曲率半径为 4991.276mm，曲面面积为 19786.287mm^2，由弯边基线曲线段与直线段组成，直线段与曲线段相连部位是切线连续曲率不连续点。当弯边基线曲率不断变化时，且随着离散间距的增大，重构型面与设计型面相比，面积逐渐减小；重构曲面与设计型面之间的最大间距逐渐增大，离散间距为 0.5mm 时两者的间距最小，达到 2.537×10^{-5} mm，离散间距为 3mm 时两者的间距最大，达到 0.263mm，因此，当零件弯边基线不断变化时最佳离散区间为 0.5~2mm。

表 4-8　弯边基线曲率不连续型面离散与重构结果

设计型面	离散间距/mm	重构型面面/mm²	重构精度/mm
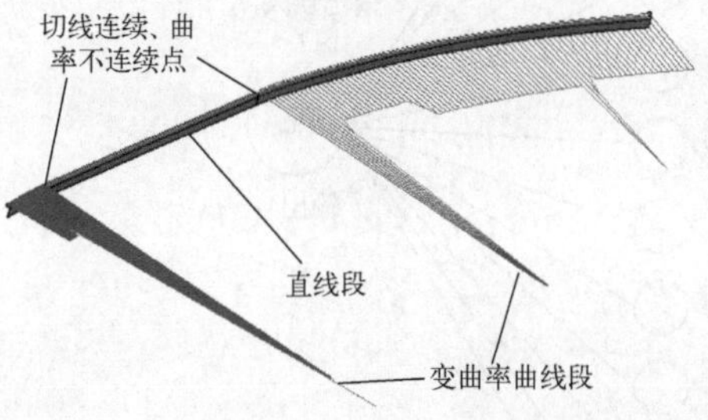 切线连续、曲率不连续点；直线段；变曲率曲线段	0.5	19784.479	2.537×10^{-5}
	1	19783.817	6.369×10^{-5}
	1.5	19783.364	9.765×10^{-5}
	2	19783.285	1.914×10^{-4}
	3	19783.006	0.263

4.4.3 基于 GA-ANN 的弯边回弹量预测方法

在对弯边控制面进行离散之后，为了精确地补偿复杂弯边的回弹，需要计算各个截面回弹量的具体值，即回弹量值的预测，然后分别进行补偿计算。任一离散截面分为截面线圆角段和截面线凸缘段两部分。零件成形时，圆角区材料变形程度远大于凸缘区，成形后卸载回弹主要由圆角区的变形导致，因此，依次对各离散单截面圆角段进行回弹预测与补偿，对各离散单截面凸缘段不做单独回弹补偿处理。弯边回弹量预测方法包括解析计算、有限元分析、基于实例的推理和基于人工神经网络的计算等，下面介绍基于遗传算法-人工神经网络（GA-ANN）的弯边回弹量预测方法。

1. 弯边回弹角预测的神经网络模型

BP（back propagation）神经网络是一种按照误差逆向传播算法训练的多层前馈神经网络，因其算法简单、易行、计算量小、并行性强等优点，在神经网络训练采用的算法中应用最为广泛。它的基本思想是将大量的经验数据拟合成为一个关于权值和阈值的误差函数，按从输入到输出的方向计算误差，从输出到输入的方向调整权值和阈值，以期使网络的实际输出值和期望值的误差均方差为最小。通过设置误差精度和迭代次数作为网络训练终止条件。

零件弯边回弹角预测的 BP 神经网络模型如图 4-43 所示，输入变量包括弹性模量、屈服强度与应变硬化指数 3 项材料力学性能参数和弯曲角度、弯曲半径与板料厚度 3 项几何参数；输出值为回弹角。

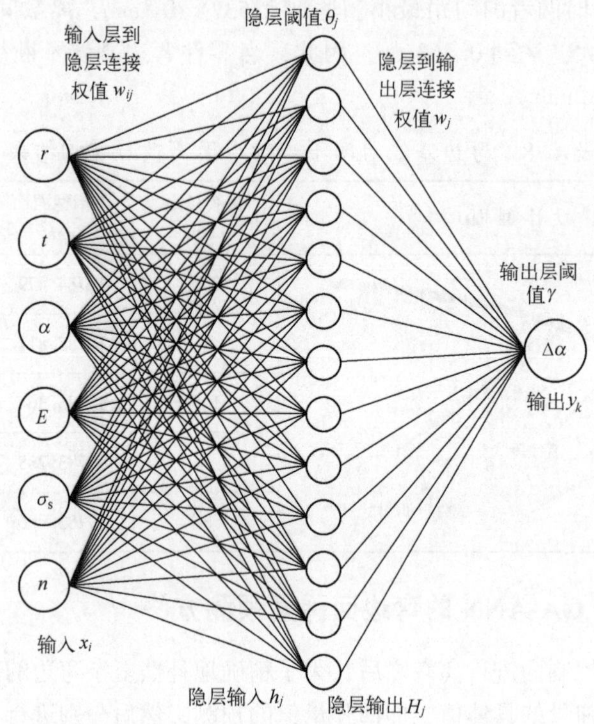

图 4-43　弯边回弹角预测 BP 神经网络模型

在三层神经网络中，隐含层神经元个数 J 和输入层神经元个数 I 之间有近似关系：

$$J = 2I+1 \tag{4-8}$$

由于在回弹预测神经网络中输入层神经元数目为 6，根据式（4-8）神经网络隐含层的神经元数量为 13 个。

神经网络的结构是 6-13-1，因此，BP 神经网络权值和阈值的数量如表 4-9 所列。

表 4-9　神经网络权值和阈值的数量统计

输入层与隐含层连接权值	隐含层阈值	隐含层与层连接权值	输出层阈值
78	13	13	1

BP 神经网络隐含层和输出层的传递函数如式（4-9）和式（4-10）所示。因为回弹角度为正值，所以要把输出的值映射到[0,1]来满足网络的输出要求。

$$\tan \operatorname{sig}(x)=\frac{2}{1+e^{-2x}}-1 \tag{4-9}$$

$$\lg \operatorname{sig}(x)=\frac{1}{1+e^{-x}} \tag{4-10}$$

1）计算隐含层神经元的输出值

设隐含层第 j 个神经元的输入是 h_j，输出是 H_j，$x_i(i=1,2,\cdots,6)$为神经网络的输入值，w_{ij}为输出层第 i 个神经元到隐含层第 j 个神经元的连接权值，θ_j 为隐含层神经元阈值。神经网络隐含层的传递函数为 tan sig 函数，隐含层第 j 个神经元输出计算公式为

$$h_j = \sum_{i=1}^{6} w_{ij} \cdot x_i + \theta_j \tag{4-11}$$

$$H_j=\frac{2}{1+e^{-2h_j}}-1 \tag{4-12}$$

2）计算神经网络的输出值

神经网络输出值的计算方法与隐含层神经元输出值的计算方法相似，设输出层的输入值为 o、输出值为 O，w_j 为隐含层第 j 个神经元到输出神经元的连接权值，γ 为输出层神经元阈值，输出层的传递函数为 lg sig 函数。BP 神经网络的输出结果为

$$o = \sum_{j=1}^{13} w_j \cdot h_j + \gamma \tag{4-13}$$

$$O=\frac{1}{1+e^{-o}} \tag{4-14}$$

3）神经网络训练和测试

为了达到目标输出，需要大量的样本数据用于训练人工神经网络。这些数据分别称为训练样本和测试样本。通过训练样本获得权值和阈值。人工神经网络的学习机制使其调整权值以产生期望的输出。根据 BP 神经网络预测输出 O 和期望输出 Y，计算神经网络预测的误差 e。如果输出结果的误差超出了允许范围，误差信号将会沿着网络反向传播来对网络的权值和阈值进行调整。对于输入层和隐层之间的权值 w_{ij}、隐层和输出层之间的权值 w_j、隐层阈值 θ_j 和输出层阈值 γ，按照最快下降法，计算误差 e 对各个权值和阈值的梯度，然后根据学习速率进行反向调整得到调整后的权值 w'_{ij}、w'_j、θ'_j 和 γ'。

测试数据用于验证人工神经网络训练后的结果偏差。设测试样本中共有 n 条数据，y_i 为第 i 条样本数据在训练后网络中输出的预测值，t_i 为第 i 条样本的期望值，则得到各个预测值与期望值的平均绝对偏差$\bar{e}$作为神经网络模型准确度整体评估指标。

$$\bar{e} = \frac{1}{n}\sum_{i=1}^{n} |y_i - t_i| \tag{4-15}$$

2. 神经网络训练和测试数据的获取

人工神经网络模型的计算精度与样本的典型性密切相关。如果样本集合代表性差、矛盾样本多、存在冗余样本，网络就很难达到预期的性能。因此，神经网络预测模型训练和测试所需要的大量回弹数据通过框肋零件橡皮囊液压试验来获取。如图 4-44 所示，采用 QFC1. 1×4-1400 型橡皮囊液压机分别进行 2024 和 7075 两种牌号 3 种状态，厚度为 1mm、1. 27mm、1. 6mm、2mm、2. 6mm、3. 25mm 铝合金板料的弯曲成形试验，弯曲角度范围为 60°~120°，间隔为 5°；弯曲半径从 1. 6mm 到 9. 6mm，间隔为 0. 8mm。设置橡皮囊液压成形成形压力为 30MPa，保压时间 3s；橡皮垫的硬度为 A90；W 态材料成形时需要严格控制成形时间，从淬火完成到零件成形完成的总时间不能超过 30min。

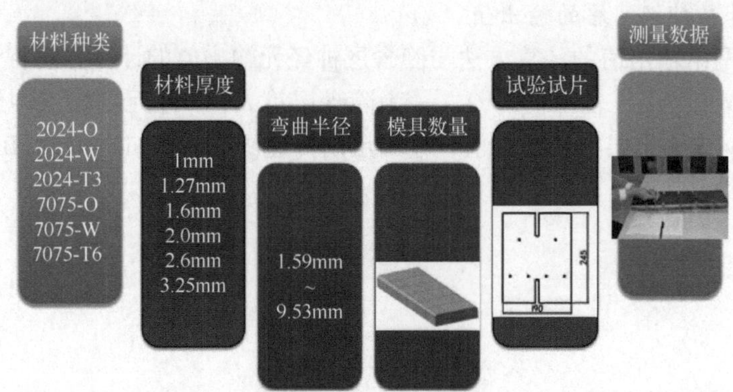

图 4-44　框肋零件弯边回弹数据获取试验

通过测量试验件的回弹角度获取回弹量数据，部分数据如表 4-10 所列。对每种相同的材料牌号和状态的同一厚度弯边，随机选取两组数据作为测试数据，共计 48 组数据作为测试样本，其余数据作为训练样本。

表 4-10　部分测量数据

弹性模量 /GPa	屈服强度 /MPa	应变硬化指数	板料厚度 /mm	弯曲半径 /mm	弯曲角度 /(°)	回弹角度 /(°)
70. 2	97	0. 203	1	1. 59	85	1. 38

续表

弹性模量/GPa	屈服强度/MPa	应变硬化指数	板料厚度/mm	弯曲半径/mm	弯曲角度/(°)	回弹角度/(°)
70.2	97	0.203	1	3.97	95	2.81
70.2	97	0.203	1.27	2.38	90	1.58
70.2	97	0.203	1.27	4.76	75	2.58
70.2	97	0.203	1.6	3.18	75	1.57
70.2	97	0.203	1.6	6.35	105	3.52
70.2	97	0.203	2	4.76	115	2.48
70.2	97	0.203	2	6.35	90	2.50
70.2	97	0.203	2.6	5.56	65	1.12
70.2	97	0.203	2.6	7.14	105	2.79
70.2	97	0.203	3.25	6.35	95	1.81
70.2	97	0.203	3.25	7.94	100	2.11
72	108	0.347	1	2.38	100	3.75
72	108	0.347	1	4.76	75	4.19
72	108	0.347	1.27	2.38	110	3.63
72	108	0.347	1.27	4.76	90	5.06
72	108	0.347	1.6	3.18	75	2.63
72	108	0.347	1.6	5.56	85	4.40
72	108	0.347	2	3.97	75	3.00
72	108	0.347	2	7.14	95	6.02
72	108	0.347	2.6	5.56	80	3.82
72	108	0.347	2.6	6.35	95	4.63
72	108	0.347	3.25	5.56	100	3.41
72	108	0.347	3.25	7.14	70	2.91
70.2	127	0.203	1	3.97	100	3.85
70.2	127	0.203	1	5.56	70	3.34
70.2	127	0.203	1.27	2.38	105	1.84
70.2	127	0.203	1.27	4.76	75	2.62
70.2	127	0.203	1.6	3.18	85	1.54
70.2	127	0.203	1.6	4.76	90	2.29
70.2	127	0.203	2	3.97	85	1.48

续表

弹性模量/GPa	屈服强度/MPa	应变硬化指数	板料厚度/mm	弯曲半径/mm	弯曲角度/(°)	回弹角度/(°)
70.2	127	0.203	2	5.56	65	1.63
70.2	127	0.203	2.6	6.35	110	2.65
70.2	127	0.203	2.6	8.73	80	2.65
70.2	127	0.203	3.25	6.35	100	2.21
70.2	127	0.203	3.25	8.73	100	2.55
70.3	188	0.307	1	2.38	70	2.35
70.3	188	0.307	1	4.76	95	5.38
70.3	188	0.307	1.27	1.59	85	1.27
70.3	188	0.307	1.27	3.97	85	3.46
70.3	188	0.307	1.6	3.18	80	2.19
70.3	188	0.307	1.6	5.56	110	5.03
70.3	188	0.307	2	3.97	80	2.13
70.3	188	0.307	2	6.35	110	4.77
70.3	188	0.307	2.6	5.56	80	3.02
70.3	188	0.307	2.6	7.94	105	5.10
70.3	188	0.307	3.25	6.35	70	2.19
70.3	188	0.307	3.25	8.73	90	3.75

由于弹性模量、屈服强度、应变硬化指数、弯曲角度、弯曲半径、板料厚度、回弹角的值域不同，为了保证分析精确和网络性能，人工神经网络所用的数据应归一化，即将试验数据变换为相同的值域。采用 0-1 标准化，对原始数据进行线性变换，使结果映射到[0,1]区间。经过上述步骤，回弹数据的处理工作完成后应用于 BP 神经网络预测模型的构建。

3. 基于 GA 的回弹预测神经网络模型

BP 神经网络的预测精度与初始给定的权值和阈值有很大的关系，由于初始权值和阈值是随机给定的，BP 神经网络的数学基础是梯度下降法，该方法是根据计算偏差对每个权值或者阈值的梯度进行反向修正，从而达到偏差最小的结果，所以在计算过程中可能会出现收敛速度慢、陷入局部最优解的缺点。

设置最大迭代次数为 1000 次，目标偏差值为 0.001，学习速率为 0.1。以选取的训练样本和测试样本为基础，运行 BP 神经网络 20 次，各组神经网络平均仿真误差值如图 4-45 所示。BP 神经网络建模时对输入数据进行了归一化处理，因此，必须对输出值进行反归一化处理，得到实际期望值。如图 4-45 所示，在第 17 次训练的过程中，训练样本平均绝对误差达到了 1.56°，初步判定其在训练过程中因陷入局部最优解而使得期望值与实际值偏差过大。

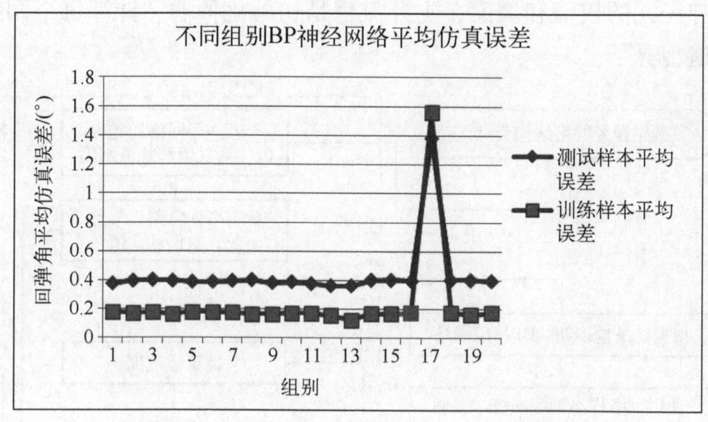

图 4-45　20 组 BP 神经网络平均仿真误差变化

提取第 17 组 BP 神经网络训练样本的回弹角期望值，分析其与实际值的变化如图 4-46 所示。可以发现：数据编号在 457~912 之间的数据即材料状态为“W”的数据样本，回弹角期望值均为 0.78，显然，由于训练过程中陷入了局部最优解导致期望值与实际值之间产生较大偏差。因此，需要从全局的角度对 BP 网络的初始权值和阈值进行搜索和优化，从而得到一个近似最优的初始权值和阈值，提高神经网络的预测准确度，解决 BP 神经网络容易陷入局部最优解的问题，使神经网络具有更为优良的泛化性。

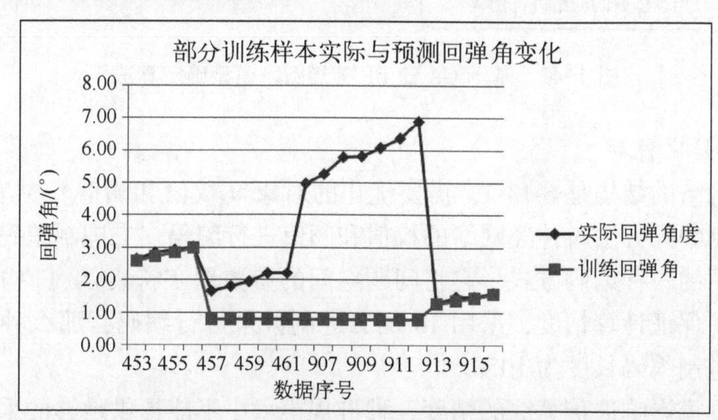

图 4-46　部分训练样本回弹角预测值与实际值

如图 4-47 所示基于 GA 的 BP 神经网络确定算法，首先利用 GA 搜索神经网络最优或近似最优的连接权值和阈值的初始设置值，然后使用后向反馈学习规则和训练算法调整最终的权值和阈值。遗传算法优化 BP 神经网络的隐含层和输出层神经元的权值和阈值，主要流程是初始化种群、计算每个网络的适应度和执行遗传算子。

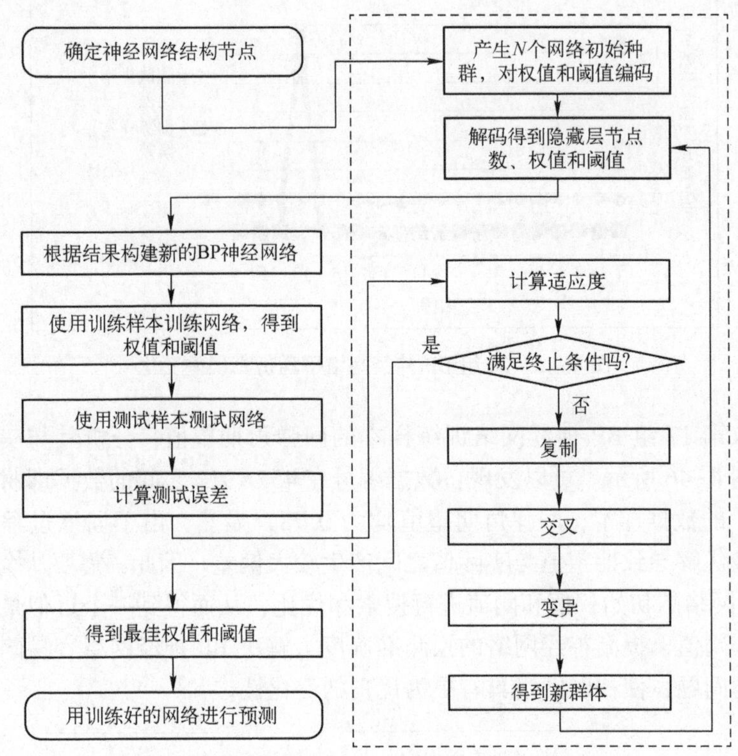

图 4-47 基于 GA 的 BP 神经网络模型确定算法

1）初始化种群

神经网络的结构是 6-13-1，需要优化的对象（权值和阈值）共有 105 个，采用二进制编码方法对神经网络的权值和阈值进行编码，二进制编码是遗传算法中最常用的一种编码方式，它将问题空间的参数用字符集{0,1}构成染色体位串。为了保证计算精度，采用 10 位二进制数来进行编码，那么种群中每个个体的二进制编码长度为 1050。

种群规模影响遗传算法的精度，种群规模太小不能提供足够的采样点，种群规模过大会使计算变得复杂。种群规模选取数量为 50，即产生 50 个不同初始权值和阈值的神经网络结构。进化代数表示遗传算法运行结束的一个条件，取 50。

2）计算适应度

将每个个体的初始权值和阈值，导入构建好的神经网络结构，通过训练样本对神经网络进行训练，产生新的权值和阈值，采用测试样本计算误差。因为回弹角的预测值与实际值差距越小，越符合问题的要求。取误差函数的倒数 e 作为该遗传算法的适应度函数，这样网络预测效果越好，适应度值越大，回弹预测的精度越高。

$$\text{fit}=\frac{1}{e} \tag{4-16}$$

如果适应度满足中止条件（偏差小于 0.5°），则进行操作中止遗传算子，从该代群体中选择适应度最好的神经网络结构个体作为最优解。否则，当前一代群体作为父代，继续执行遗传算子，产生新一代群体。

3）执行遗传算子

通过执行遗传算子产生新一代权值和阈值的群体。遗传算子有选择、交叉和变异。选择算子采用随机遍历选择法，选择概率为 0.05。交叉算子采用单点交叉法，交叉概率取 0.7。变异算子以一定概率（取 0.01）产生变异基因数，用随机方法选出发生变异的基因，发生变异的基因如果编码为 1，则变为 0，反之则变为 1。

如图 4-48 所示，随着遗传代数的增加，每一代种群最大适应度值与种群平均适应度值均呈现上升的趋势，从第 38 代开始误差逐渐趋于稳定，也就是种群在遗传的过程中，通过交叉、变异最后得出了适应度最大的最优个体，并将其权值阈值作为初始权值阈值用于 BP 神经网络得到误差近似最小的预测模型。取该个体训练后的权值和阈值，代入式（4-11）、式（4-12），得到薄板弯曲回弹角度的计算公式，表示为

$$\Delta\alpha=f(\alpha,r,t,E,\sigma_s,n) \tag{4-17}$$

为了更加直观地看出使用遗传算法优化后得到的计算结果的准确性，将部分训练样本和测试样本的训练结果提取进行图示对比。选取数据编号为 1～12 的训练数据（材料为 2024-O，板料厚度为 1，弯曲半径为 1.59，弯曲角度从 60°到 120°）和 15 条测试样本，分别在 GA 优化前后的 ANN 模型中运行。从表 4-11 可以看出，运用 GA 之后 BP 神经网络的预测结果相对于未运用 GA 的 BP 神经网络更加稳定；相对于未运用 GA 的 BP 神经网络来说，运用 GA 后的 BP 神经网络用于回弹角预测，平均偏差降低 42.25%，方差降低 15.47%，显然具有更小的误差和更加稳定的预测结果，如表 4-11 所列。框肋零件弯边成形角度的公差要求一般为±0.5°，而 BP 神经网络的预测精度能够达到公差

要求。

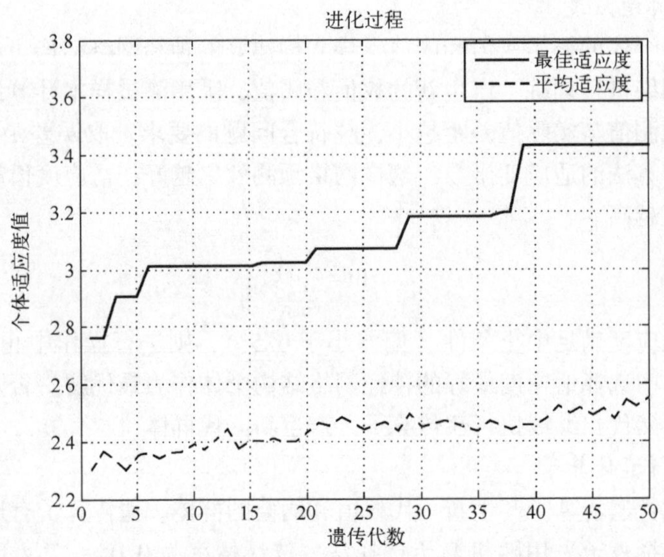

图 4-48　随遗传代数增加种群个体适应度最大值与适应度平均值变化

表 4-11　运用 GA 前后样本预测值对比

模型指标	训练样本		测试样本	
	未运用 GA	运用 GA	未运用 GA	运用 GA
测试样本误差范围	[0.00,1.41]	[0.00,1.1]	[0.00,5.14]	[0.00,3.25]
回弹角平均偏差/度	0.18	0.16	0.71	0.41
回弹角方差	0.023	0.019	0.1041	0.0880

4.4.4　弯边回弹补偿量计算及工艺模型建模方法

1. 弯边回弹补偿量的计算

如图 4-49 所示，采用补偿弯曲角度和弯曲半径的方式对控形型面的修正以实现回弹补偿，使得回弹后的工件形状与所需要的零件形状尽量一致，理论上可以彻底消除回弹对零件的影响，使其能够实现精确成形。

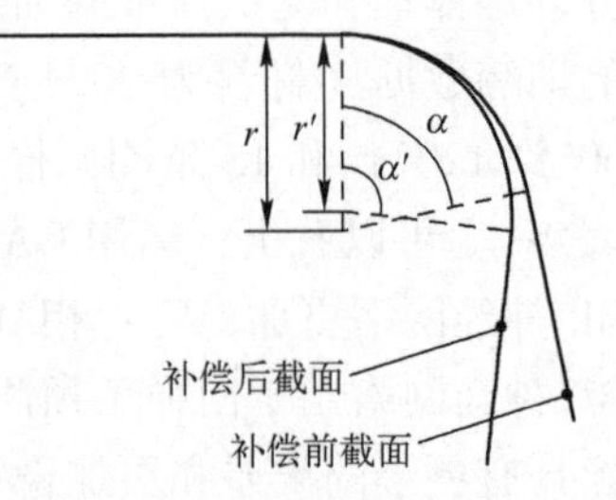

图 4-49　弯边截面回弹补偿方式

通过人工神经网络可以获得薄板弯曲回弹角度的计算公式，薄板弯曲回弹角度值可以用式（4-17）表示。对某一零件弯边进行回弹补偿时，已知弯边的材料性能参数、厚度、半径和角度，可以将已知的参数值带入到式（4-17）中，得

$$\Delta\alpha_0 = f(\alpha_0, r_0, t_0, E, \sigma_s, n) \tag{4-18}$$

由于回弹过程是一个非线性的过程，根据已有知识计算的回弹角 $\Delta\alpha_0$ 直接应用于设计角度的反向补偿，会造成一定的偏差。设补偿后的角度为 α'，薄板直弯边弯曲前后弯曲段的长度不变，补偿后的圆角半径为 r'，则

$$r' = r_0\alpha_0/\alpha' \tag{4-19}$$

以 $\alpha_0+\Delta\alpha_0$ 作为 α' 的初值，预测其回弹角，计算回弹后角度与设计角度的偏差，循环此过程调整并确定 α'，直至下式成立。

$$\alpha' - f(\alpha', r_0\alpha_0/\alpha', t_0, E, \sigma_s, n) - \alpha_0 \leqslant \Delta \tag{4-20}$$

式中：Δ 为设定的偏差值。

根据计算得到的回弹补偿后弯曲角度 α' 和弯曲半径 r'，建立零件的工艺模型，并以零件的工艺模型为设计依据来设计成形模具模型。

2. 回弹补偿工艺模型的构建

参照零件设计模型各弯边、下陷、长桁型面与设计外部参考面之间的相对位置关系以及建模方法，构造工艺模型补偿后控制面为其建模的外部参考面，对工艺模型控制面进行分割或偏置，分别得到弯边控制面和下陷控制面，进行工艺模型弯边与下陷型面的建模；参照设计零件的各弯边及下陷的高度值、倒角值及倒圆值（弯边圆角区除外），进一步对模型进行修正；弯边圆角区倒角值取回弹补偿后各截面圆角段内半径的平均值加上材料厚度值，得到最终的零件工艺模型。

1）工艺模型控制面构造

对于凸缘区已用圆弧段与直线度参数化的截面线，按照切线连续、半径、弧度或长度不变的条件，由上到下依次进行重构，得到回弹补偿后的单截面凸缘段曲线，借助 CAD 软件中多截面曲面定义功能，选取回弹补偿后的各弯边区截面线凸缘段曲线，实现回弹补偿后的弯边控制面 $S_i^{C'}$ 的重构，如图 4-50 所示。

2）工艺模型建模

将回弹补偿后的弯边控制面 $S_i^{C'}$ 作为零件工艺模型弯边区与下陷区型面的参考面，参考零件设计模型的建模方法，构建零件工艺模型。对于零件模块下工艺模型建模，包括弯边区重构、下陷区重构、下陷过渡区重构、倒圆角等，所有步骤与设计模型建模步骤保持一致。

首先用回弹补偿后的弯边控制面 $S_i^{C'}$ 替换原弯边、下陷参考面以创建工艺模型的弯边、下陷特征，如图 4-51 所示。

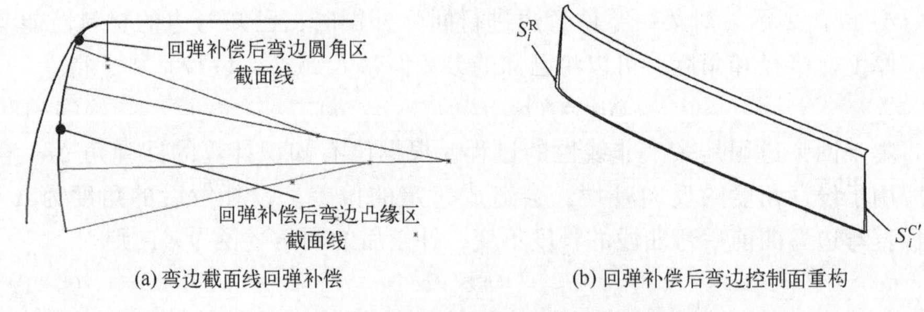

(a) 弯边截面线回弹补偿 (b) 回弹补偿后弯边控制面重构

图 4-50 弯边截面线和控制面的回弹补偿

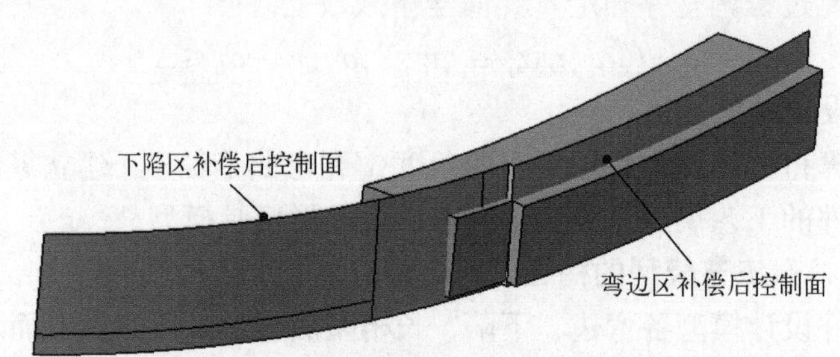

图 4-51 用补偿后弯边控制面替换原弯边、下陷参考面

然后，由倒角特征创建下陷过渡区，如图 4-52 所示，倒角参数沿用设计数模数值。

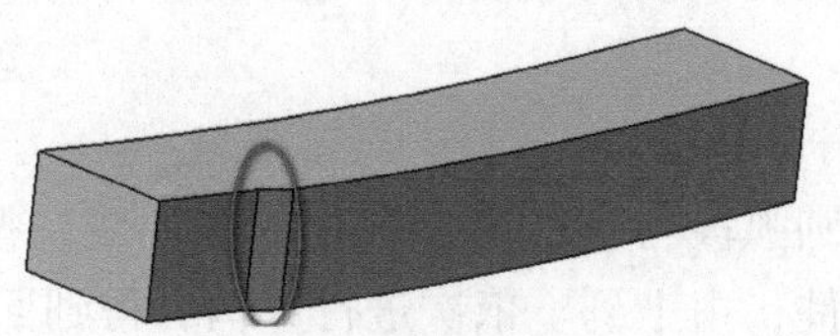

图 4-52 创建零件下陷过渡区

应用倒圆角定义功能，创建回弹补偿后零件圆角面，弯边倒角参数取回弹补偿计算后数值。其余特征依据设计模型建模顺序依次创建，最后更改数模颜色，完成零件工艺模型建模，如图 4-53 所示。

回弹补偿工艺模型直接作为框肋零件橡皮囊液压成形模具工作型面的设计依据。当成形零件的外形精度或弯边斜角精度未达到零件成形精度要求时，调整回弹补偿量值重新进行框肋零件工艺模型定义，并依据修正后工艺模型进行模具设计。

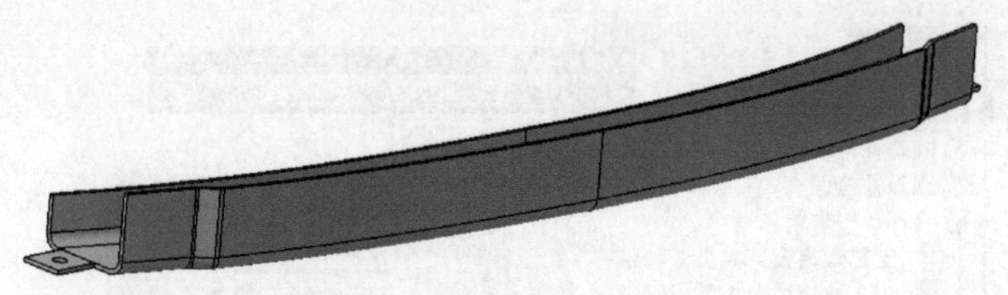

图 4-53　案例零件工艺模型

4.4.5　框肋零件回弹补偿软件工具开发

框肋零件回弹补偿软件工具由弯边回弹补偿、回弹补偿量预测模块共同构成，如表 4-12 所列。弯边面信息提取和补偿模块基于 CATIA 二次开发，发布后与 CATIA 紧密集成；与基于 Web 的弯边回弹预测模块集成，实现了零件工艺模型设计的快速化、智能化。

表 4-12　框肋零件弯边回弹补偿工具功能

模块名称	功能名称	功能简述
弯边回弹补偿	工艺模型节点创建	快速创建工艺模型节点树
	弯边控制面信息提取	对弯边控制面进行截面离散，输出离散信息
	弯边控制面回弹补偿	读入补偿数据信息，通过各截面构造补偿后曲面
回弹补偿量预测	工艺参数设定	设置零件的材料参数、成形参数等相关工艺参数
	几何信息导入	以 XML 格式导入弯边控制面信息
	回弹补偿量预测	根据弯边类型选择回弹量计算模块，分别可对单弯边、带加强边弯边、阶梯下陷进行回弹补偿量预测
	几何信息导出	得到补偿后的截面几何信息以 XML 格式输出

框肋零件回弹补偿工艺模型定义步骤包括：创建工艺模型、弯边面信息提取、回弹补偿量预测、回弹补偿后控制面重构和工艺模型建模。

（1）工艺模型创建。根据规范的模型节点信息（以 XML 格式存储），添加回弹修正模型结构树各节点的几何信息和属性信息（图 4-54）。提取零件设计所用的外形控制参考面，对设计零件外腹板平面进行提取、外插延伸直到与外形参考面相交，并按设计零件弯曲圆角外半径尺寸对其相交处进行倒圆角操作，修剪后得到弯边控制面。

（2）在对弯边区、下陷区控制面进行处理后，设置弯边控制面离散参数，将弯边控制面沿弯边线离散为各法向截面，以提取弯边信息，得到的截面几何信息以 XML 文件格式存储导出（图 4-55）。

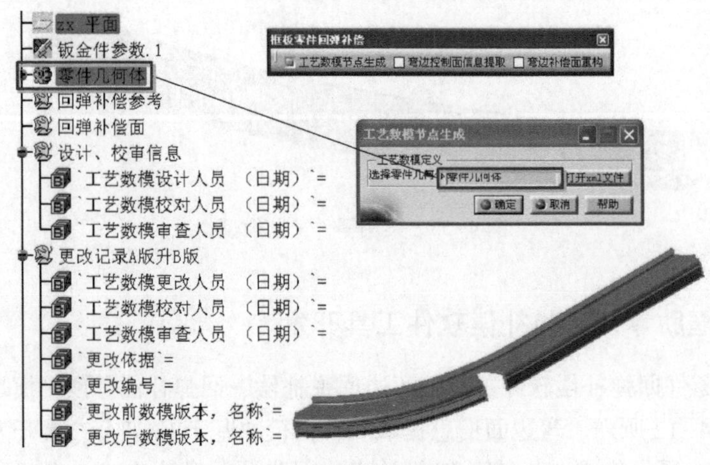

图 4-54　添加工艺数模节点

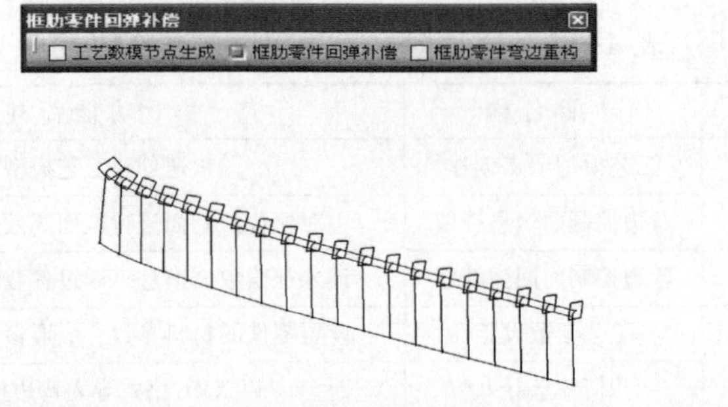

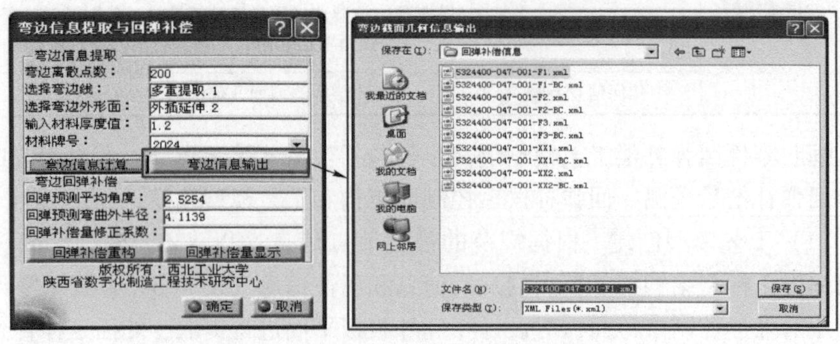

图 4-55　弯边控制面离散与导出

（3）在对弯边控制面进行离散之后，为了精确计算弯边区、下陷区每个截面的回弹量，需要首先计算截面的补偿系数，然后计算每个截面的回弹补偿量（图 4-56），导出弯边回弹补偿后几何信息的 XML 文件。

截取段编号	弯曲半径(mm)	弯曲角度(°)	补偿系数	回弹角(°)	补偿后角度(°)	补偿后半径(mm)
1	4.494	89.179	0.900	2.662	91.841	4.391
2	4.498	89.161	0.900	2.662	91.823	4.394
3	4.499	89.166	0.900	2.662	91.828	4.396
4	4.500	89.189	0.900	2.663	91.851	4.397
5	4.500	89.220	0.900	2.664	91.883	4.397
6	4.500	89.251	0.900	2.665	91.915	4.397
7	4.500	89.283	0.900	2.674	91.957	4.396
8	4.500	89.316	0.900	2.667	91.983	4.397
9	4.500	89.349	0.900	2.676	92.025	4.396
10	4.500	89.382	0.900	2.677	92.059	4.396
11	4.500	89.417	0.900	2.670	92.088	4.397
12	4.500	89.454	0.900	2.671	92.125	4.397
13	4.500	89.487	0.900	2.681	92.167	4.396
14	4.500	89.520	0.900	2.682	92.202	4.396
15	4.500	89.559	0.900	2.675	92.234	4.397
16	4.500	89.597	0.900	2.676	92.273	4.397
17	4.500	89.631	0.900	2.677	92.308	4.397
18	4.500	89.664	0.900	2.687	92.351	4.396
19	4.500	89.702	0.900	2.688	92.390	4.396
20	4.500	89.741	0.900	2.681	92.422	4.397
21	4.500	89.777	0.900	2.690	92.468	4.396
22	4.500	89.813	0.900	2.692	92.505	4.396
23	4.500	89.852	0.900	2.685	92.536	4.397
24	4.499	89.896	0.900	2.686	92.582	4.396

图 4-56　弯边回弹补偿量计算

（4）对弯边区、下陷区截面回弹预测系统输出的 XML 文件依次进行读取，完成回弹补偿后的弯边区、下陷区控制面的重构（图 4-57）。

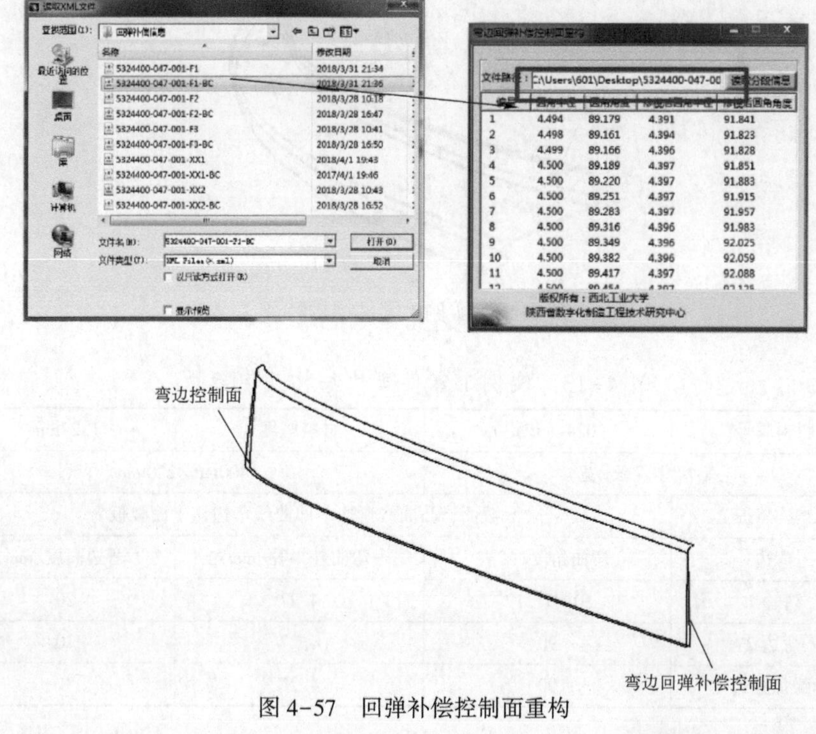

图 4-57　回弹补偿控制面重构

4.5 复杂弯边零件制造模型定义技术验证

分别选取S形截面凸凹结合弯边、带下陷弯边两类典型框肋零件，对弯边展开、回弹补偿两项技术进行应用验证，设计制造模具，并进行成形，结果表明该项技术覆盖了带阶梯下陷、径向连续弯边的典型结构，实现了复杂弯边零件的精确成形。

4.5.1 异向弯边框肋零件制造模型定义技术验证

如图4-58所示，实例1零件为S截面的异向弯边结构，包括凸曲线外缘弯边和凹曲线内缘弯边，在内缘弯边上有内缘加强边，以零件腹板为基准，外缘弯边为变角度，内缘弯边的弯曲角度为90°，内缘加强边的弯曲角度为90°，零件各弯边弯曲角度、弯曲外半径、弯边高度等结构几何参数如表4-13所列。

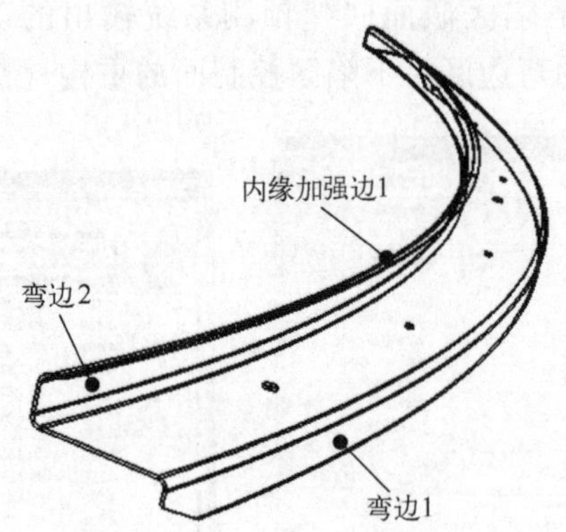

图4-58 实例1零件结构特征

表4-13 实例1零件弯边结构几何参数

材料牌号	2024（包铝）	材料厚度	1.27mm
毛料尺寸（长×宽）		1400mm×220mm	
结构特征	S截面、凸曲线弯边、凹曲线弯边、平面腹板		
弯边	弯曲角度/(°)	弯曲外半径/mm	弯边高度/mm
弯边1	91~91.17	4.27	20
弯边2	90	4.27	20
内缘加强边1	90	4.27	8

1. 成形工件模型创建

将设计模型添加工艺耳片和工艺孔，得到成形工件模型（图 4-59），作为构建展开下料模型和回弹补偿工艺模型的依据。

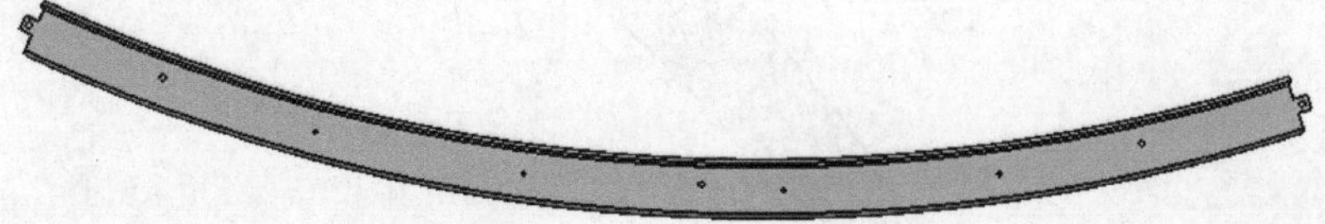

图 4-59　实例 1 零件成形工件模型

2. 展开毛坯模型设计

将成形工件模型另存为展开模型，创建模型节点树和计算零件毛料，对各个弯边和下陷展开轮廓分别存储。对于弯边 1、弯边 2 和内缘弯边 1，逐个利用框肋零件弯边展开工具计算毛料外形轮廓线。以弯边 2 为例，根据零件厚度 1. 27mm 和弯曲外半径 4. 27mm 检索得到中性层系数 K 值 0. 4012；选择腹板与弯边的交线，以 1mm 为间距进行离散，根据其长度值 1329mm 设定离散点数为 1329 个，计算每个弯边截面线展开点后得到弯边展开线（图 4-60）。

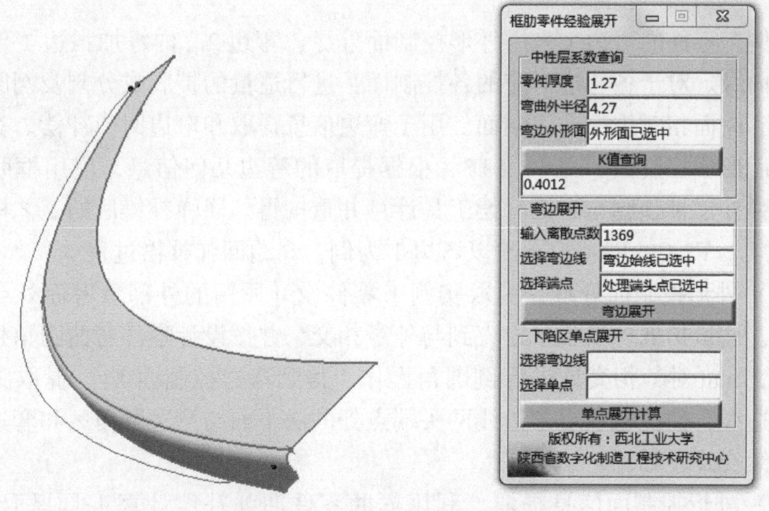

图 4-60　实例 1 零件弯边展开

提取非弯边区域腹板边界线，接合所有轮廓线，得到零件毛料轮廓，创建毛料模型，保存为展开模型（图 4-61）。

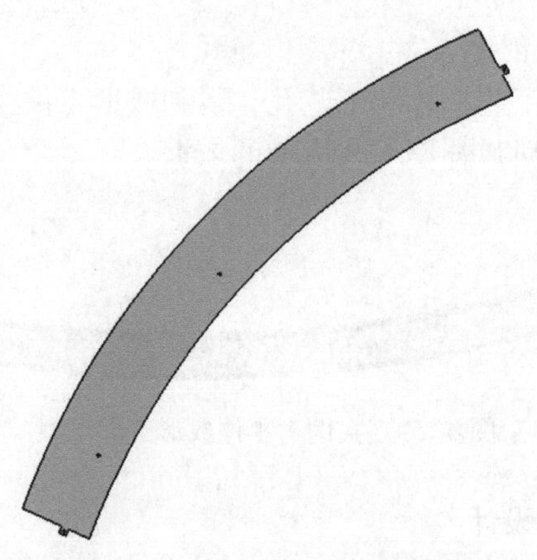

图 4-61　实例 1 零件展开模型

3. 成形工艺模型设计

将成形工件模型另存为成形工艺模型，利用框肋零件回弹补偿软件工具逐个对零件各个弯边进行回弹补偿，得到回弹补偿后弯边控制面，以此为依据创建工艺模型。使用工艺模型节点树快速创建工具，创建成形工艺模型规范化节点树，对于各个弯边控制面和回弹补偿后控制面分别进行存储。

1）弯边回弹补偿

实例 1 零件的弯边 1 采用外形控制面外缘，弯边 2、内缘加强边 1 外形控制面为内缘。对于各弯边对应的各控制面，进行适量的扩展或分割及倒圆角操作，得到曲面相对规整的控制面，用于弯边信息提取和弯边回弹补偿。对其前置处理后形成控制面 F1、F2、F3，根据提取的弯边几何信息，应用框肋零件弯边回弹补偿量预测与型面补偿工具计算并重构得到回弹补偿后的工艺模型控制面 F1-C、F2-C、F3-C。下面以弯边 1 为例，介绍回弹补偿过程。

（1）外形控制面处理。提取实例 1 零件设计所用的外部参考面外缘及腹板平面，适量扩展外腹板平面直到与外缘相交，并按设计零件弯曲圆角外半径尺寸 4.27mm 对其相交处进行倒圆角操作，得到弯边控制面 F1。提取腹板面上的弯边线，使提取所得弯边线两头端点处的法平面与弯边圆角区和弯边凸缘区有连续交线，如图 4-62 所示。

（2）外形控制面信息提取。利用框肋零件回弹补偿计算工具提取信息，得到弯边外形控制面的离散截面，输入参数：截面线离散点数 20、材料厚度 1.27，选择弯边基线及弯边参考面，单击“弯边信息输出”按钮，输出 XML 格式型面数据，如图 4-63 所示。

（3）回弹补偿值预测。应用基于知识的弯边回弹补偿值预测工具计算每

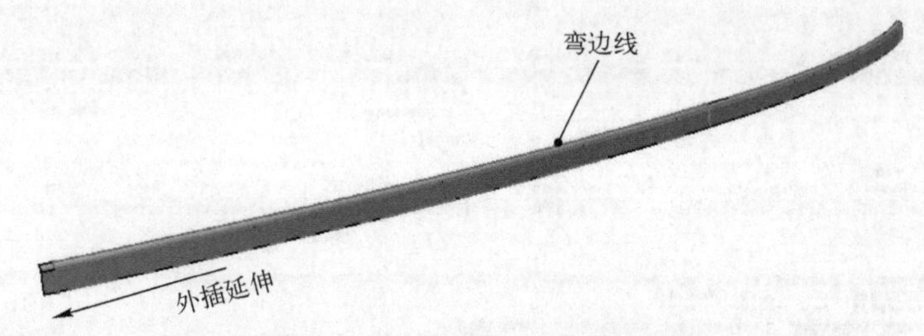

图 4-62　弯边外形控制面处理

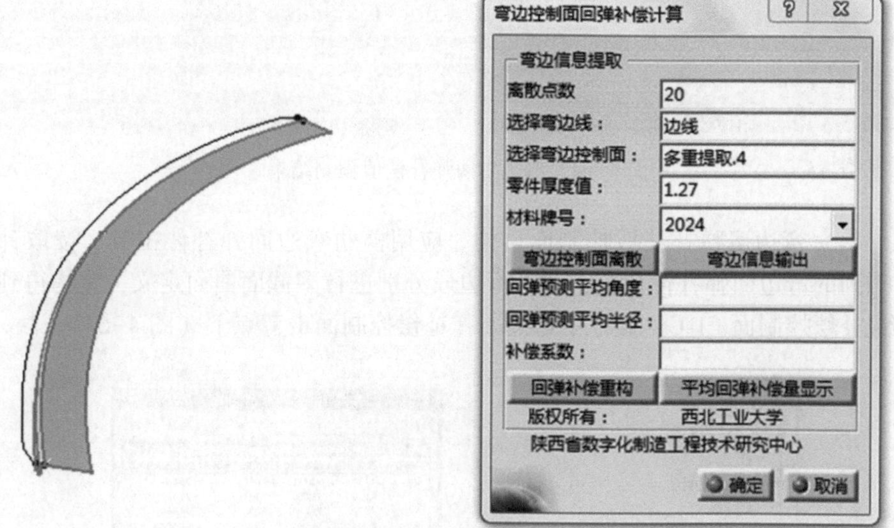

图 4-63　弯边外形控制面信息提取

个截面弯边的回弹补偿值（表 4-14 和图 4-64）。导入零件弯边控制面 XML 格式的几何信息，进行回弹补偿值预测并导出回弹补偿量数据。弯边控制面 F1 的弯曲角度为 91°~91.13°，补偿后外半径为 4.142mm。

表 4-14　实例 1 零件工艺模型回弹补偿值预测数据

序　号	外部参考面	圆角外半径/mm	弯曲角度/(°)	弯曲角度/(°)	圆角外半径/mm
弯边 1	外缘	4.27	91~91.13	94.47~94.61	4.142
弯边 2	内缘	4.27	90	92.775	4.170
内缘加强边 1	内缘	4.27	90	92.775	4.170

弯边回弹补偿计算 ×

返回

零件名称	零件图号	零件版次	材料牌号	材料状态	材料规格	操作员	修改日期
框肋零件	5364C08069G70	1	2024	O	1.27	系统管理员	2021-09-10

参数信息（*必填项）

*材料成形状态 W　*弹性模量(Gpa) 73　*屈服强度(Mpa) 108　*应变硬化指数 0.347

保存

新建弯边　保存弯边　删除弯边　第 1 页/共1页(1笔记录)　每页记录数: 15

*弯边编号	*弯边类型	*结构类型	*回弹补偿方法	补偿后角度/°	补偿后半径/mm	补偿系数	下陷加深值/mm	备注
1	凸弯边	仅弯边结构	角度+半径法	94.522	4.142	1.000	0.000	

1、定补偿系数计算方法：点击“定补偿系数设定（默认值为1）”，再点击“回弹补偿计算”。

2、变补偿系数计算方法：点击“变补偿系数计算”，再点击“回弹补偿计算”。

导入几何信息　定补偿系数设置　变补偿系数计算　回弹补偿计算　基于神经网络的回弹补偿　导出回弹几何信息

离散段编号	弯曲半径(mm)	弯曲角度(°)	补偿系数	回弹角(°)	补偿后角度(°)	补偿后半径(mm)
1	4.270	91.128	1.000	3.480	94.608	4.142
2	4.270	91.095	1.000	3.479	94.574	4.142
3	4.270	91.067	1.000	3.478	94.544	4.142
4	4.270	91.043	1.000	3.477	94.520	4.142
5	4.270	91.024	1.000	3.476	94.500	4.142
6	4.270	91.010	1.000	3.476	94.486	4.142
7	4.270	91.000	1.000	3.475	94.476	4.142
8	4.270	90.996	1.000	3.475	94.471	4.142
9	4.270	90.996	1.000	3.475	94.471	4.142
10	4.270	91.000	1.000	3.475	94.476	4.142
11	4.270	91.010	1.000	3.476	94.486	4.142
12	4.270	91.024	1.000	3.476	94.500	4.142
13	4.270	91.043	1.000	3.477	94.520	4.142
14	4.270	91.067	1.000	3.478	94.544	4.142
15	4.270	91.095	1.000	3.479	94.574	4.142
16	4.270	91.128	1.000	3.480	94.608	4.142

图 4-64　弯边 1 回弹补偿值预测结果

（4）弯边回弹补偿后控制面重构。应用框肋弯边回弹补偿工具，读取计算得到的弯边回弹补偿数据，对各弯边段分别进行多截面曲面定义，重构得到弯边补偿控制面 F1-C，储存于弯边回弹补偿控制面 1 节点下（图 4-65）。

图 4-65　弯边 1 回弹补偿后控制面重构

2）工艺模型建模

将重构后的零件回弹补偿后控制面替换原零件设计模型参考面，实例 1 零件有 2 个外形参考面，替换参考面创建弯边外形，倒角参数沿用设计数模数值，弯边倒角参数取回弹补偿计算后数值；其余特征依据设计模型建模顺序依次创建；完成零件工艺模型。

如图 4-66 所示，将外形参考面外缘替换为 F1-C。

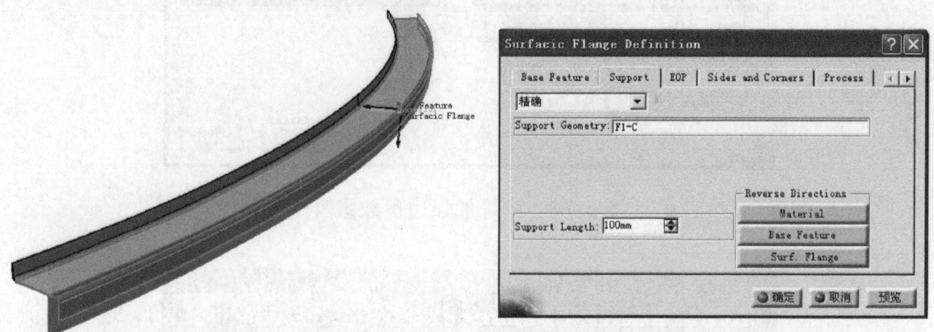

图 4-66　弯边 1 重构

如图 4-67 所示，将外形参考面内缘替换为 F2-C。

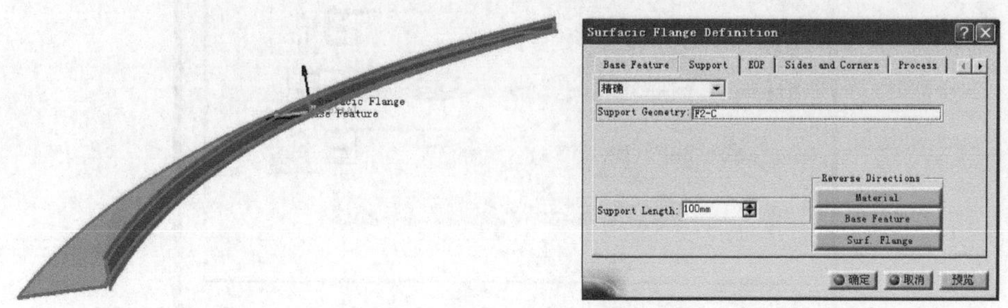

图 4-67　弯边 2 重构

修改弯边圆角半径，其他设计步骤及参数设置与原设计模型相同。如图 4-68 所示，修改内缘加强边参数。

如图 4-69 所示，在圆角特征创建中，修改弯曲内半径的值为 2.895mm。

将工艺模型与成形工件模型对比，工艺模型弯边控制面与外部参考面一一对应，弯边回弹补偿控制面由对应弯边控制面回弹补偿得到，各个弯边构建步骤已做相应更改，补偿后弯曲角度与回弹预测值一致；设计模型与工艺模型弯边基线最大偏差为 0.001mm，符合精度要求。

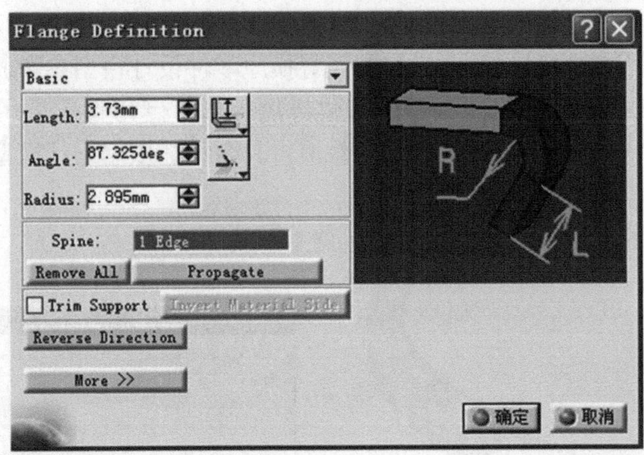

图 4-68 内缘加强边参数修改

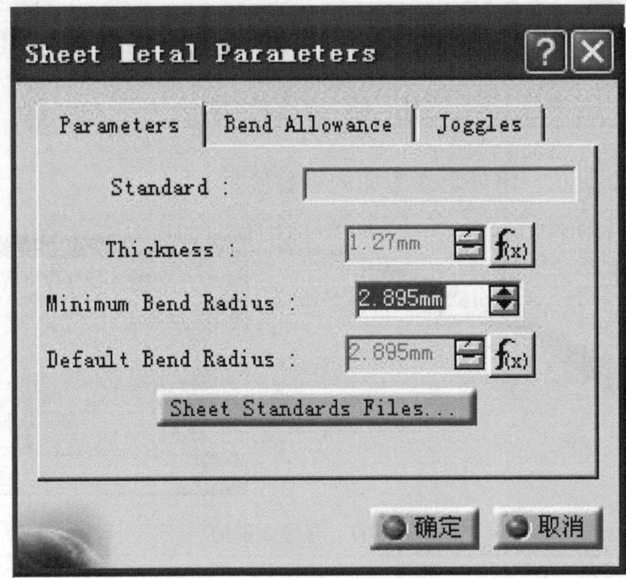

图 4-69 圆角特征构建

4. 成形模具设计制造

1）实例 1 零件弯边成形模具设计

根据零件工艺模型、零件毛坯及模具典型结构设计内缘弯边成形模具和外缘成形模具，内缘板模具高度为 45mm，板料与模具边缘距离为 6mm。内缘弯边成形模具见图 4-70 和表 4-15。

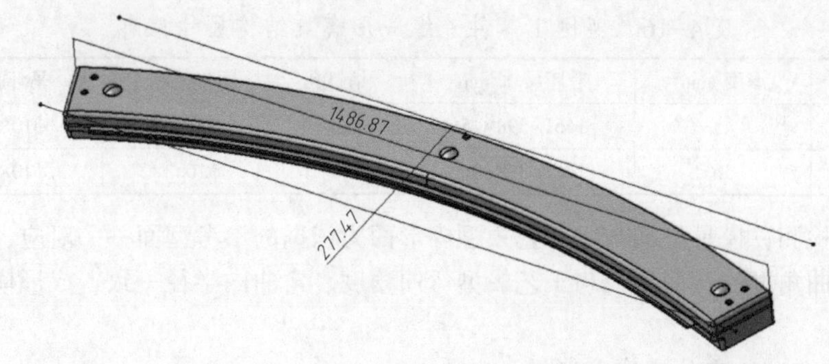

图 4-70　实例 1 零件内缘弯边成形模具

表 4-15　实例 1 零件内缘弯边成形模具结构尺寸信息

项目	厚度/mm	毛坯尺寸/mm	销钉孔	导柱孔	吊环孔
模体	45	1487×211×45	ϕ6. 4×5	ϕ16×2	ϕ10×3
盖板	25	1487×211×20	ϕ18×5	ϕ16. 2×2	ϕ10×3

为保护零件内缘板，外缘板模具盖板需设计内缘板的避让槽，其截面尺寸如图 4-71 所示，依据上述截面尺寸构造工艺筋槽结构外缘板成形模具（图 4-72）结构尺寸信息见表 4-16。

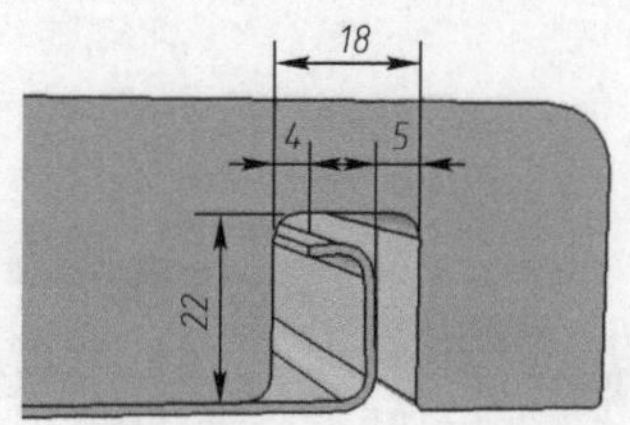

图 4-71　实例 1 零件内缘弯边避让槽截面尺寸

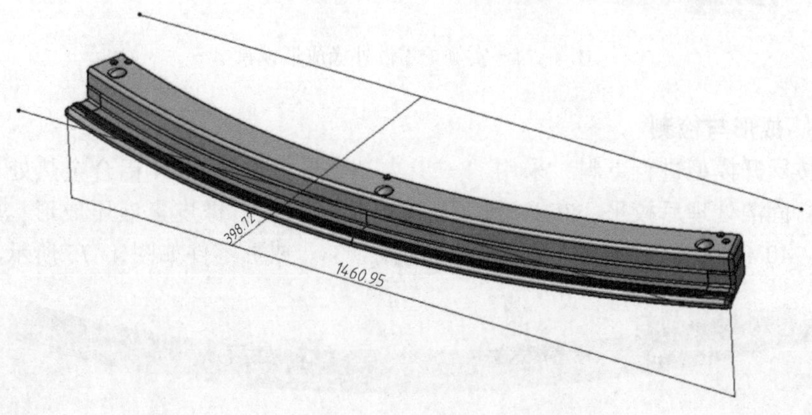

图 4-72　实例 1 零件外缘弯边成形模具

表 4-16　实例 1 零件外缘成形模具结构尺寸信息

项目	厚度/mm	毛坯尺寸/mm	销钉孔	导柱孔	吊环孔
模体	45	1461×398×45	ϕ6.4×5	ϕ16×2	ϕ10×3
盖板	36	1461×398×36	ϕ16×5	ϕ16.2×2	ϕ10×3

经检测，模具型面与以工艺模型内形面为依据的参考型面一一对应，模具型面弯曲角度、弯曲半径与工艺模型弯曲角度、弯曲内半径一致，成形模具模型合格。

2）实例 1 零件弯边成形模具制造

按照模具模型数控加工模具，如图 4-73 和图 4-74 所示，利用角度尺、半径规、卡尺等对成形模具各弯边的弯曲角度、半径和长度进行检测，所加工的模具符合精度要求。

图 4-73　实例 1 零件内缘成形模具

图 4-74　实例 1 零件外缘成形模具

5. 成形与检测

按展开模型进行下料，采用“一步法”成形，按照 2024 铝合金热处理规范进行固溶处理后校平；在 W 态（新淬火状态）进行橡皮囊液压成形，成形压力：40MPa，橡皮硬度：A70，保压时间：3s。成形零件如图 4-75 所示。

图 4-75　实例 1 成形零件

采用三维扫描测量成形工件数据后与设计数模对比，如表 4-17 所列检测结果表明零件形状和尺寸符合公差要求，判定成形零件合格，达到了精确成形。

表 4-17　成形零件检测结果

序　号	外形平均偏差/mm	弯曲角度平均偏差/(°)	弯曲高度平均偏差/mm
弯边 1	0. 082	0. 425	0. 429
弯边 2	0. 516	0. 357	0. 332
内缘加强边 1		0. 199	

1) 弯边高度检测

实例 1 零件弯边高度测量以腹板面弯边线等间隔取点，在设计模型中测量弯边端点沿截面线到腹板面距离，如图 4-76 所示。对于实际工件，按照上述间隔，使用游标卡尺测量各点法向截面处的弯边高度值，对比分析结果显示弯边 1 最大偏差 0. 878mm，弯边 2 最大偏差 0. 833mm，如图 4-77 所示，两个弯

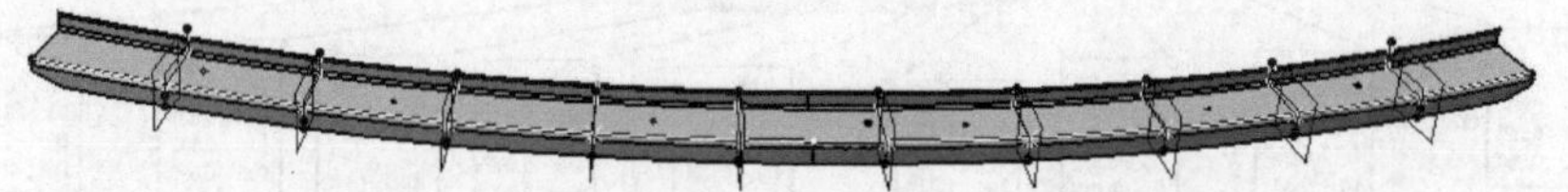

图 4-76　实例 1 零件设计模型弯边高度测量点方案

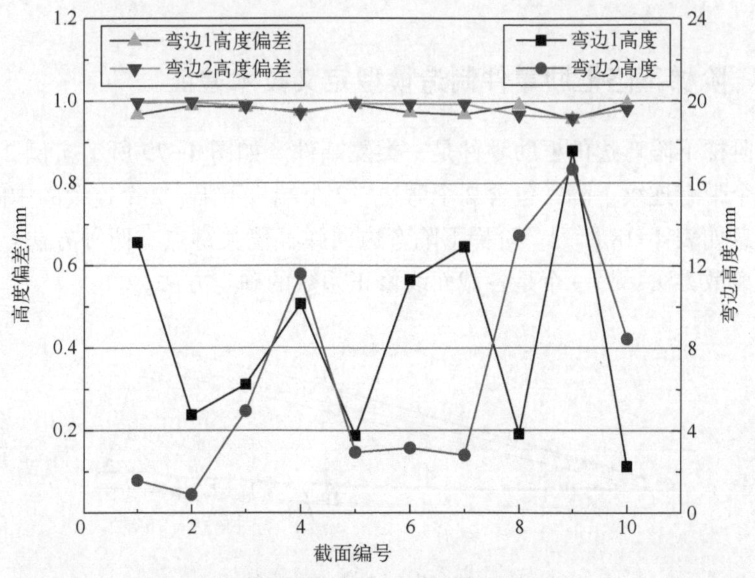

图 4-77　实例 1 零件弯边高度检测结果

边的弯边高度值均在公差±1.0mm 允许范围内。

2）零件外形检测

以工艺孔和腹板平面为基准将实例 1 零件三维扫描模型与设计模型进行拟合对齐，偏差范围设定为±1mm，如图 4-78 所示，检测结果显示零件外缘弯边 1 外形平均偏差为 0.082mm，内缘弯边 2（含加强边）外形平均偏差 0.516mm，符合公差要求。

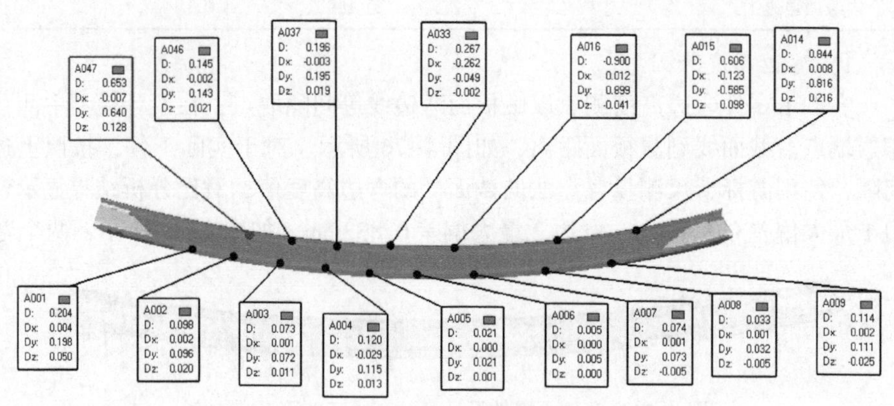

图 4-78　实例 1 零件外形检测

4.5.2　阶梯下陷框肋零件制造模型定义技术验证

带阶梯下陷弯边的框肋零件是一类复杂件。如图 4-79 所示实例 2 框肋零件是一个带有连续下陷，包含 2 个弯边、2 个端头下陷、2 个连续的中间下陷，结构信息如表 4-18 所列。阶梯下陷弯边回弹补偿关键点有两种方法：一是下陷区的离散方法；另一个是各截面线修正系数的确定方法。

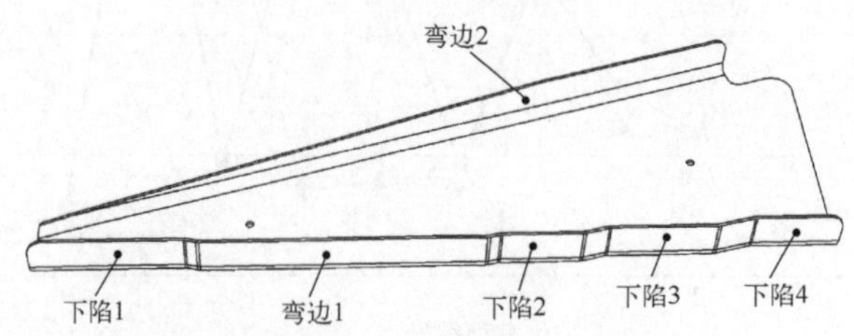

图 4-79　实例 2 零件结构特征

表 4-18　实例 2 零件结构信息

材料牌号	2024（包铝）	材料厚度	1.6mm
毛料尺寸（长×宽）		440mm×190mm	
结构特征	同向凸曲线弯边、阶梯下陷、平面腹板		
序号	弯曲角度/(°)	弯曲外半径/mm	弯边高度/mm
弯边 1	90.320~90.378	6.6	23.5
下陷 1	90.384~90.415	6.6	23.5
下陷 2	90.301~90.318	6.6	23.5
下陷 3	90.271~90.295	6.6	23.5
下陷 4	90.243~90.263	6.6	23.5
弯边 2	90.69~90.75	6.6	0~23.5

1. 成形工件模型创建

将实例 2 零件设计模型添加工艺孔，得到成形工件模型如图 4-80 所示，作为构建展开下料模型和回弹补偿工艺模型的依据。

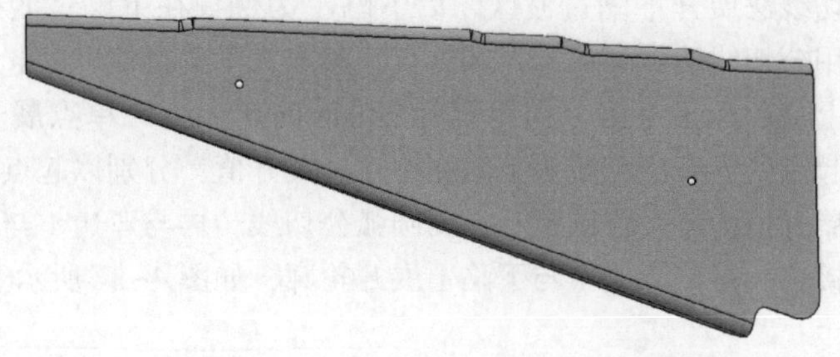

图 4-80　实例 2 零件成形工件模型

2. 展开毛坯模型设计

将成形工件模型另存为展开毛坯模型，创建模型节点树和计算零件毛料，对各个弯边和下陷展开轮廓分别存储。

1）弯边与下陷展开

对于弯边 1、下陷 1、下陷 2、下陷 3、下陷 4 和弯边 2，逐个利用框肋零件弯边展开工具计算毛料外形轮廓线。以弯边 2 为例，根据零件厚度 1.6mm 和弯曲内半径 5mm 检索得到中性层系数 K 值 0.401；选择腹板与弯边的交线，根据其长度值 405mm 设定离散点数为 405 个（一般取间距为 1mm），计算每个弯边截面线展开点后得到弯边展开线，如图 4-81 所示。

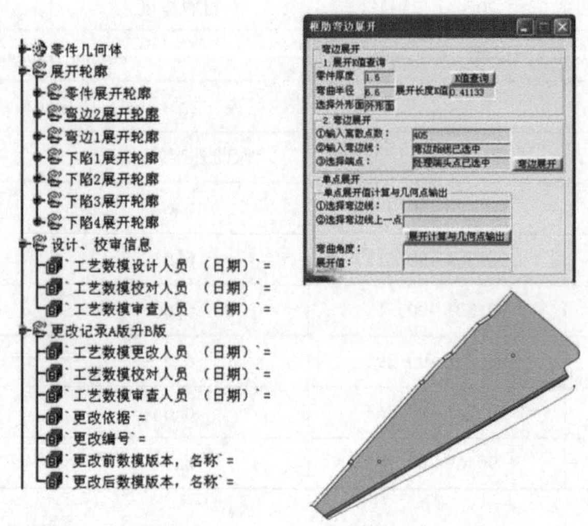

图 4-81　实例 2 零件弯边展开

2）下陷过渡区展开

采用公切线法展开下陷过渡区。以下陷 1 为例，在下陷过渡区域的基线上，确定采用公切线法展开的起点和终点，起点为下陷过渡区的起点，终点为端头下陷区上与起点沿下陷方向距离为 24mm 的点。由“单点展开”模块计算弯边 1 在起点处展开值和端头下陷在终点处展开值，分别以起点和终点为圆心，以各自展开值为半径作圆弧，作两圆弧公切线，再与弯边 1 与下陷 1 展开轮廓修剪并接合，得到弯边 1 与下陷 1 展开轮廓，如图 4-82 所示。

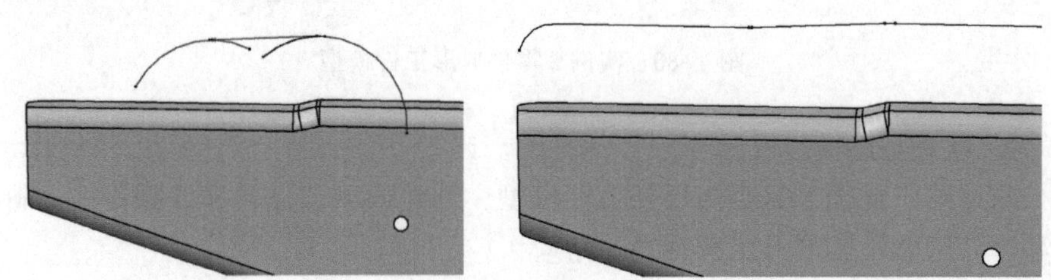

图 4-82　实例 2 零件下陷过渡区展开与轮廓线修剪

3）零件毛料模型创建

提取非弯边区域腹板边界线，接合所有轮廓线，得到零件毛料轮廓（图 4-83），创建毛料模型（图 4-84）。

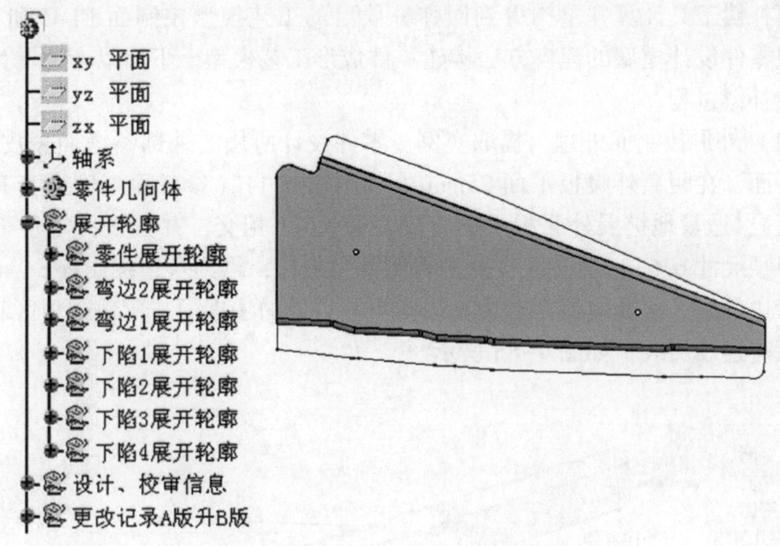

图 4-83　实例 2 零件展开轮廓线

图 4-84　实例 2 零件展开毛料模型

3. 成形工艺模型设计

将成形工件模型另存为成形工艺模型，利用框肋零件回弹补偿工具逐个对零件各个弯边进行回弹补偿，得到回弹补偿后弯边控制面，以此为依据创建工艺模型。使用工艺模型节点树快速创建工具，创建成形工艺模型规范化节点树，对于各个弯边控制面和回弹补偿后控制面分别进行存储。

1）弯边回弹补偿

实例 2 零件的弯边 1、下陷 1、下陷 2、下陷 3 和下陷 4 采用同一外形控制面蒙皮 11，弯边 2 外形控制面为球面框内缘。对于各弯边对应的各控制面，进行适量的扩展或分割及倒圆角操作，得到曲面相对规整的控制面，直接用于弯边信息提取和回弹补偿。对其前置处理后形成控制面 F1 和 F2，用于弯边离散和信息提取，根据提取的弯边几何信息，应用框肋零件弯边回弹补偿量预测与型面补偿工具计算并重构得到回弹补偿后的工艺模型控制面 F1-C 和 F2-C，再按照零件设计模型的建模方法构建零件成形工艺模型。下面以弯边 1 为例介绍回弹补偿过程。

（1）外形控制面处理。提取实例 2 零件设计所用的外部参考面蒙皮 11 及腹板平面，在距离外腹板平面 25mm 处分割蒙皮 11（参考面高度适当高于弯边高度），适量地扩展外腹板平面直到与蒙皮 11 相交，并按设计零件弯曲圆角外半径尺寸 6.6mm 对其相交处进行倒圆角操作，得到弯边控制面 .1（F1）。提取弯边基线，使提取所得弯边基线两头端点处的法平面与弯边圆角区和弯边凸缘区有连续交线，如图 4-85 所示。

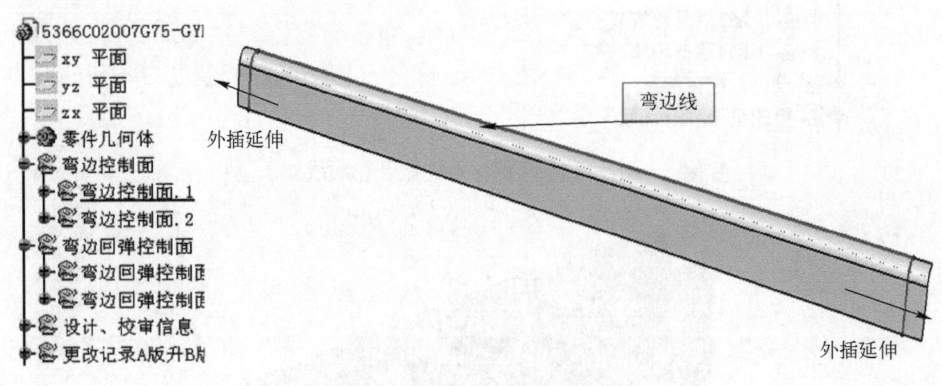

图 4-85　弯边外形控制面处理

（2）外形控制面信息提取。将得到的弯边控制面 .1（F1）利用框肋零件回弹补偿工具提取信息，得到弯边外形控制面的离散截面，以 XML 文件输出，如图 4-86 所示。输入参数：弯边离散点数 430、截面线离散点数 20、拟合精度 0.01、材料厚度 1.6（弯边离散点数、截面离散点数每 1mm 插入一个点，拟合精度在 0.01~0.1 之间），选择弯边基线及弯边参考面，单击“弯边信息输出”按钮后输出文件。

（3）回弹补偿值预测。应用基于知识的弯边回弹补偿值预测工具计算每个截面弯边的回弹补偿值。读取零件弯边控制面几何信息，进行回弹补偿值预测并导出文件。弯边控制面 .1 的弯曲角度为 90.238°~90.417°，回弹补偿角度在 3.207°~3.216°之间，补偿后外半径为 6.406mm。

（4）弯边回弹补偿后控制面重构。应用框肋弯边型面回弹补偿工具，读取计算得到的弯边回弹补偿数据，对各弯边分别进行多截面曲面定义，重构得到弯边补偿控制面 .1（F1-C），储存于弯边回弹补偿控制面节点下，如图 4-87 所示。

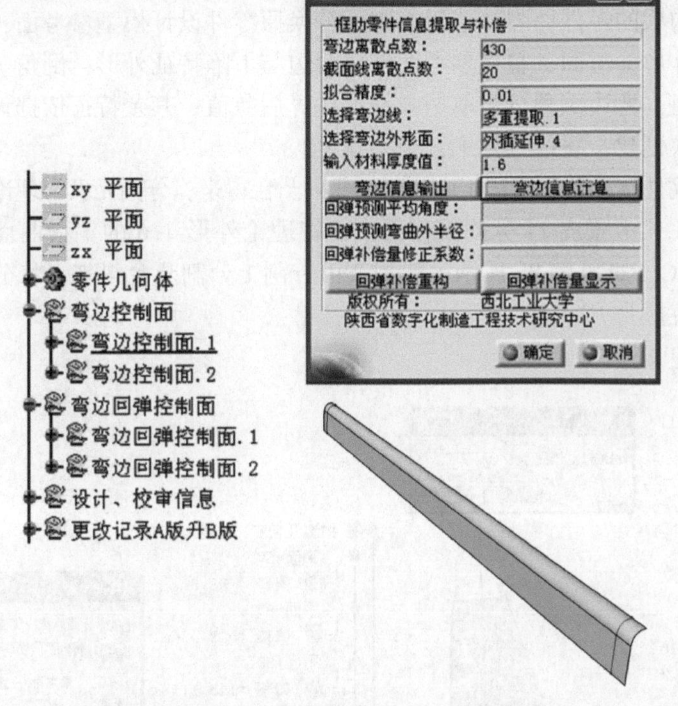

图 4-86　弯边外形控制面信息提取

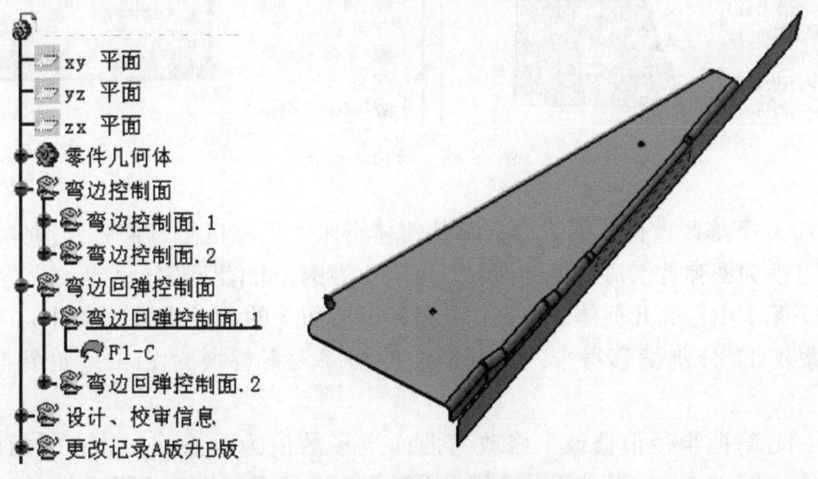

图 4-87　弯边回弹补偿控制面重构

2）工艺模型建模

将重构后的零件回弹补偿后控制面替换原零件设计模型参考面，实例 2 零件有 2 个外形参考面，替换参考面创建弯边与下陷特征外形，倒角参数沿用设计数模数值，弯边倒角参数取回弹补偿计算后数值；其余特征依据设计模型建模顺序依次创建，完成零件工艺模型建模。

（1）弯边区重构。弯边 1 由分割 2 分割凸台得来，分割元素为理论外形-1.6，理论外形-1.6 由蒙皮 11 分割偏移得来，将理论外形-1.6 的偏移曲面定义元素替换为 F1-C，如图 4-88 所示。弯边 2 由分割 1 分割凸台得来，将分割 1 中的分割元素替换为 F2-C。

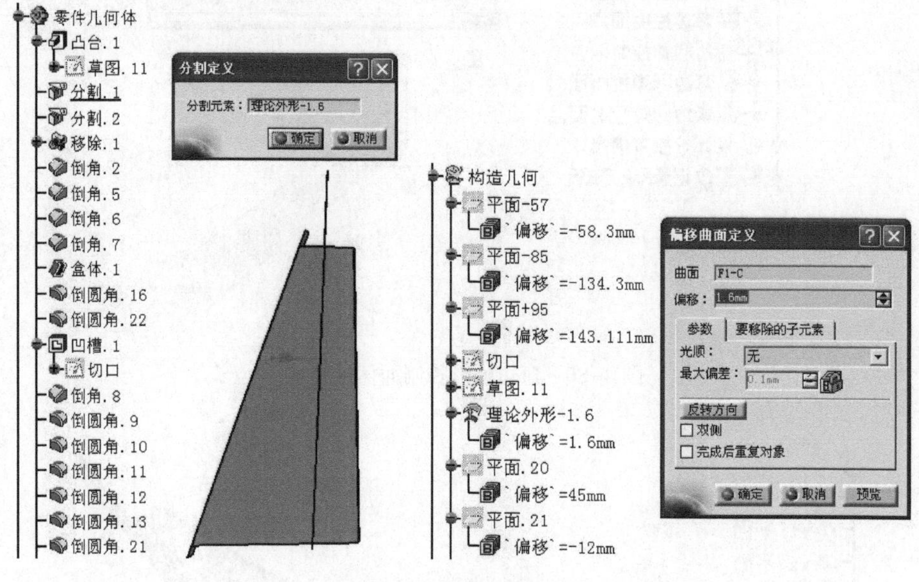

图 4-88　弯边 1 重构

（2）下陷区重构。下陷由移除几何体得来，下陷区重构需将几何体的参考面替换为回弹补偿后的控制面，以下陷 1 为例，介绍下陷区重构。

下陷 1 由移除几何体 3 得来，几何体厚曲面 3 的参考曲面为分割 3，分割 3 由蒙皮 11 分割偏移得来，将分割 3 的切除元素替换为 F1-C，如图 4-89 所示。

（3）弯曲半径值修改：修改弯曲内半径的值为 4.8mm，外半径的值为 6.4mm（图 4-90），其他设计步骤及参数设置与原设计模型相同。

将工艺模型与成形工件模型对比，工艺模型弯边控制面与外部参考面一一对应，圆角外半径为 6.4mm，弯边回弹补偿控制面由对应弯边控制面回弹补

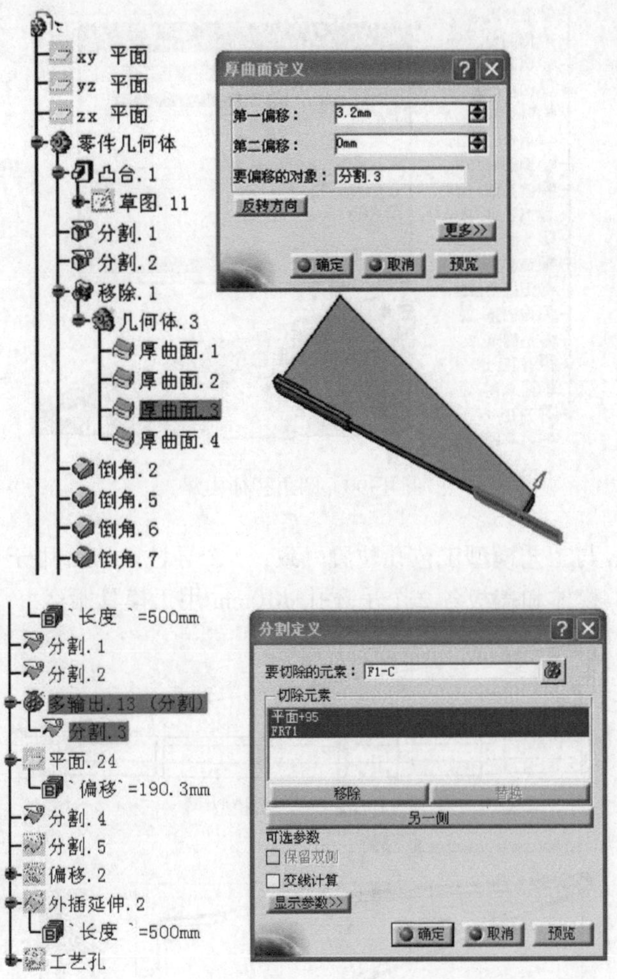

图 4-89　下陷区重构

偿得到，各个弯边构建步骤已做相应更改，补偿后弯曲角度与回弹预测值一致，补偿后圆角外半径为 6.4mm；设计模型与工艺模型弯边线最大偏差为 0.002mm，符合精度要求。

4. 成形模具设计制造

1）成形模具设计

实例 2 零件为同向弯边结构，采用凸模一次成形，依据工艺模型内形面设计模具模体。零件一端较尖锐，模具采用顶角加强结构，如图 4-91 所示。模具长 472mm，宽 184mm，模体厚度 37mm，盖板厚度 20mm。模具设计 2 个销

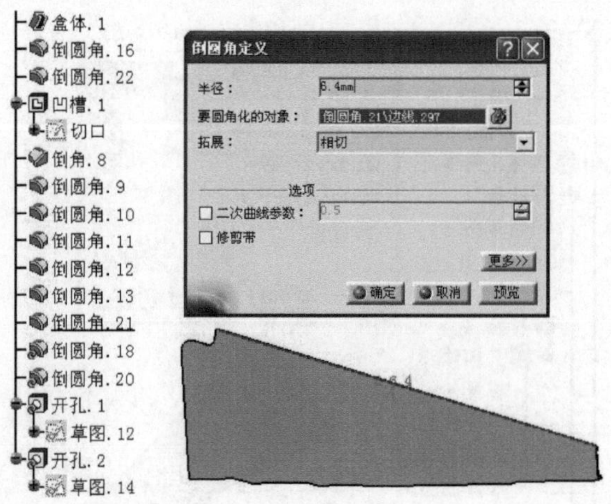

图 4-90 圆角特征构建

钉孔 ϕ4.2mm 与工艺模型工艺孔位置一致；2 个导柱 ϕ6mm 用于固定盖板和模体相对位置；模体和盖板各 2 个吊环孔 ϕ10mm 用于模具搬运。

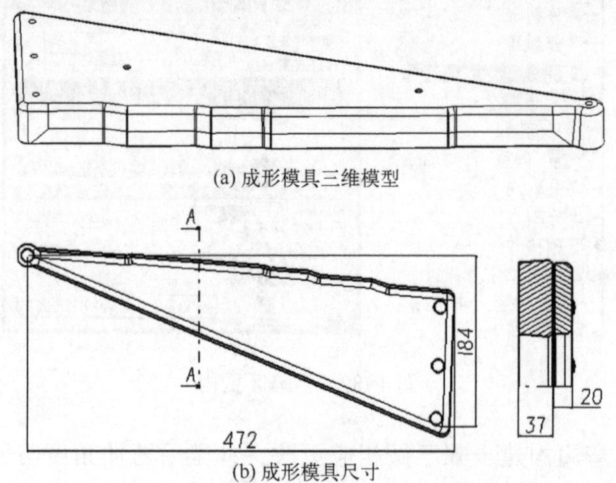

(a) 成形模具三维模型

(b) 成形模具尺寸

图 4-91 实例 2 零件成形模具模型

经检测，模具型面与以工艺模型内形面为依据的参考型面一一对应，模具型面弯曲角度、弯曲半径与工艺模型弯曲角度、弯曲内半径一致，模具模体弯边线与工艺模型内形面弯边线最大偏差为 0.001mm，符合精度要求，成形模具检测合格。

2）成形模具加工

按照模具模型数控加工模具（图 4-92），利用角度尺、半径规、卡尺等对成形模具各弯边的弯曲角度、半径和长度进行检测，所加工的模具符合精度要求。

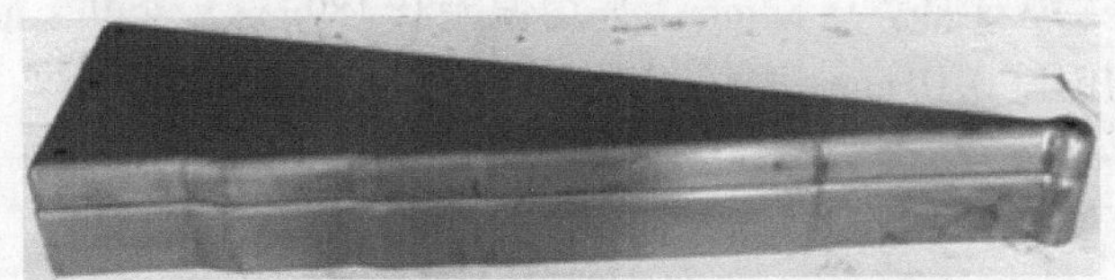

图 4-92　成形模具

5. 成形与检测

按展开模型进行下料，采用一步法成形，按照企业热处理规范进行固溶处理后校平；在 W 态（新淬火状态）进行橡皮囊液压成形，成形压力：40MPa，橡皮硬度：A70，保压时间：3s，成形零件如图 4-93 所示。

图 4-93　成形零件

实例 2 零件弯边 1 高度为 23. 5mm，直弯边 2 高度为 23. 5mm，查手册确定公差要求。采用三维扫描测量成形工件数据后与设计数模对比，如表 4-19 检测结果显示，零件形状和尺寸符合公差要求，判定零件合格，达到了“一步法”精确成形。

表 4-19　实例 2 成形零件偏差检测结果

弯　边	弯曲角度偏差/(°)	外形偏差/mm	弯曲高度偏差/mm
弯边 1	0. 258	0. 287	0. 189
弯边 2	0. 227	0. 283	0. 01

1）弯边高度检测

实例2零件弯边高度测量以腹板面弯边线等间隔取点（图4-94），在设计模型中测量弯边端点沿截面线到腹板面距离；对于实际工件，按照上述间隔，使用游标卡尺测量各点法向截面处的弯边高度值，如图4-95所示，弯边1（含下陷）最大绝对偏差0.82mm、平均偏差0.189mm，弯边2最大绝对偏差0.3mm、平均偏差0.01mm，均在公差±1.0mm允许范围内。

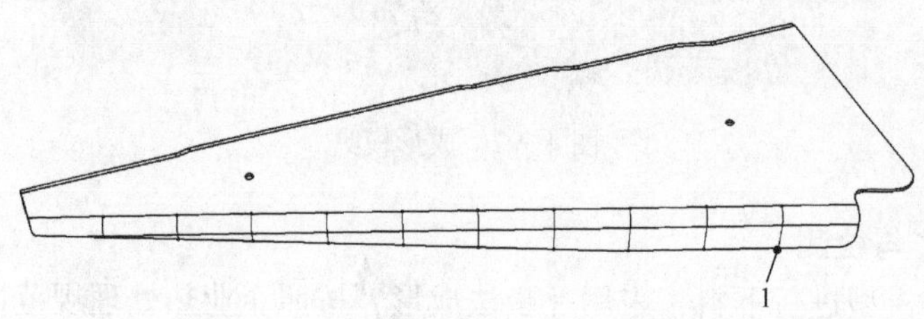

图4-94　实例2零件设计模型弯边高度测量点方案

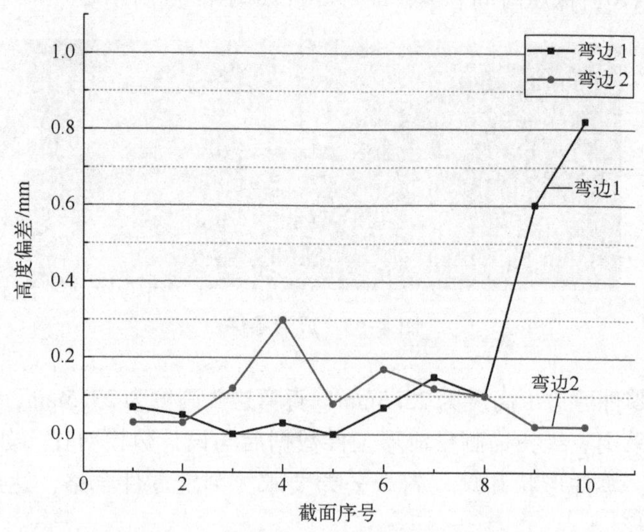

图4-95　实例2零件弯边高度检测结果

2）零件外形检测

以工艺孔和腹板平面为基准将实例2零件三维扫描模型与设计模型进行拟合对齐，均匀在各个弯边取不同测量点测量扫描模型与设计模型的实际偏差值，如图4-96检测结果显示，零件弯边1（含下陷）外形最大绝对偏差为0.763mm、平均偏差为0.287mm，弯边2外形最大绝对偏差为0.546mm、平均偏差为 0. 283mm，均在公差范围之内。

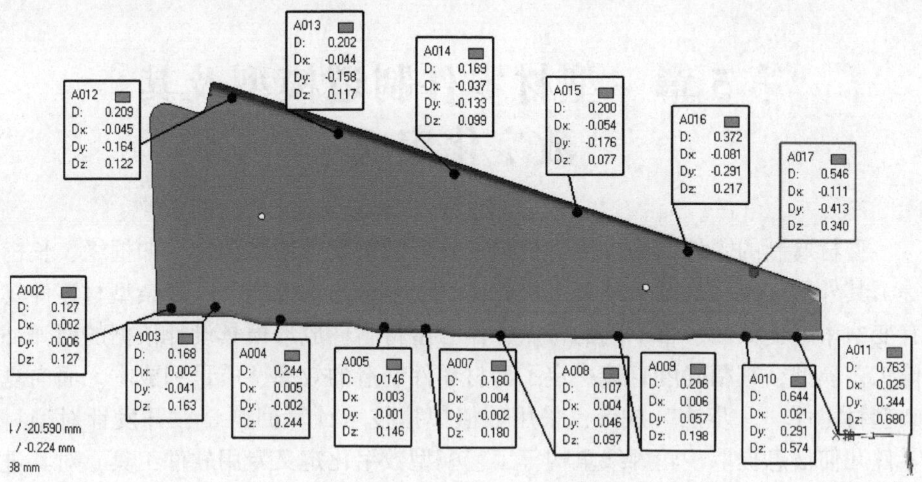

图 4-96　实例 2 零件外形偏差

第 5 章　型材零件制造模型及其数字化定义

型材弯制的零件作为支撑飞机理论外形的重要骨架结构件，如框缘、长桁等，其外形与尺寸精度关系到飞机整体气动外形与承力能力。复杂型材零件具有变曲率、变截面、带下陷的特点，作为型材零件成形模具设计依据的回弹补偿工艺模型，其精确度直接决定了型材零件制造的效率、质量和成本。面向复杂型材零件“一步法”成形，采用数值模拟技术计算回弹量，开发针对型材零件几何信息提取、轮廓线重构等工艺模型数字化定义专用软件工具，对其进行回弹补偿后定义形成工艺模型，以显著提高型材零件制造的效率和质量。

5.1　型材零件成形工艺模型及生衍过程

5.1.1　挤压型材拉弯零件特征

型材零件按照材料制取方式可分为挤压型材和板弯型材。型材零件几何特征主要包括截面特征和外形轮廓特征。型材零件截面主要包括角形型材、丁字型材、槽形型材、Z 字型材、工字型材等，且一般有不同的斜角变化。复杂型材零件腹板为平面，外缘轮廓线变曲率、缘板变斜角、带有下陷结构。

如图 5-1 所示为型材拉弯零件部分几何特征。零件外形轮廓特征包括：零件长度 L、零件高度 H、零件跨度 K、弯曲角度 β，弯曲半径 R；零件截面特征包括宽度 B、高度 H、缘板厚度 δ_1、腹板厚度 δ、腹板与缘板夹角 α。型材零件具有变曲率、变截面、带有下陷结构的特点。R/δ 表示型材弯曲零件的相对弯曲半径。

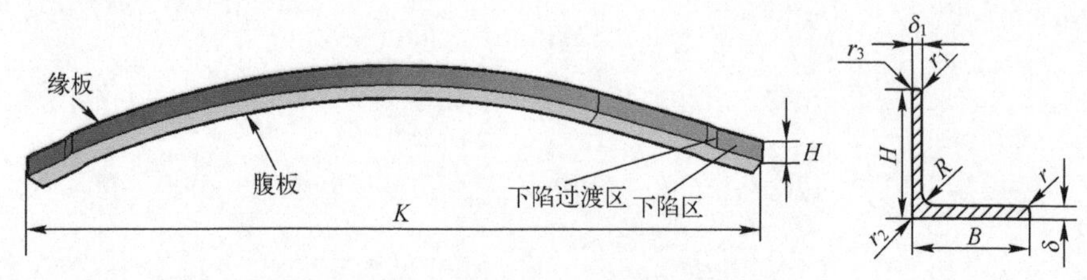

图 5-1　型材拉弯零件部分几何特征

下面以图 5-2 所示实例典型 L 型材零件（材料牌号为 2024）为对象研究其工艺模型及其数字化定义技术，该型材零件具有变曲率、变截面、带有下陷结构的特点，其中曲率变化较为平缓，左端为直线段，截面角度从 88.1°均匀变化到 90°，带有两个端头下陷；型材规格为 XC114-6，截面尺寸如表 5-1 所列。

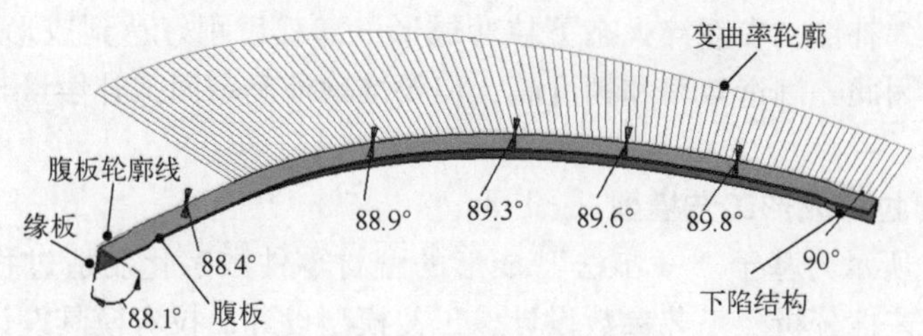

图 5-2　实例 L 型材零件

表 5-1　实例 L 型材零件截面尺寸　　（单位：mm）

H	20	B	15
R	2	δ_1	2
r_1	1	δ	1.5
r	0.75	r_3、r_2	0.2

5.1.2　面向工艺链的型材零件制造模型

1. 型材拉弯工艺过程

型材零件的结构特点和质量要求也决定了零件的成形方式选择。对于尺寸大、结构复杂、屈强比大、相对弯曲半径大、外形准确度要求较高的型材弯曲件，采用拉弯工艺。拉弯是指型材在弯矩和纵向拉力的联合作用下压入模具型槽的成形过程。拉弯成形设备分为转台式和张臂式两种。

1）加载方式

变曲率 L 型材收边弯曲零件的变形特点是：腹板处的材料收缩受压，容易起皱，因此，通常需要采用预拉+弯曲+补拉的工艺方式。首先对型材施加轴向预拉力，使横剖面上的应力达到屈服极限；而后在预拉力不变的条件下施加弯矩使型材贴模；最后补加轴向拉力。其预拉力的作用在于消除供应状态的初始扭曲变形（特别是新淬火状态下的型材扭曲变形更为严重）以及防止弯曲过程中型材腹板的边缘失稳起皱。

2）工艺过程

型材零件拉弯成形工艺过程主要分为两种：

(1)“拉弯成形+淬火+校形”工艺流程。拉弯模具外形轮廓由型材零件设计模型型面直接移形得到，零件在退火态下拉弯成形，卸载后产生回弹，需要通过手工校正或二次拉弯+手工校正满足精度要求。因此，制造效率低，周期长，对操作人员的经验要求较高。

(2)“淬火+拉弯成形”工艺过程，属于“一步法”成形。对铝合金型材零件进行回弹补偿，在新淬火态下拉弯成形，卸载后刚好达到成形精度要求，无需校形。因此，制造效率和精度高，但要准确地确定回弹补偿量与型材拉弯工艺参数。

2. 型材拉弯成形工艺模型

图 5-3 所示为基于“一步法”成形的型材零件数字化制造过程，主要包括零件的工艺性分析、工艺参数设计、工艺模型设计、拉弯模具设计、数控拉弯成形和检验。通过从设计模型→工艺模型→工艺装备→数控程序的数字量传递至数控设备，达到高效、精确成形的目的。挤压型材拉弯零件的检验内容包含外形、型材截面斜角等形状和尺寸要求。飞机型材零件外形公差为±0. 5mm，缘条斜角公差为±0. 5°。面向型材拉弯成形工序的制造模型是在零件设计数模的基础上，考虑拉弯成形卸载后回弹对零件外形精度的影响，对其进行补偿而得到的工艺模型。作为拉弯模具设计与数控指令设计的依据，型材零件拉弯成形工艺模型是保证其高效精确制造的关键。

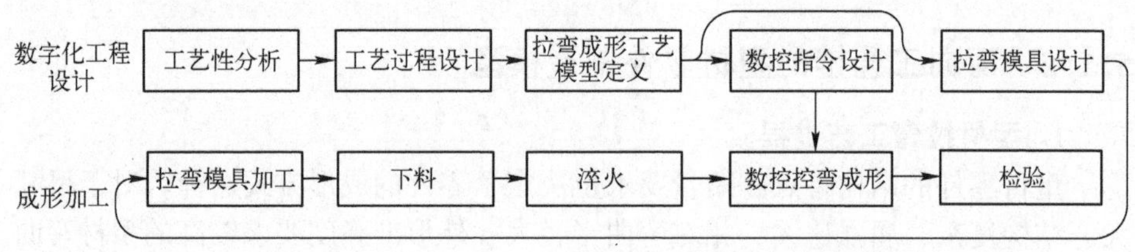

图 5-3　基于“一步法”成形的型材零件数字化制造过程

5. 1. 3　型材零件工艺模型状态生衍过程

复杂型材零件成形后回弹包括腹板轮廓线、变截面缘板和下陷的回弹，分别进行回弹预测及补偿后形成工艺模型。如图 5-4 所示工艺模型生衍过程，对型材零件设计模型预处理后提取腹板轮廓和缘板轮廓（外形面）进行离散，然后进行回弹计算、回弹补偿、型面重构，添加下陷结构，建立成形工艺模型。

变曲率、变截面、带下陷型材零件工艺模型定义包括 3 个主要部分，即模型离散、回弹计算、回弹补偿与模型重构。模型离散包括轮廓线离散和外形面离散，回弹计算在无经验知识可用情况下采用解析计算、数值模拟或实物试验方法确定，对型材零件的外形轮廓回弹采用等曲率圆弧段的半径补偿方法；对型材缘板回弹，采用直接补偿角度的方法；对缘板的回弹，当截面角度变化范围在 5°以内时偏差在精度要求范围内而不需要补偿；对于下陷结构的回弹，采用加深的方法补偿。

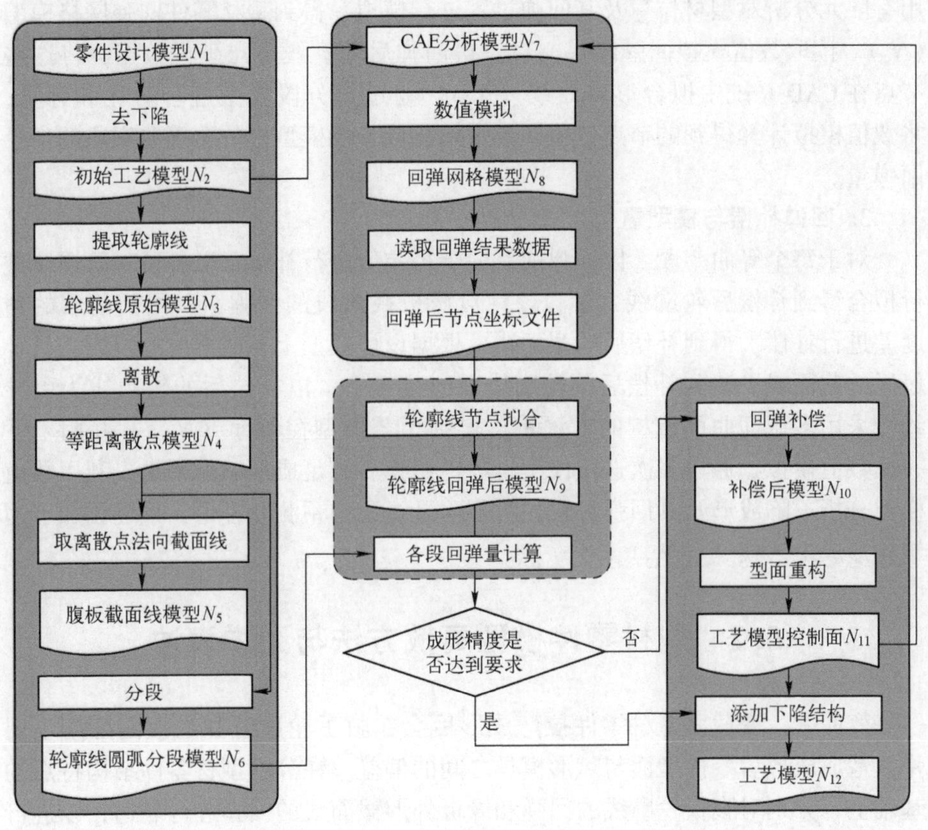

图 5-4　型材零件成形工艺模型生衍过程

1. 型材零件模型离散

在 CAD 中对型材零件设计模型（N_1）进行预处理：去其下陷结构形成初始工艺模型（N_2），并将初始工艺模型型面作为 CAE 分析模型（N_7）中模具型面；提取初始工艺模型中腹板轮廓线（N_3）。

型材零件模型的离散包括轮廓线的离散与型面的离散。腹板轮廓线原始模型（N_3）以给定的等间距参数离散为由若干点组成的离散点模型（N_4），然后根据零件的精度要求进行等曲率段的拟合，得到由多个直线与圆弧段组成的一阶连续曲线，即分段模型（N_6）。沿轮廓线离散点的法平面截取外形面，形成截面线模型（N_5）。分段模型（N_6）是回弹量预测与补偿的基础，截面线模型（N_5）是工艺模型外形面重构的关键。

2. 基于有限元分析或解析法的回弹计算

以工艺模型内形面作为成形模具的外形面，建立型材拉弯的装配模型。采用有限元分析对型材拉弯及其回弹过程进行模拟，得到型材零件回弹网格模型（N_8）。读取数值模拟回弹结果文件，得回弹后轮廓线节点坐标数据，将这些节点在CAD系统中拟合形成曲线（N_9），通过与分段模型进行对比和计算，将数值模拟计算得到的节点位移回弹量转化成分段模型中每个等曲率段的半径回弹量。

3. 回弹补偿与模型重构

对于每个等曲率段，以回弹前后的半径差值进行补偿，以各段一阶连续进行拟合得到补偿后轮廓线（N_{10}）。针对缘板截面线的回弹，以回弹前后的角度差进行补偿，得到补偿后的截面线，根据设计模型上各截面线的位置，将补偿后的截面线平移到补偿后的轮廓线对应位置上。以补偿后的轮廓线为引导线，采用多截面曲面重构的方法重构得到工艺模型控制面（N_{11}），并用于下一次数值模拟，通过多次迭代使型材零件回弹后满足成形精度要求。利用数值模拟分析下陷成形及其回弹过程，对下陷进行回弹预测和补偿，最终添加下陷结构形成工艺模型（N_{12}）。

5.2 型材零件模型离散方法与回弹表达

变曲率、变截面型材零件拉弯成形后会在腹板轮廓线和缘板面处产生回弹，造成成形后零件型面与赋形模具之间的偏差。在分析型材零件结构特点的基础上，分别对腹板轮廓线的回弹和缘板外形截面线的回弹进行表达，以进行回弹预测和补偿。

5.2.1 型材零件模型离散

复杂型材零件模型离散分别沿腹板轮廓线及其法向截面两个维度进行。去除型材零件模型的下陷结构提取外缘轮廓线和外形面，腹板轮廓线的离散采用等曲率分段算法，在此基础上，沿轮廓线离散点法平面对外形面截取外形截面线。如图5-5所示，以实例型材零件为例说明离散的方法。

1. 腹板轮廓线分段

提取型材零件模型参考面与腹板的交线，即腹板轮廓线或引导线，计算腹

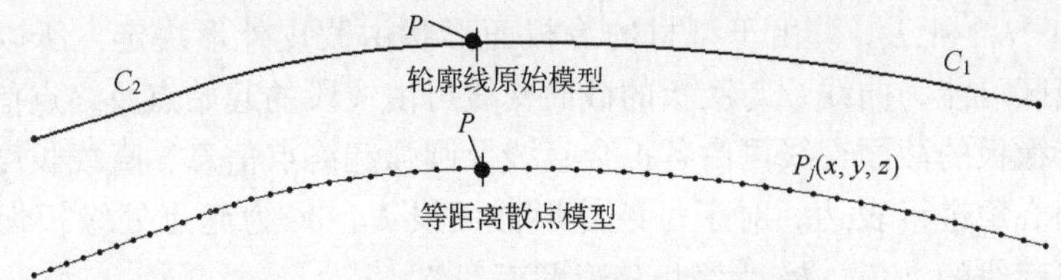

图 5-5　实例型材零件腹板轮廓线离散

板轮廓线上最高点 P 的位置，即毛料在拉弯过程中与模具型面最先接触的位置点。以 P 点为分界点将轮廓线分为左右两段 C_1、C_2，并以离散间距为 5mm 分别进行等距离散，得到等距离散点 $P_j(j=1,2,\cdots,m)$，分别测量各离散点处的曲率半径值 $K_j(j=1,2,\cdots,m)$。

设定腹板轮廓线离散分段精度为 Δd，在保证相邻离散点曲率半径之差在离散分段精度范围内，即 $K_{j+1}-K_j \leqslant \Delta d(j=1,2,\cdots,m)$ 的前提下，合并离散点得到 n 个等圆弧段，各段圆弧长度、半径和角度分别为 l_i、R_i 和 $\beta_i(i=1,2,\cdots,n)$，按照一阶连续拼接各圆弧段，得到最终的轮廓线分段结果。实例型材零件分段结果见图 5-6 和表 5-2，其中∞表示曲率半径无穷大，为直线段部分。

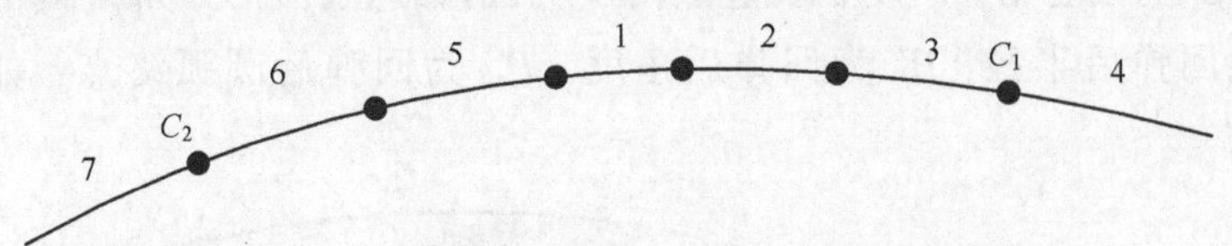

图 5-6　实例型材零件腹板轮廓线等曲率分段

表 5-2　实例型材零件腹板轮廓线等曲率分段几何数据

分段编号	角度/(°)	半径/mm	长度/mm
1	11.13	414.74	80.5
2	9.58	481.68	80.5
3	8.41	571.58	83.9
4	7.41	675.07	87.3
5	15.06	370.12	97.3
6	13.87	360.52	87.3
7	0	∞	148

2. 型面外形截面线离散

如图 5-7 所示，提取型材零件设计模型的型面，对角型材取外形面，在每个离散点 P_j 处作法平面 S_j，截取零件型面，形成零件型面外形截面线集合

$\{L_1, L_2, \cdots, L_j, \cdots, L_m\}$。由于型材的缘板面形状由蒙皮外形决定，所以外形截面线缘板区可能为曲线。与腹板的截面交线可由线段的起始点及终点信息进行表达；与缘板的截面交线可由各拟合直线及圆弧起终点信息、直线长度、圆弧半径及圆心角进行表达。对于每条外形截面线 L_j，α_j 为起点处缘板切线与腹板外形截面线的夹角，P_j^e 为缘板外形截面线终点。

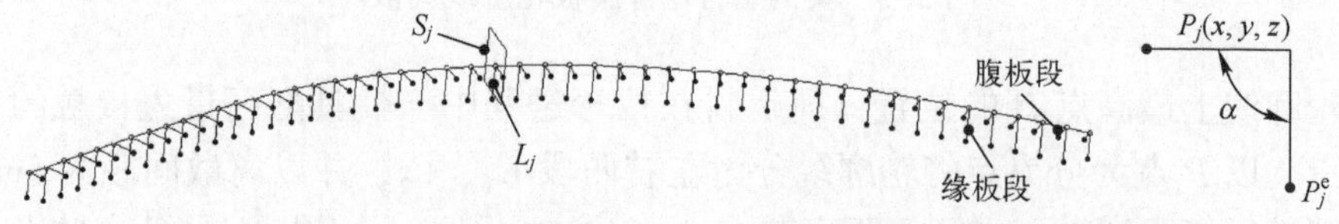

图 5-7　实例型材零件外形截面线离散几何数据

5.2.2　型材零件回弹表达

分别对复杂型材零件腹板轮廓线、缘板和下陷的回弹建立表达方法。

1. 腹板轮廓线方向成形回弹表达

腹板轮廓线离散的圆弧段 $\{l_1, l_2, \cdots, l_i, \cdots, l_n\}$，对于任一圆弧段 l_i，R_i 为圆弧半径，β_i 为圆心角，P_i^s 为圆弧起点，P_i^e 为圆弧终点；外力卸载后零件产生回弹，r_i^0 为回弹后半径，β'_i 为回弹后角度，$P_i^{e'}$ 为回弹后圆弧终点，如图 5-8 所示。

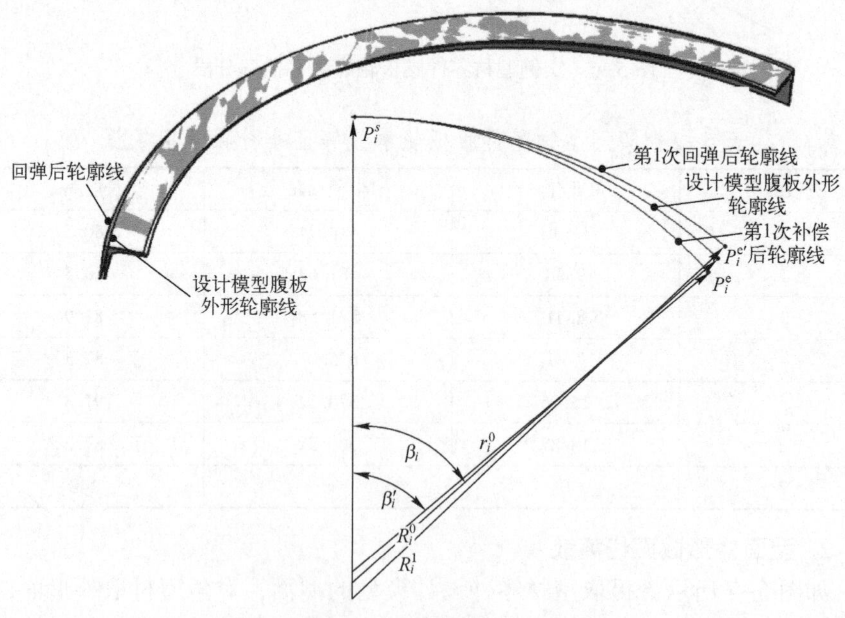

图 5-8　型材零件腹板轮廓线回弹量表达

假设各分段圆弧长度不变，则回弹后圆弧半径变大、对应的圆心角变小，则对任一段圆弧的回弹量，可按角位移或线位移表达。按角位移表达为

$$\Delta\beta_i=\beta_i-\beta'_i \tag{5-1}$$

或

$$\Delta R_i=r_i-R_i \tag{5-2}$$

按线位移表达为

$$\Delta d_i=|P_{ie}P'_{ie}| \tag{5-3}$$

面向解析法或基于知识的回弹量计算以及后续的型面重构，要求表达腹板轮廓线回弹前后的几何信息，型材零件工艺模型数据内容如图 5-9 所示。型材零件腹板轮廓线分段数据建立 XML 表达格式，如表 5-3 所列，用于解析法或基于知识的方法进行回弹预测，预测的回弹及补偿结果再以 XML 格式导出，利用轮廓线构造工具读取该文件，生成补偿后的轮廓线。

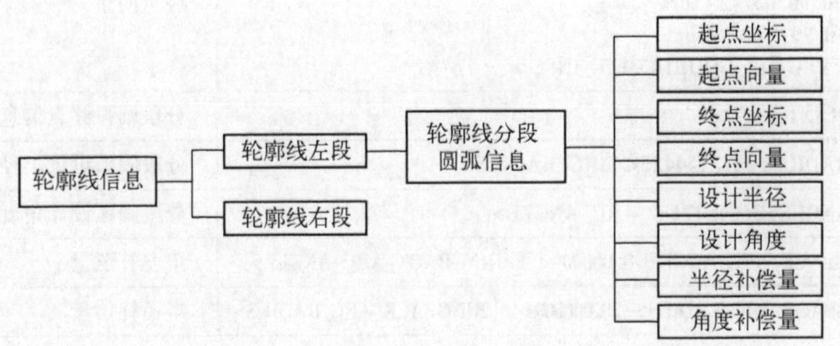

图 5-9　型材零件工艺模型数据内容

表 5-3　型材零件工艺模型数据格式

属　性	说　明
<?xml version="1.0" encoding="gb2312" ?>	XML 版本 1.0；字符为国标
<PART_RPOFILE >	零件 XML 信息节点
<PART_INFO ID="**LEFT**">	轮廓线左段信息节点
<SEGMENT_INFO ID="**1**">	分段圆弧编号
<STARTPOINT_INFO>	分段圆弧起点信息节点
<POINT_COORDINATE_INFO> <X>**2063.800000**</X> <Y>**314.701982**</Y> <Z>**0.000000**</Z> </POINT_COORDINATE_INFO>	起点坐标

续表

属　　性	说　　明
<POINTVECTOR_COORDINATE_INFO> <XDir>**0. 000000**</XDir> <YDir>**-0. 000003**</YDir> <ZDir>**-1. 000000**</ZDir> </POINTVECTOR_COORDINATE_INFO>	起点向量
</STARTPOINT_INFO>	分段圆弧起点信息节点
<ENDPOINT_INFO>	分段圆弧终点信息节点
<POINT_COORDINATE_INFO> <X>**2063. 800000**</X> <Y>**313. 659541**</Y> <Z>**-28. 067026**</Z> </POINT_COORDINATE_INFO>	终点坐标
<POINTVECTOR_COORDINATE_INFO> <XDir>**0. 000000**</XDir> <YDir>**-0. 063637**</YDir> <ZDir>**-0. 997973**</ZDir> </POINTVECTOR_COORDINATE_INFO>	终点向量
</ENDPOINT_INFO>	分段圆弧终点信息节点
<ARC_RADIUS>**441. 144425**</ARC_RADIUS>	分段圆弧设计半径
<ARC_ANGLE>**3. 648471**</ ARC_ANGLE>	分段圆弧设计角度
<SPRINGBACK_ARC_ANGLE>**0. 000000**</SPRINGBACK_ARC_ANGLE>	角度补偿量
<SPRINGBACK_ARC_RADIUS>**-20. 000000**</SPRINGBACK_ARC_RADIUS>	半径补偿量
</SEGMENT_INFO>	分段圆弧信息节点
</PART_INFO>	轮廓线信息节点
</PART_RPOFILE>	零件 XML 信息节点

2. 变截面型材零件缘板回弹表达

截面角度为 90°的型材完全贴模于变截面角度的模具型面上，缘板部分变形，在外力卸载后也会产生回弹，由缘板外形截面线的角位移或线位移表征。对于每条外形截面线 $L_j(j=1,2,\cdots,m)$，P_j 为轮廓线的离散点，P_j^{e} 为缘板外形截面线终点，$P_j^{e'}$ 为回弹后缘板外形截面线终点；α_j 为 P_j 处缘板切线与腹板外形截面线的夹角，α_j' 为其回弹后的角度。图 5-10 说明变截面型材零件任一缘板外形截面线回弹量的表达。

按角位移表示缘板外形截面线终点的切向量角度变化量：

$$\Delta\alpha_j=\alpha_j'-\alpha_j \tag{5-4}$$

按线位移表示为缘板外形截面线终点的距离值：

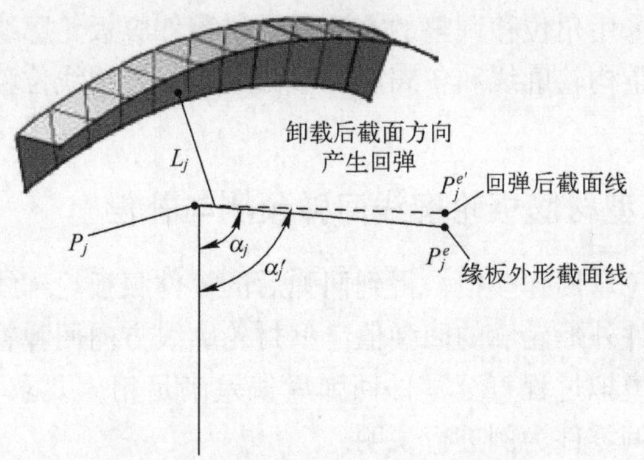

图 5-10　缘板外形截面线回弹量表达

$$\Delta d_j = \left| P_j^{e} P_j^{e'} \right| \tag{5-5}$$

3. 型材零件下陷结构回弹表达

型材零件拉弯成形后，在设备上通过冲压装置对下陷结构冲压成形。由于在压下陷的过程中，型材始终受到轴向拉伸的作用力，同时受到径向的下陷冲压块的冲压作用，所以成形过程中不能直接利用纯弯曲条件下的金属塑性成形原理进行分析。利用有限元软件进行下陷成形过程模拟及回弹分析，提取模拟结果中型材零件轴向轮廓线网格节点，分别记录这些网格节点在成形和回弹后的位置，得到如图 5-11 所示的曲线。从下陷结构回弹结果分析，一定深度的下陷，按线位移表达下陷区的回弹量 Δd。

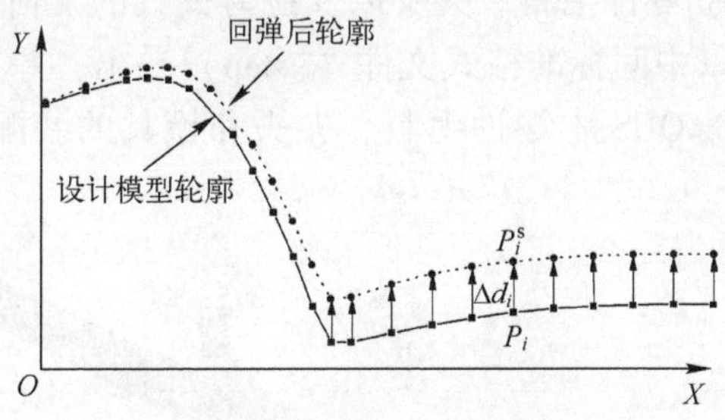

图 5-11　下陷结构回弹量表达

5.3　型材零件回弹预测与补偿

型材零件工艺模型设计的核心是对零件设计型面几何信息离散基础上进行回弹量预测与补偿，重构后形成工艺模型。下面将采用数值模拟的方法预测型材零件的回弹；采用角位移调整的方法对型材零件腹板轮廓线和缘板的回弹进行补偿，调整后重构轮廓线和各离散外形截面线；采用线位移调整的方法对下陷回弹进行补偿。

5.3.1 变曲率型材腹板轮廓线回弹预测与补偿

通过对型材拉弯回弹模拟，得到回弹后的零件腹板轮廓线，用于计算在给定工艺参数下零件外形轮廓的回弹值。型材轮廓线方向回弹补偿采用角位移调整的方法，迭代模拟过程直至零件回弹后偏差满足精度要求为止，如图 5-12 所示。这里以实例零件为例进行说明。

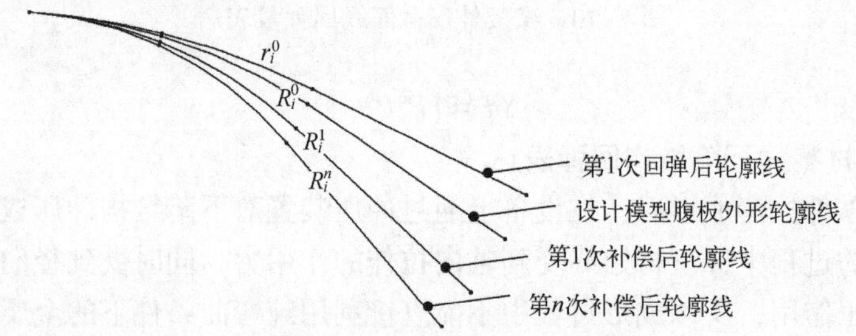

图 5-12 型材轮廓线方向回弹补偿

1. 有限元模型建立

1）几何模型建立

在 CATIA 中建立零件毛料、夹头以及拉弯模具的几何模型，然后将所建立的这些几何模型以中间标准格式文件（.step）导出，并在 ABAQUS 中导入这些文件，形成 ABAQUS 中零件毛料、夹头和模具的装配模型，如图 5-13 所示。

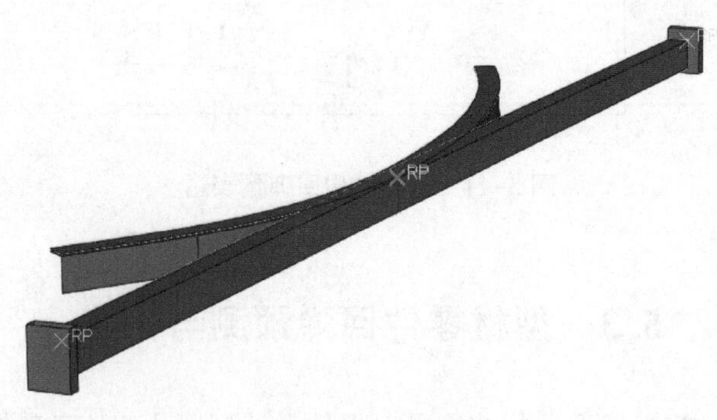

图 5-13 装配模型

拉弯装备包括拉弯模具和夹钳（夹头）。为了减少网格数量，加快运算速度，拉弯模具只考虑与材料接触的部分，其他部分忽略。夹钳对型材起夹持和施加拉力作用，在不影响夹钳作用的前提下，以矩形代替夹钳简化处理。由于拉弯模具、夹钳在拉弯成形过程中变形很小，所以为了简化求解过程，节省运算时间，选择离散刚体（discrete rigid）、壳体（shell）建立其几何模型，在模具的顶端创建参考点，在拉弯过程中通过限制参考点的所有自由度使拉弯模具固定不动；在夹钳的中心创建一个参考点作为夹钳运动几何中心，位移载荷施加在参考点上。

2）网格划分

型材拉弯成形是受拉力和弯矩作用的大位移、大转动问题。在弯曲半径与壁厚之比很大的情况下，型材厚度方向的应力通常远远小于其他应力分量，因此一般情况下忽略不计。基于薄壳理论的壳单元既能处理弯曲效应，又不像实体单元那样需要很长的计算时间和很大内存。为了节约时间，提高效率，选用能处理大位移和大转动等非线性问题能力的四边形壳单元（S4R）作为型材零件的单元类型，单元网格尺寸大小为 2～4mm。拉弯模具与夹钳则选用 R3D4 离散刚体壳单元，夹钳的单元尺寸为 4mm，模具的单元尺寸为 10mm，划分之后的网格模型如图 5-14 所示。

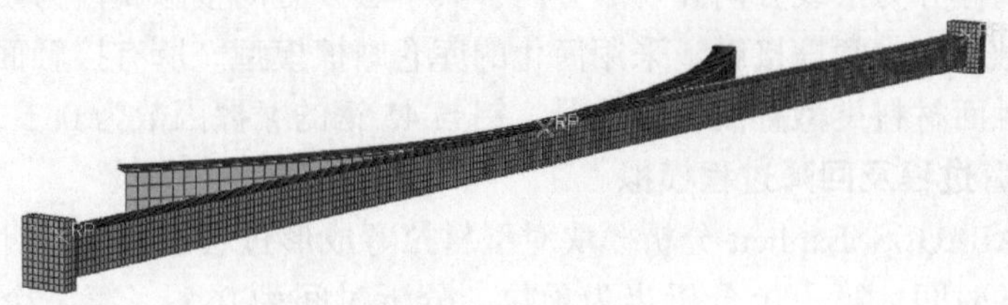

图 5-14　网格划分

3）材料模型

实例零件所用材料成形状态为 2024-W 新淬火状态铝合金。材料本构关系为弹塑性本构关系。假设该材料为各向同性的，符合 Mises 屈服准则。材料力学性能数据通过材料拉伸试验测定，如表 5-4 所列。

表 5-4　2024-W 材料力学性能数据

弹性模量/GPa	$\sigma_{0.2}$/MPa	泊松比
72	145	0.3

4）分析步建立

型材成形方式采取 P-M-P 的拉弯方式，建立 3 个分析步，分别表示零件成形过程中的预拉、弯曲、补拉。整个拉弯过程中模具被完全固定，夹钳做平动与转动的复合运动，由于夹头的转动中心点并不在模具的对称中心线上，并且夹钳在运动过程中始终与模具相切。因此，在拉弯过程中必须要控制型材端部角度的变化，使其与模具保持相切。

5）接触条件建立

在型材拉弯成形过程中，定义面面接触，模具型面作为主面，型材的内型面和腹板面作为从面分别与模具的上表面和侧面接触，型材与拉弯夹钳之间为固定的线接触，拉弯夹钳上有一个控制点，通过控制点的运动，带动型材弯曲与模具进行接触，如图 5-15 所示。

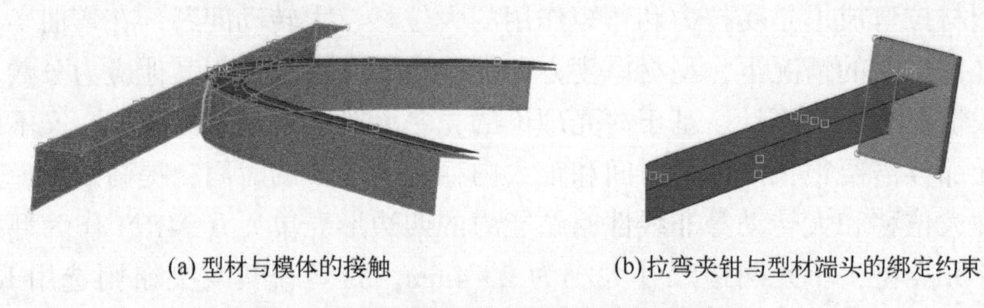

(a) 型材与模体的接触　　(b) 拉弯夹钳与型材端头的绑定约束

图 5-15　拉弯成形过程接触条件的建立

接触属性分为法线方向和切线方向，其中法线方向接触属性为硬接触，切线方向接触属性为摩擦接触。采用简化的库仑摩擦模型。所有接触面的摩擦因数根据接触面材料类型查阅材料手册，铝与 45 钢的摩擦因数为 0.1。

2. 拉弯过程及回弹过程模拟

采用 ABAQUS/Explicit 分析模块对型材拉弯成形过程进行模拟计算，设置各分析步的时间。第一个分析步为预拉，分析时间为 0.3s。第二个分析步为弯曲，分析时间为 2s。第三个分析步为补拉，分析时间为 0.3s，计算结果如图 5-16 所示。

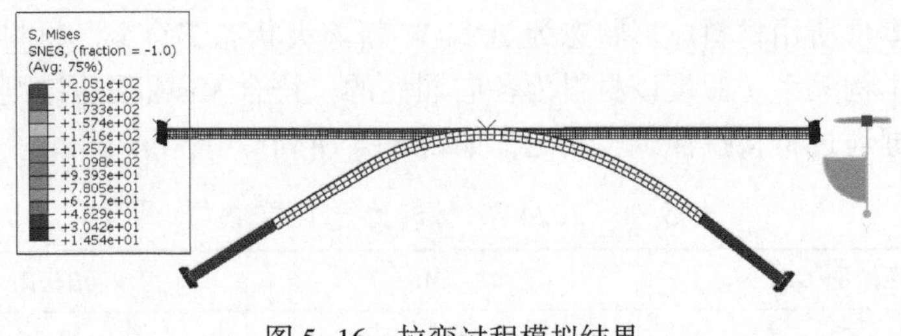

图 5-16　拉弯过程模拟结果

选用 ABAQUS/Standard 分析模块对零件成形后的回弹过程进行模拟计算，

结果如图 5-17 所示。导入型材零件拉弯过程模拟结果，作为型材零件回弹前的初始应力值，建立一个分析步 Step-1，回弹模拟结束后输出结果文件，可命名为 Springback. odb。

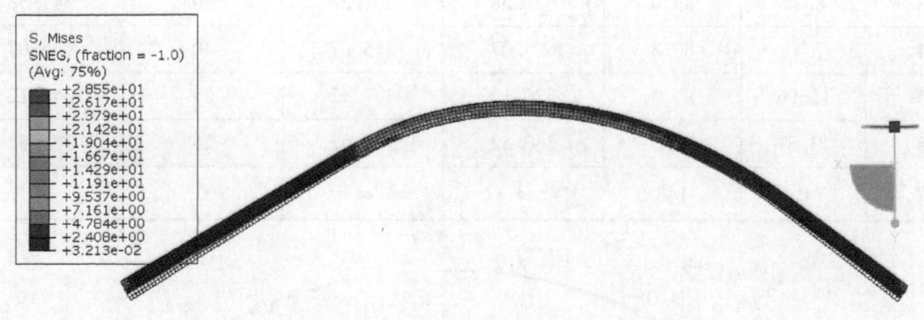

图 5-17　回弹过程模拟结果

3. 回弹量确定与补偿

通过读取型材零件回弹后数据文件，即可在 CAD 中建立回弹后轮廓线的节点坐标，通过样条线拟合形成回弹后型材零件的轮廓线即回弹后模型，得到轮廓线各圆弧分段终点回弹前后的位移量，如图 5-18 所示。

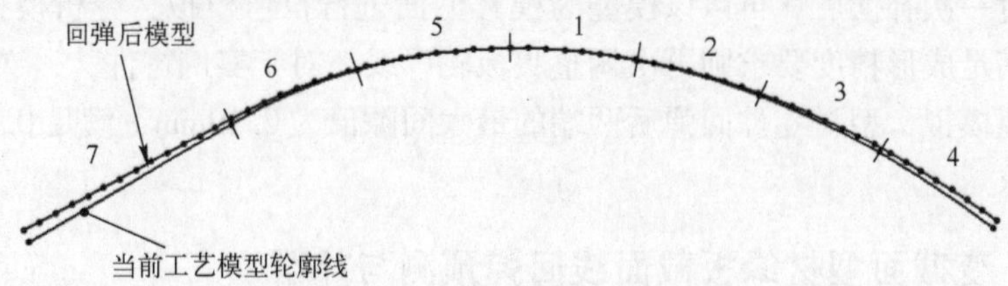

图 5-18　回弹后腹板轮廓线模型

根据零件回弹后轮廓线几何数据，计算每个分段的回弹量，对于圆弧段 i，半径为 R_i^0，第一次数值模拟得到回弹后的半径 r_i^0，进行半径补偿，第一次修正后的半径为 R_i^1（表 5-5），将调整后圆弧段按一阶连续拼接形成补偿后轮廓线模型（图 5-19）。

$$R_i^1 = R_i^0 - (r_i^0 - R_i^0) \tag{5-6}$$

表 5-5　实例零件腹板轮廓线回弹预测及补偿数据

分段编号	圆弧角度/(°)	圆弧长度/mm	圆弧设计半径/mm	回弹后半径/mm	半径回弹量/mm	补偿后半径/mm
1	11. 13	80. 5	414. 74	429. 74	15	399. 74
2	9. 58	80. 5	481. 68	501. 68	20	461. 68

续表

分段编号	圆弧角度/(°)	圆弧长度/mm	圆弧设计半径/mm	回弹后半径/mm	半径回弹量/mm	补偿后半径/mm
3	8.41	83.9	571.58	601.58	30	541.58
4	7.41	87.3	675.07	715.07	40	635.07
5	15.06	97.3	370.12	397.12	27	343.12
6	13.87	87.3	360.52	385.52	25	335.52
7	0	148	∞	∞	0	∞

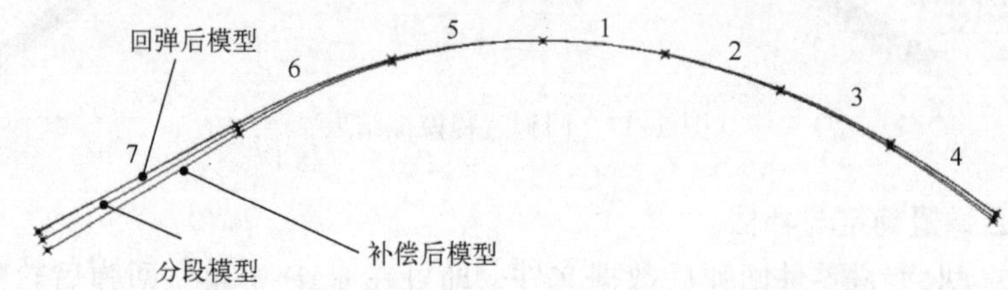

图 5-19　实例零件腹板轮廓线一次补偿后结果

经过一次补偿后，再以该模型为模具型面进行拉弯模拟，分析模拟结果，如果不满足成形精度要求则再次调整腹板轮廓线。对于实例零件，一次补偿后进行数值模拟，型材零件回弹后两端的最大间隙值为0.19mm，满足0.5mm的精度要求。

5.3.2　变截面型材缘板截面线回弹预测与补偿

对于变截面型材零件外形截面线，对其所代表的缘板结构单元，采用解析法计算回弹角，计算外形截面线的回弹量：

$$\Delta\alpha_i \approx \left(\frac{3\sigma_{0.2}}{E}\times\frac{R}{t}+\frac{D}{E}\right)|\alpha_i-90°| \tag{5-7}$$

式中：α_i 为缘板外形截面线角度；E 为零件弹性模量；$\sigma_{0.2}$ 为屈服极限；D 为应变刚模量；R 为型材缘板与腹板圆角区的半径；t 为缘板厚度。

如图 5-20 所示，沿缘板回弹的反方向进行补偿，以补偿后的腹板轮廓线为引导线，对补偿后的各离散外形截面线，以多截面曲面构造得到补偿后的外形面。

实例零件为变截面型材零件，缘板外形截面线角度的变化范围为 85°～95°，R=2mm，t=2mm；零件材料 E=72GPa，D=3743.6MPa，$\sigma_{0.2}$=542MPa。选取型材零件最小的截面角度为 α=85°，代入式（5-7），得

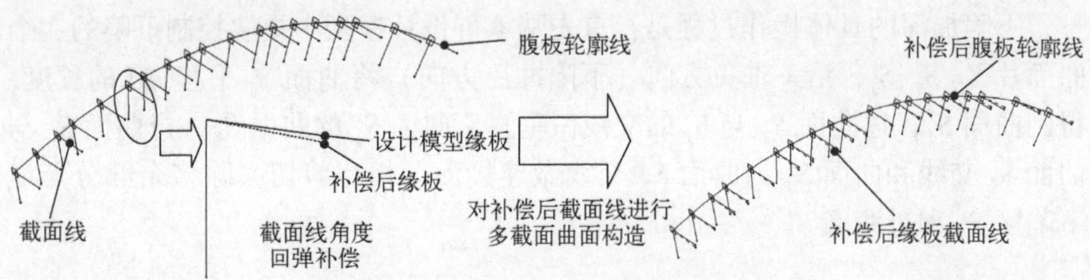

图 5-20　缘板外形截面线回弹补偿

$$\Delta\alpha=\left(\frac{3\times542}{72000}\times\frac{2}{1.5}+\frac{3743.6}{72000}\right)\times|85°-90°|=0.407°$$

型材零件缘板高度为 H，则缘板外沿端头的回弹可按下式近似计算：

$$\Delta d=\pi H\alpha/180 \tag{5-8}$$

实例型材零件缘板高度为 18mm，缘板回弹的外形偏差为

$$\Delta d=3.14\times18\times0.407/180=0.128\text{mm}$$

因此，缘板的回弹角度和距离均在公差要求范围内，所以不需要对该零件缘板外形截面线进行回弹补偿。由于变截面型材零件腹板与缘板角度的变化一般在 5°以内，且弯曲半径较小，回弹所造成的外形偏差均小于 0.5mm，因此，对缘板的回弹通常不予补偿。

5.3.3　型材拉弯零件下陷结构回弹预测与补偿

型材拉弯零件的下陷结构主要包括下陷过渡区和下陷区。采用有限元分析拉弯状态下陷结构成形和回弹过程，对于下陷区边缘的节点，提取其回弹的距离。型材零件下陷结构的回弹补偿采用下陷加深的线位移调整方法。

如图 5-21 所示，在工程中采用单向补偿方法，不需要逐个调整每个节点，而是将下陷区作为一个整体，位移调整的方向为压制下陷的方向（图中 Y 轴负向），调整的位移值为有限元分析下陷区每个节点回弹量的平均值 Δd。调整后形成的新型面后再进行有限元分析，直至回弹后外形的偏差小于制造偏差要求。

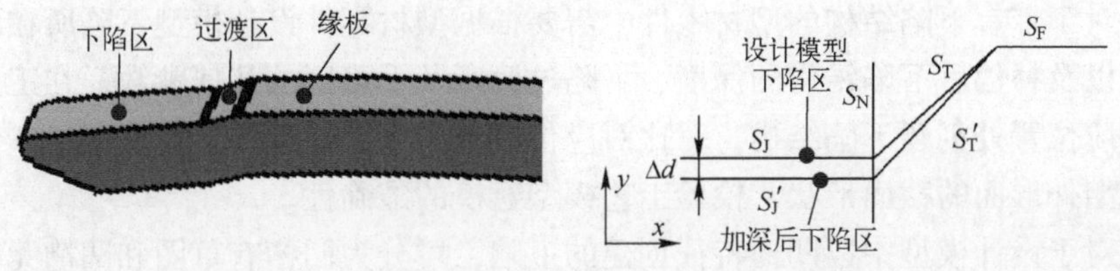

图 5-21　型材零件下陷结构单向回弹补偿

下陷加深的具体操作过程是：首先从零件设计模型中提取控制下陷的 3 个曲面片 S_F、S_T、S_J，沿 y 轴负方向（下陷冲压方向）将曲面 S_J 平移 Δd 的长度，得到曲面 S_J'，过曲面 S_T 与 S_J 的交线做垂直于曲面 S_J' 的曲面 S_N，过曲面 S_F 与曲面 S_T 交线和曲面 S_J' 与曲面 S_N 交线做连接面，相互剪切去除多余部分形成下陷区 S_J' 和过渡区 S_T'。

5.4　型材零件工艺模型的建模与应用

对于定截面型材零件，根据补偿后腹板外形轮廓线和截面形状构造工艺模型控制面；对于变截面的型材零件，则补偿后腹板外形轮廓线和各离散点的外形截面线重新构造工艺模型控制面；再根据型材截面建立工艺模型；对于带下陷结构的型材零件，根据下陷的位置关系添加下陷结构，形成最终的工艺模型。

5.4.1　工艺模型建模

对于变截面的型材零件，补偿后腹板外形轮廓线与型材零件原始轮廓线弧长相等，因此，零件原始轮廓线的等距离散点与补偿后腹板外形轮廓线等距离散点存在对应关系。如图 5-22 所示，型材零件的外形截面线平移到补偿后轮廓线相对应离散点处，以补偿后的轮廓线为引导线，以补偿后的各离散外形截面线为基准，以多截面曲面构建工艺模型控制面；以工艺模型控制面为基准，向型材零件弯曲的方向进行厚曲面的操作，其中厚曲面的厚度根据型材零件规格厚度值进行确定，得到补偿后的工艺模型。

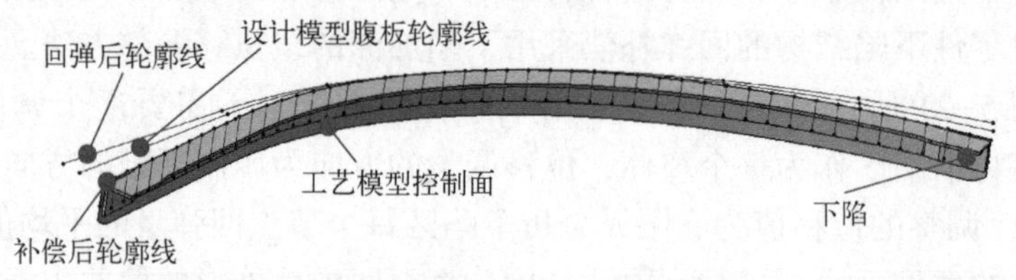

图 5-22　型材零件工艺模型建模

对于带有下陷结构的型材零件，需要根据型材零件设计模型下陷所在的位置，以及补偿后下陷结构的深度、下陷过渡区及下陷区的几何参数，在工艺模型对应位置处创建下陷结构。对比对应位置处的设计模型外形面截面形状和工艺模型外形面的截面形状，检验工艺模型建模的准确性。

对于设计模型中以凹槽特征创建的下陷，可分为凹槽有草图和凹槽无草图两种类型。对于用凹槽特征创建下陷，凹槽以下陷外形面为参考且由草图来定位的情况，在重构时，只需替换下陷外形控制面即可，无须考虑定位问题，如图 5-23 所示。

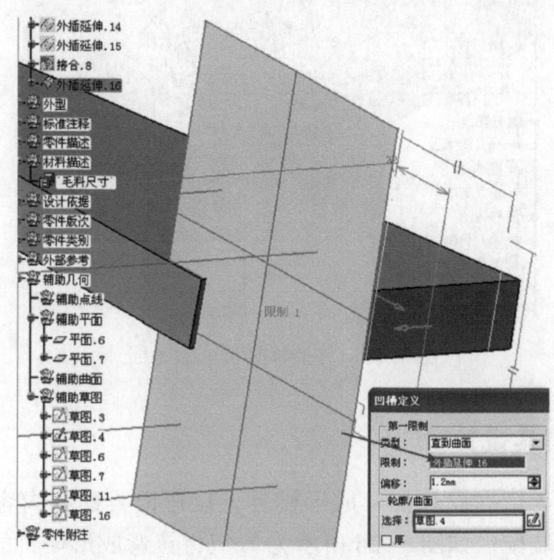

图 5-23　替换下陷参考面

对于用凹槽特征创建下陷，凹槽仅以下陷外形面为参考的情况，在重构时须考虑定位问题，在创建凹槽后，通过厚度特征保证下陷区长度尺寸和设计模型一致，如图 5-24 所示。

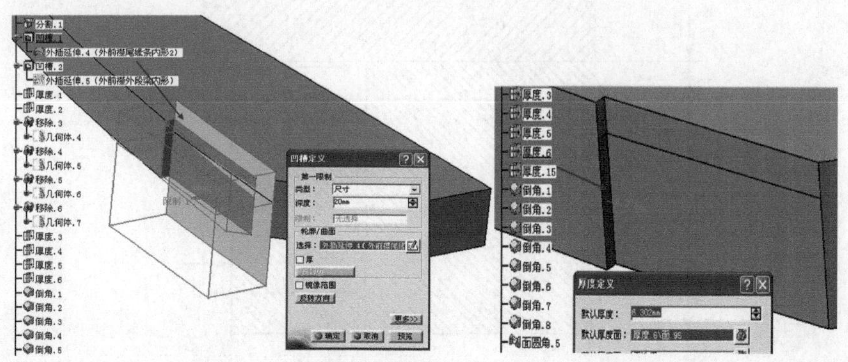
图 5-24　用厚度特征保证下陷区长度不变

对于以移除几何体方式创建下陷的情况，当要移除的几何体外形很大时，首先将其分割到合适大小，再用回弹补偿后的下陷外形控制面替换要移除几何体的外形参考面，之后再做移除，就可得到补偿后的下陷，如图 5-25 所示。

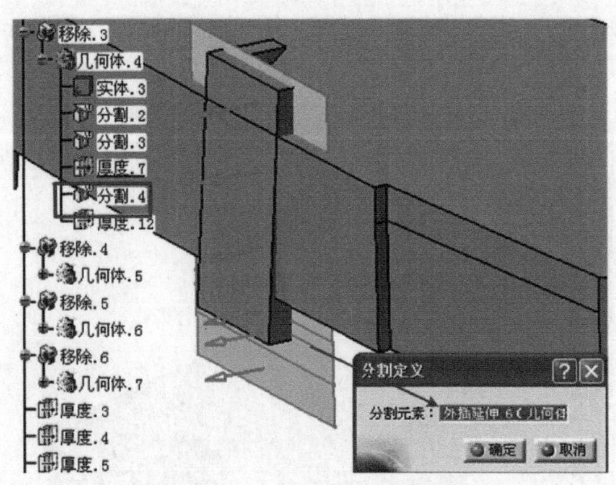

图 5-25 替换移除特征参考面

5.4.2 拉弯模具设计

以工艺模型为依据设计拉弯成形模具，拉弯模具建模内容包括主模体建模、盖板建模和装配。如图 5-26 所示为 L 型材拉弯成形模具的结构参数。为了减小拉弯过程中零件与模具接触面上的摩擦力，避免零件因摩擦力过大而拉断，需调整模具与型材间的间隙，一般取 0.3mm。下面以实例零件为例说明其模具设计过程。

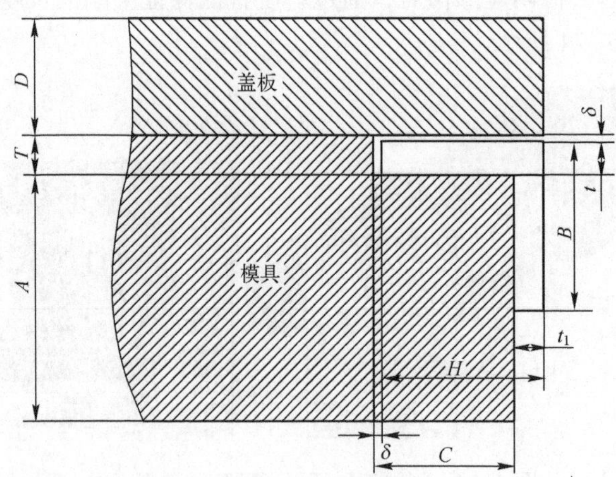

图 5-26 L 型材拉弯成形模具结构参数

1. 主模体建模

根据拉弯机的型号和规格，确定模具的草图，根据模具主模体厚度要求，创建毛坯模型实体。提取拉弯工艺模型内型面的边界线，沿各边界线的切线方向对工艺模型内型面进行外插延伸，使延伸后的曲面大于毛坯模型的工作面。将整个面体导入已创建的主模体毛坯模型中，并对毛坯实体模型进行切割，得到切割后的模具主体，对各棱边进行倒圆角处理，设计定位孔以及吊环孔，得到主模体模型（图 5-27）。

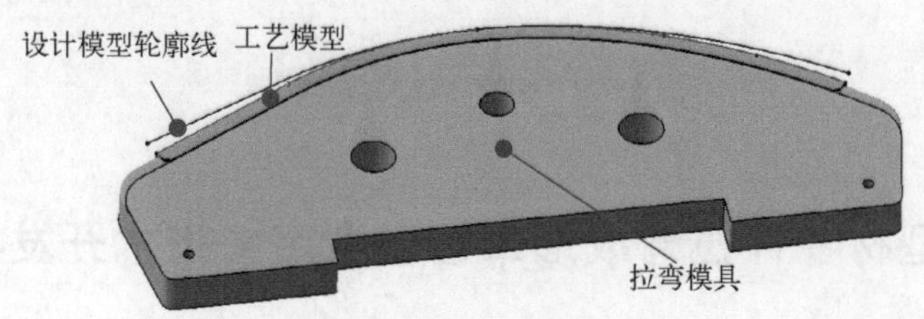

图 5-27　主模体模型

2. 盖板建模

根据主模体底面的形状创建模具盖板，设计盖板的螺栓孔。复制毛坯模型中草图，提取工艺模型轮廓线，在草图平面投影，固定草图毛坯底部及平面上孔的位置，修改草图，使毛坯模型草图中非工作面位置段能与工艺模型轮廓线相切。根据修改过的盖板草图拉伸创建凸台结构，凸台的拉伸高度以模具盖板厚度设计要求为准，对盖板上螺栓孔进行沉头设计，得到盖板模型（图 5-28）。

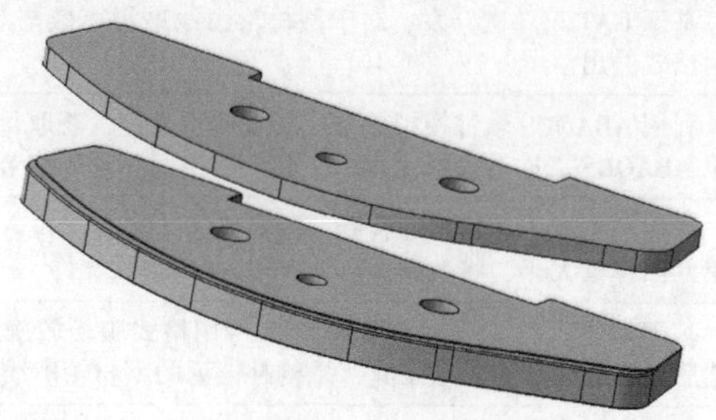

图 5-28　盖板模型

3. 模具装配及检验

将模具主体、盖板和工艺模型进行装配，调整三者处于实际工作位置状态，重点检查主模体和盖板的间隙、零件腹板与模具主体间隙是否合理，主模体与盖板上的螺栓孔、定位销等孔位是否一一对应和对齐，检查补偿后的工艺模型实体与主模体是否完全贴合。最终装配形成整套拉弯模具模型（图 5-29）。

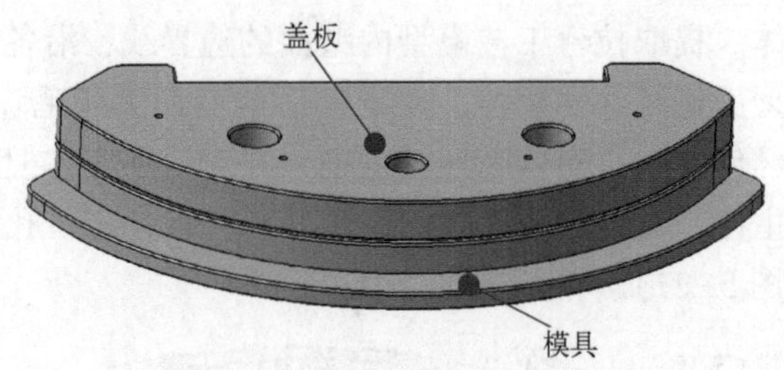

图 5-29　装配完成的拉弯模具

5.5　型材零件拉弯成形工艺模型定义技术开发与验证

5.5.1　技术开发

应用型材拉弯成形工艺模型定义方法，工程化开发了包含型材腹板轮廓线分段、回弹量计算、腹板轮廓线重构、变截面型面重构等功能的软件工具，基于 ABAQUS 的有限元分析结果提取工具，拉弯工艺知识库，制定了型材拉弯数字化制造工艺规范，其软件工具如表 5-6 所列。

表 5-6　开发的型材拉弯工艺模型定义软件工具

功　能	描　述
腹板轮廓线分段	基于 CATIA 二次开发，对于型材轮廓线进行离散与等曲率分段，以 XML 专用格式输出
有限元分析结果读取	利用 ABAQUS 软件模拟拉弯成形及回弹过程，获取每个圆弧段的回弹量，基于 ABAQUS 二次开发数据读取工具，输出回弹轮廓线节点坐标
拉弯回弹量计算	采用解析或基于知识的智能预测等方法计算型材拉弯回弹量，确定每个结构单元回弹量大小，将数据保存到 XML 专用格式文件
轮廓线回弹补偿	基于 CATIA 二次开发，读取 XML 专用格式腹板轮廓线回弹补偿数据重构补偿后轮廓线，回弹补偿工具，重构补偿后的型材轮廓线
补偿后型面创建	基于 CATIA 二次开发，对于变截面型材，对外形面截面线进行离散、根据补偿前后轮廓线进行平移并重构，创建与腹板轮廓线随动的外形面

型材零件拉弯成形工艺模型定义流程如图 5-30 所示。提取型材零件几何信息，可选择解析计算、基于知识或试验 3 种方式确定回弹量，其中，对于试验数据可直接采用基于离散曲率的回弹量计算和补偿方法，得到补偿后腹板轮廓线；其余方法则采用分段、回弹量计算和补偿的过程重构得到腹板轮廓线；对于变截面型材，使用补偿后型面的创建工具，构造工艺模型控制面，在此基础上建立工艺模型。

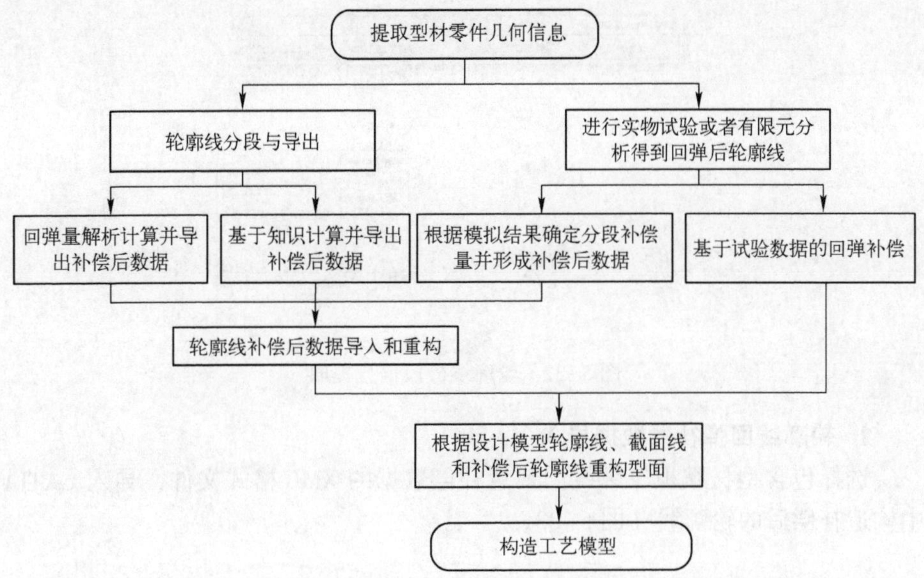

图 5-30　型材零件拉弯成形工艺模型定义流程

1. 轮廓线分段与导出

如图 5-31 所示，采用 CATIA 的提取功能得到设计模型的腹板轮廓线，提取的特征线应为无中间分割点的完整曲线。对于中间有分割点再通过多重提取或者通过接合得到曲线，可以对其进行离散，然后对离散点拟合形成完整的曲线。

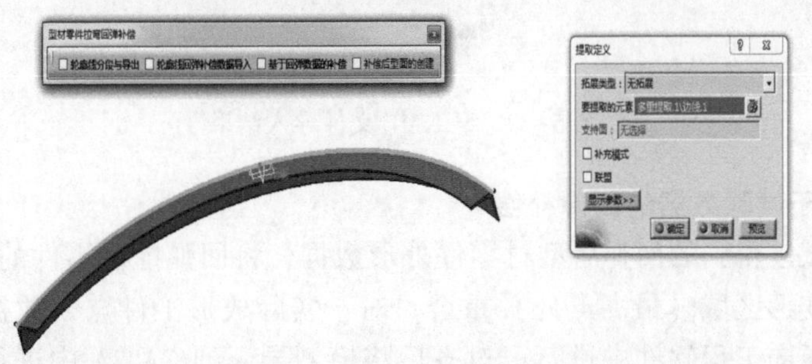

图 5-31　设计模型特征线的提取

如图 5-32 所示，输入离散点数，将提取的腹板轮廓线进行分段，计算结束后，以 XML 专用格式文件导出，用于回弹量计算。

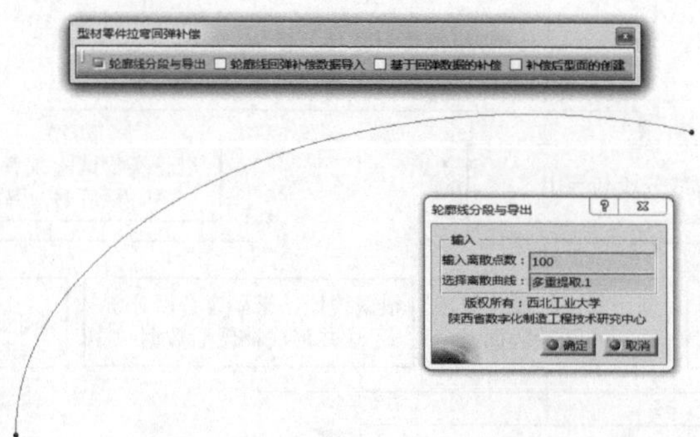

图 5-32　轮廓线分段信息提取

2. 轮廓线回弹补偿数据导入

选择包含型材腹板轮廓线回弹量补偿数据的 XML 格式文件，导入 CATIA 中构造补偿后的轮廓线（图 5-33）。

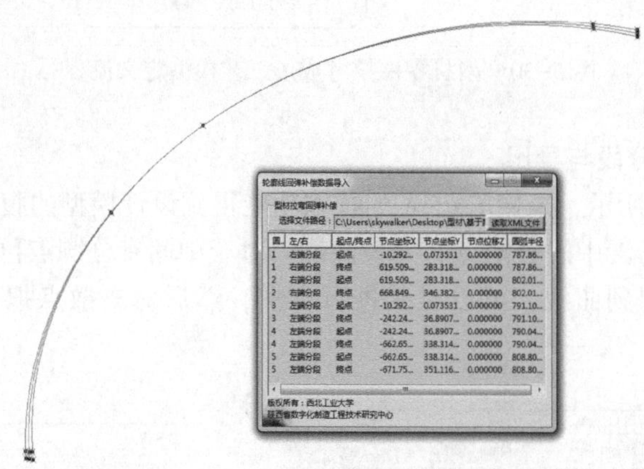

图 5-33　某 XML 文件导入结果

3. 基于试验数据的回弹补偿

导入试验得到的回弹后型材零件外形数据，将回弹前后零件的数据对齐，保证初始变形区域（最高点处）重合。对于实际成形工件点云数据，对齐步骤可以在逆向工程软件中进行，对齐后将模型导入到 CATIA 中进行补偿。对于回弹后的数据，如果是通过对实物试验件三维扫描仪得到的点云模型，在 CATIA 的点云处理模块得到的轮廓线，应用 Curve from scan 生成曲线；如果是通过有限元分析得到的回弹后离散坐标，在 CATIA 中拟合成样条线。

如图 5-34 所示，选择回弹前后的轮廓线，选择曲线的顺序为：先选择原轮廓线，后选择回弹之后的轮廓线；输入离散点数，离散点的间距应该不小于

1mm；然后进行回弹补偿，生成补偿后的轮廓线。

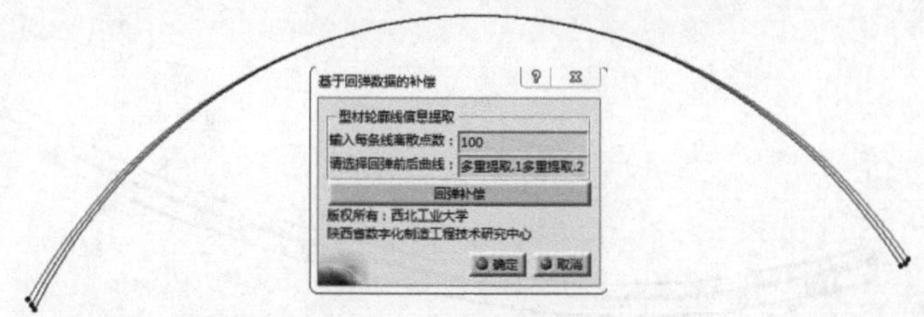

图 5-34　基于试验数据的回弹补偿

4. 补偿后型面的创建

对于等截面型材零件，以型材截面和补偿后轮廓线为输入，利用 CATIA 的肋创建功能，得到补偿后的工艺模型。

对于变截面型材零件，因为截面之间的变换无法自动进行，因此，无法采用 CATIA 自带的肋创建功能。如图 5-35 所示，输入截面数目、原零件型面或者选择原零件实体、设计模型和补偿后的轮廓线，计算生成补偿后的工艺模型型面。

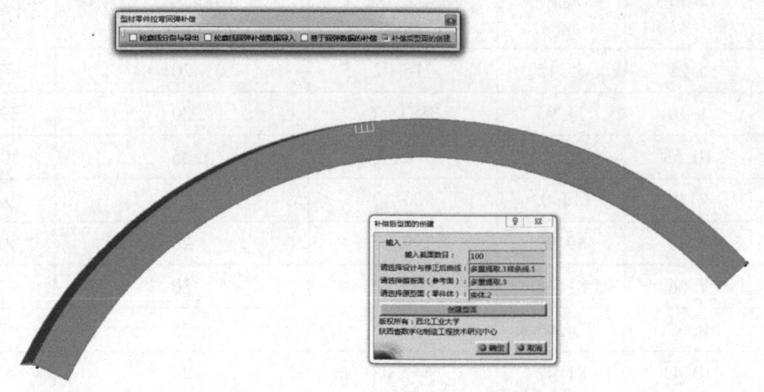

图 5-35　变截面型材零件型面创建

5.5.2　技术验证

如图 5-36 所示型材零件，材料为 2024-O，外形变曲率、带多个下陷，弯曲方式为收边，其外形曲率单向变化；截面规格为 XC114-15，腹板厚度为 1.5mm、宽度 25mm，缘板高度 18mm、厚度为 2mm，截面角度 93°。对以数值模拟预测回弹量值进行补偿，建立的工艺模型用于型材拉弯零件模具设计、加工和成形试验；采用数字化检测的方法获取成形工件的数据，分析工件外形的偏差值，验证上述方法的有效性。

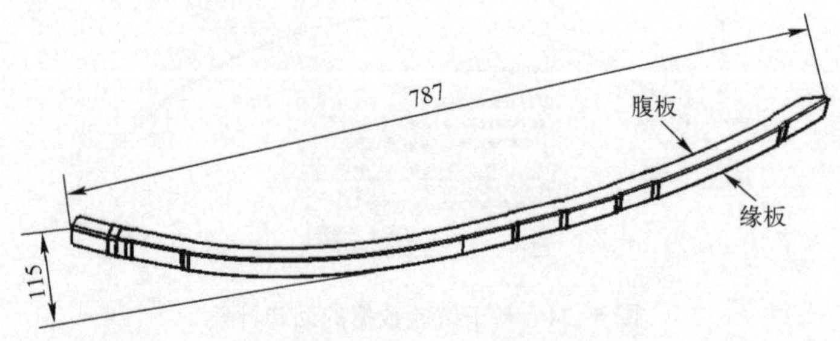

图 5-36 验证用实例型材零件

1. 成形工艺模型设计

提取去除下陷后的型材零件外缘轮廓线，对轮廓线进行分段，利用数值模拟对拉弯过程及回弹过程进行模拟，得到回弹后的轮廓线，进而求得回弹补偿后各分段圆弧的半径，得到结果如表 5-7 所列。

表 5-7 变曲率多下陷零件分段及回弹预测结果

分段编号	圆弧角度/(°)	圆弧长度/mm	圆弧设计半径/mm	模拟计算的半径回弹量/mm	回弹后半径
1	5.21	65.15	716.02	20	736.02
2	1.10	74.93	3881.86	80	3961.86
3	10.53	192.22	1045.55	25	1070.55
4	7.40	114.02	900.30	22	922.30
5	2.80	39.09	799.07	20	819.07
6	7.66	81.43	608.80	30	638.80
7	8.67	74.45	491.50	25	516.50
8	10.43	81.42	447.03	20	467.03
9	7.12	109.35	879.58	35	914.58

1）零件轮廓线离散与分段

提取实例型材零件外缘轮廓线，在轮廓线最高点处将轮廓线分割为左右两段；利用型材零件分段与导出功能，分段精度取 0.1mm，得到如图 5-37 所示的分段结果，以 XML 专用格式导出。

2）基于数值模拟回弹预测

提取实例型材零件设计模型型面作为模具型面，模具作为刚体，建立壳体模型。利用毛料长度计算公式求得毛料长度：$L=832.106+2(20+40+120+50)=$

1292.106mm，根据毛料长度进行建模，同时创建夹头和盖板，并将各部件装配到一起，对于零件材料网格尺寸大小为 2mm，模具、盖板及夹头网格大小为 10mm，如图 5-38 所示。

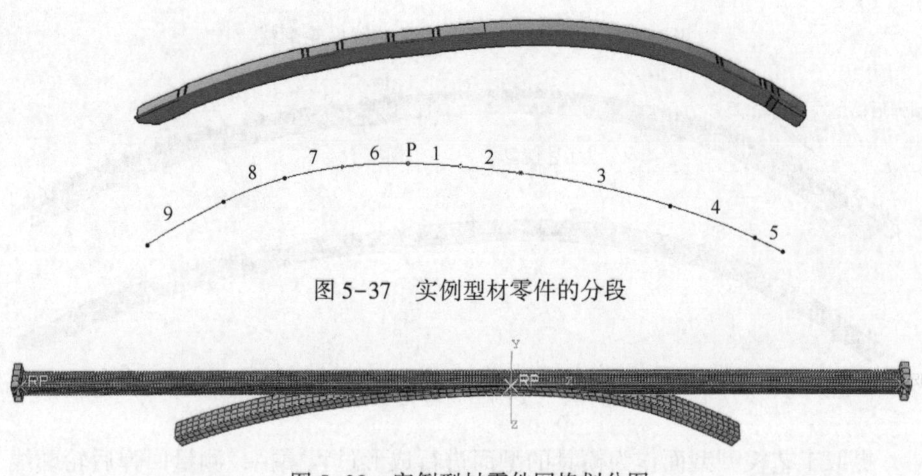

图 5-37　实例型材零件的分段

图 5-38　实例型材零件网格划分图

拉弯成形工艺参数选择预拉量为 0.3%，补拉量为 1%，进行拉弯成形过程模拟计算和回弹模拟计算（图 5-39）。根据回弹模拟结果计算实例型材零件各段圆弧回弹后的半径值，如表 5-7 所列。

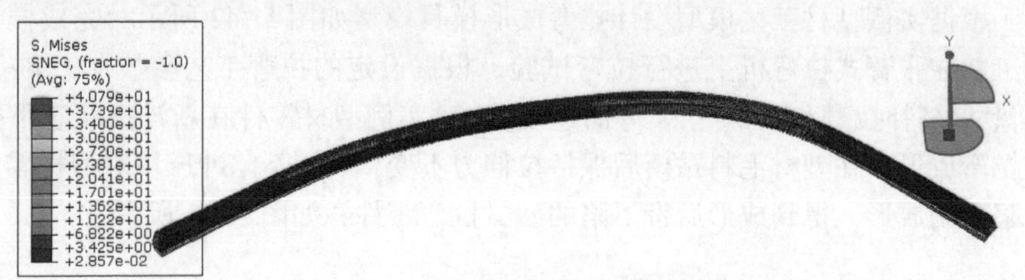

图 5-39　实例型材零件回弹模拟结果

3）回弹补偿与工艺模型建立

根据数值模拟预测所得各段圆弧回弹量进行回弹补偿，作用到设计模型轮廓线的对应圆弧段上。利用型材拉弯回弹补偿工具，读取实例型材零件回弹补偿后数据，得到补偿后轮廓线，如图 5-40 所示。

利用补偿后型面的创建功能，将截面线平移到补偿后轮廓线上对应节点，通过将平移后的截面线以多截面曲面创建工艺模型的参考型面，根据参考面做零件的工艺模型。利用下陷加深的方法对下陷回弹补偿，加深值取 0.267mm；在工艺模型对应位置添加下陷结构，如图 5-41 所示。

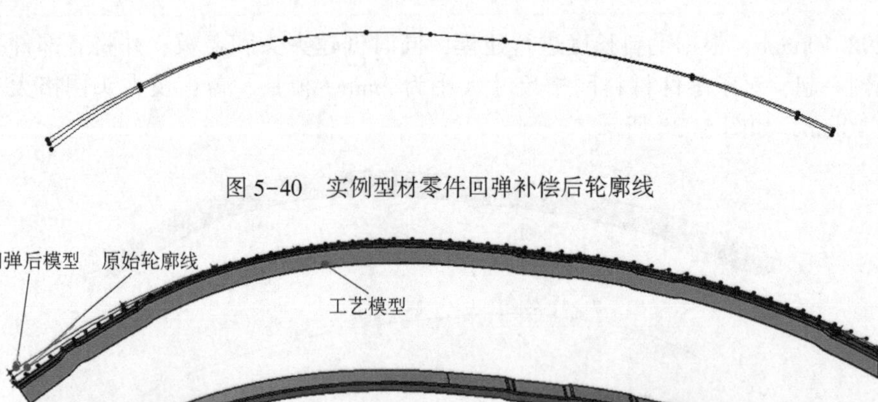

图 5-40　实例型材零件回弹补偿后轮廓线

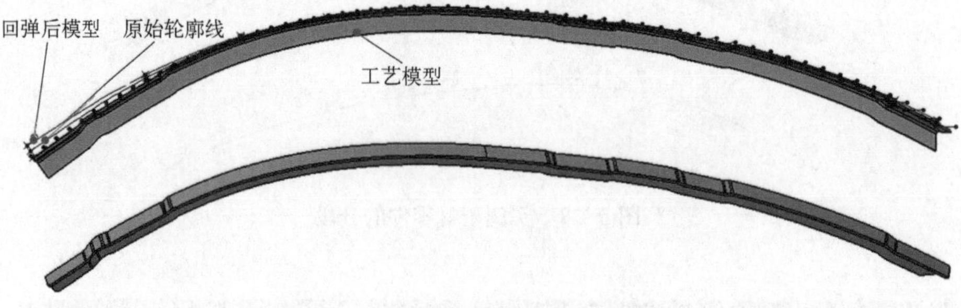

图 5-41　实例型材零件工艺模型

提取工艺模型型面作为模具的型面进行成形过程模拟，测量回弹后轮廓线与设计轮廓线端头处的偏差，左端偏差为 0.364mm，右端偏差为 0.413mm，两端端头处偏差均在外形偏差要求 0.5mm 范围内，即一次补偿即可满足成形精度要求。

2. 试验验证

根据实例型材工艺模型设计拉弯成形模具模型如图 5-42 所示，完成模具加工并在张臂式拉弯机上进行拉弯试验。根据设定的拉弯工艺参数（0.3%预拉量，1%补拉量和 1.5(°)/s 弯曲速度），对实例型材零件在新淬火状态下数控拉弯成形，在型材毛料贴模后保持拉伸力不变，利用下陷冲压块对型材零件下陷压制成形，得到成形后带下陷的型材拉弯零件，如图 5-43 所示。

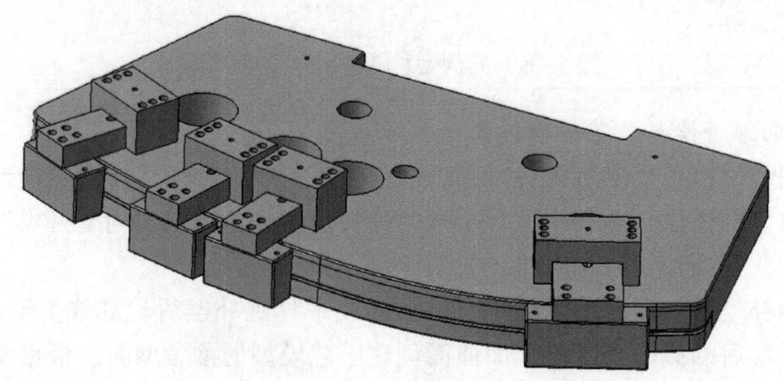

图 5-42　实例型材零件拉弯模具模型

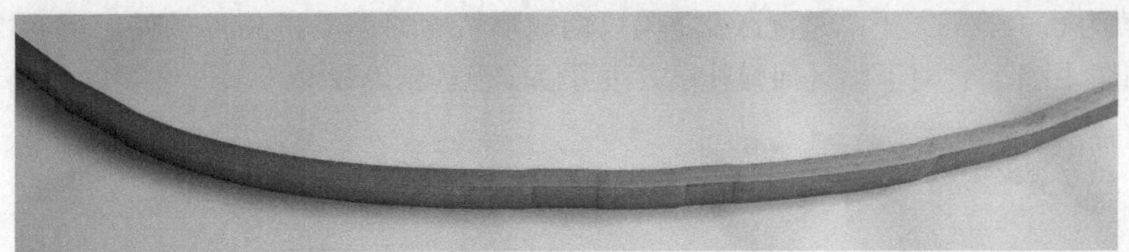

图 5-43　实例型材零件成形工件

对实例型材零件成形工件进行三维扫描，利用逆向工程软件将扫描后的点云数据与设计模型进行对比分析，选定点处的零件外形与设计模型的偏差值如图 5-44 所示，零件左端下陷处最大偏差 1.087mm，右端最大偏差为 0.477mm，平均间隙值为 0.58mm。可以看出，通过数值模拟计算的型材零件拉弯回弹量显著提高了成形精度，但仍未全部达到精度要求，因此需要对轮廓线回弹补偿方法进一步优化，通过对数值模拟预测的回弹量理论值以一定系数进行修正，以实现精确成形。

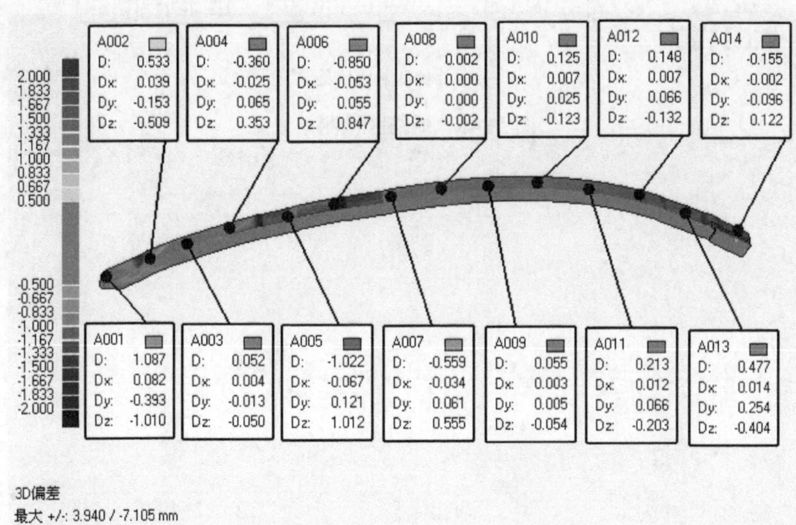

图 5-44　实例型材零件检测结果

为保证下陷区的检测精度，提取成形下陷区的点云数据，同时在设计模型中提取相同位置处的外形面，在逆向工程软件中进行对齐操作，得到下陷区检测结果，如图 5-45 所示。检测结果显示，回弹补偿后下陷区的成形偏差最大值为 0.313mm，下陷过渡区及下陷区的成形精度均小于 0.5mm 的外形精度要求，因此，针对下陷区回弹补偿方法可以实现其精确成形。

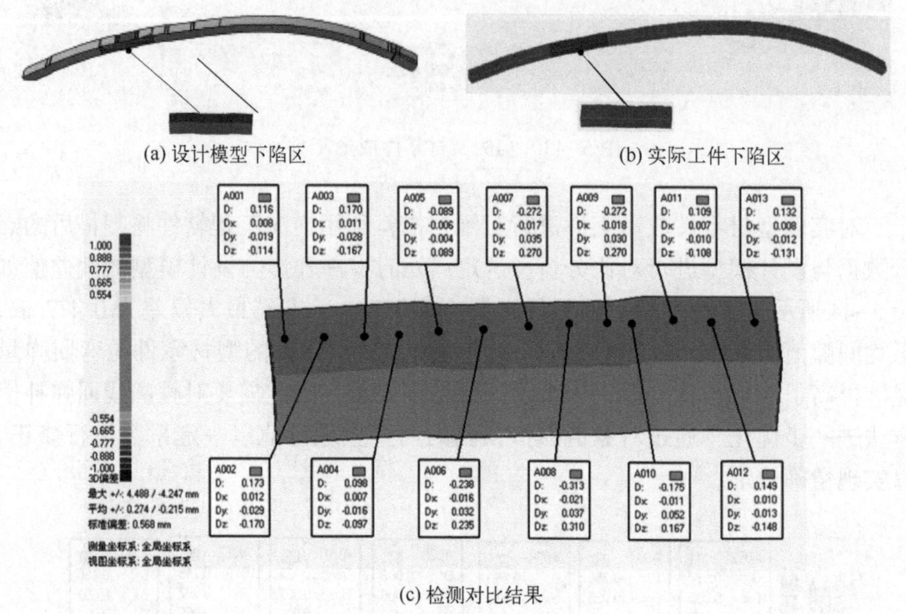

(a) 设计模型下陷区　　(b) 实际工件下陷区

(c) 检测对比结果

图 5-45　下陷区检测结果

第6章 整体壁板零件制造模型及其数字化定义

机翼整体壁板零件是广泛应用于现代飞机的承力构件，外形为双曲率，具有弦向的弯曲、展向的弯折、扭转等特点，同时还具有复杂的内部结构，如加强凸台、口框及筋条等，以达到既满足外形要求，同时又减少零件数量、减轻重量和提高使用寿命的目的。面向板坯制备和喷丸成形的制造模型是决定制造效率和质量的关键。板坯模型是将外形曲面展开成平面，内部结构亦随之映射；喷丸成形工艺模型则是根据外形和厚度分析计算和提取后形成的几何信息，用于工艺参数设计和数控编程；分别发展了整体壁板板坯建模技术和成形工艺模型定义技术，以实现整体壁板零件工艺设计的数字化、快速化和精确化。

6.1 整体壁板零件及其制造模型

整体壁板制造模型由多个状态构成，为满足大型整体壁板喷丸路径和工艺参数设计、面向铣切的数控编程等制造环节的需要，面向工艺过程建立板坯模型、数控铣切工艺模型、喷丸工艺模型等制造模型。

6.1.1 整体壁板几何模型及其关系

1. 整体壁板结构特征组成

由表6-1和图6-1可知，整体壁板零件结构包括作为壁板主体的厚板基体结构和附着于基体的结构要素，如长桁（筋条）、加强凸台、下陷、口框以及方便制造（定位、吊装作用）增加的耳片等，构成零件局部结构特征。

表6-1 整体壁板零件结构特征

序号	特征	说明
1	基体	整体壁板的结构主体，决定了壁板零件的尺寸范围和基本形状，在基体上进一步构造其他结构要素

续表

序　号	特　　征	说　　明
2	长桁（筋条）	长桁结构多垂直于整体壁板外形面，通常通过外形面上的长桁轴线定位于壁板基体，形成带筋壁板；一般情况下沿翼展方向有筋条，沿弦向无筋条，因此，弦线方向刚度小，展向刚度大，这有利于弦向弯曲变形，而展向基本不变
3	加强凸台	加强凸台是局部增厚的加强结构，按外形分为圆凸台和方凸台，如肋凸台、梁凸台、因飞机发动机吊挂需要而设计的加强凸台结构
4	口框	口框是口盖结构的加强结构，位于壁板基体内形，在口盖开口结构周围加强，可以只是简单的孔槽结构（不一定是圆形），也有可以是孔槽、口盖下陷等多个结构要素的组合体
5	下陷（搭接结构）	搭接结构主体为下陷，下陷可能出现在外形也可能出现在内形，下陷深度通常恒定。外形上的下陷一般伴随有凸台出现，下陷在零件内部通常只有下陷结构，下陷结构多出现在壁板零件与其他结构零件装配搭接处
6	开口	在壁板基体上具有结构功能的孔，开口类结构的设计一般出于机体维护、航电设备安装、外挂安装等，结构上与没有下陷的口盖结构相同，按照大小分为小、中、大3类，其中，小开口一般位于两个长桁之间
7	耳片	为了制造和运输的需要，设计工艺耳片。工艺耳片类似于口框结构，包含一个凸台，在凸台的中心位置有一个孔

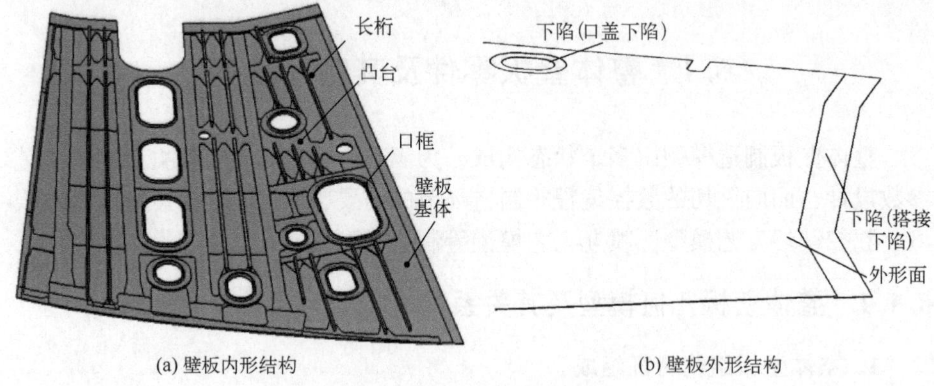

图6-1　整体壁板零件结构

2. 整体壁板零件三维模型

整体壁板零件三维模型主要由几何集、标注集和属性集三部分组成。几何集包括几何实体、外部参考、构造几何和辅助几何等内容。其中，几何实体描述了整体壁板基体、长桁、缺口、凸台、孔等结构要素；外部参考提供整体壁板外形参考面、内形参考面、长桁轴线、肋位线等参考；构造几何主要是指在建模过程中创建的参考点、投影线、草图平面等过程元素；辅助几何提供用于测量、检查等辅助操作的点、线、平面、曲面、草图等。结构要素的建模过程离不开外形参考面、内形参考面、辅助参考点、参考平面、轮廓线草图等数据。

整体壁板三维模型（M:Model）主要包括实体几何 SG（Solid Geometry）、构造几何 CG（Constructive Geometry）、外部参考几何 OR（Outer Reference）、辅助几何 AG（Aided Geometry）4 类几何信息，如图 6-2 所示。

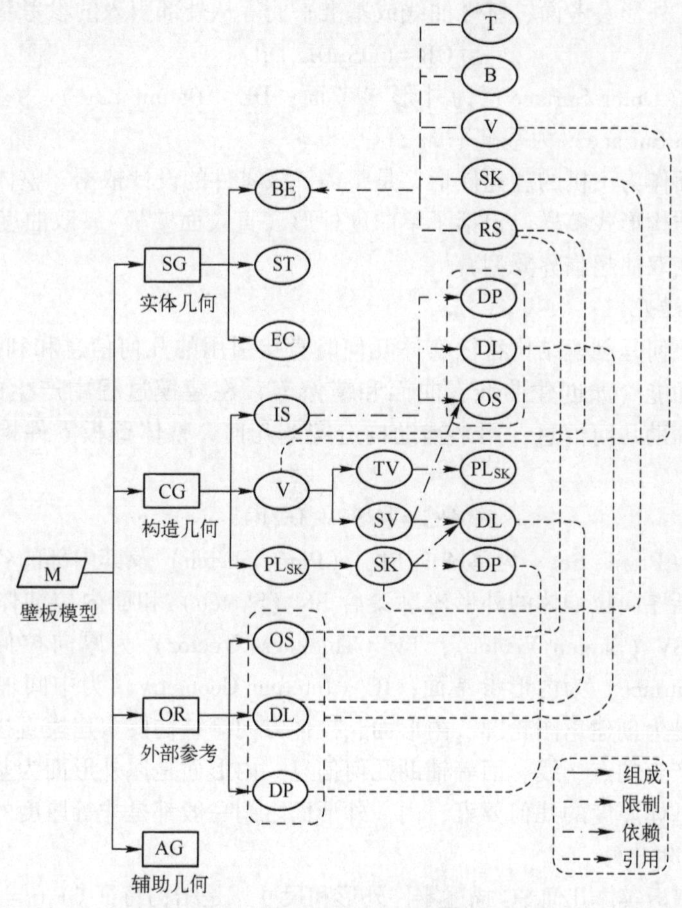

图 6-2　整体壁板零件三维模型几何信息

整体壁板零件建模过程中首先由外形面、基准线及基准面等外部参考几何 OR 创建内形面、各结构特征草图轮廓、拉伸方向等构造几何 CG；再依据外部参考几何 OR 与构造几何 CG 创建零件模型各结构特征实体几何 SG。结构特征可分为主、辅两类，整体壁板零件的基体作为主结构特征决定了零件在飞机结构中基本外形和主要功能，依据参考面与基体轮廓线首先创建基体，再依据参考面与各结构特征草图轮廓线创建各个结构特征，与基体由布尔运算关系相关联组成零件模型实体几何。

$$\mathbf{M}=(\mathrm{OR},\mathrm{CG},\mathrm{SG}) \tag{6-1}$$

1）外部参考

外部参考几何是零件几何体引用的外部几何要素，根据飞机气动布局以及对零件安排的要求，定义出的零件外形基准与位置基准。整体壁板零件的外部参考包括：外形参考面、基准曲线或基准平面等从外部引入的参考基准。

$$\mathrm{OR}=(\mathrm{OS},\mathrm{DL},\mathrm{DP}) \tag{6-2}$$

式中：OS（Outer Surface）为外形参考面；DL（Datum Line）为基准曲线；DP（Datum Surface）为基准平面。

外形面作为飞机的理论外形，是整体壁板零件的设计依据。整体壁板零件外形面的结构形式多样，包括了单曲度外形（直纹面壁板）、双曲度外形（如马鞍形、变双曲超临界翼型）。

2）构造几何

构造几何是创建结构特征实体几何时直接引用的几何信息和利用 CAD 软件的基本功能（如创建曲线、曲面和镜像等）在建模过程中产生的点、线、面等中间辅助几何信息，用来辅助构造实体几何。整体壁板零件构造几何表达为

$$\mathbf{CG}=\{\mathrm{PS},\mathrm{V},\mathrm{IS},\mathrm{IG}\} \tag{6-3}$$

式中：PS（Profile Set）为草图面 PL_{SK}（Plane Sketch）及其内部的各种轮廓线集合，包括厚向拉伸体的外形轮廓集合 SK（Sketch）和面内拉伸体的拉伸引导线集合 SV（Sketch Vector）；TV（Thickness Vector）为厚向拉伸方向；IS（Internal Surface）为内形参考面；IG（Internal Geometry）为中间辅助几何信息集合，是为创建草图轮廓、内形面、拉伸方向等结构要素建模直接引用的几何信息而产生的点、线、面等辅助几何信息。内形面是以外形面为基础建立的表达壁板基体厚度的几何要素，内、外形面之间一般都是非等厚度的。

3）实体几何

整体壁板实体几何 SG 描述零件外形和尺寸，是结构特征 $GF_i(i=1,2,\cdots,n)$（Geometry Feature）的集合，表达式为

$$\mathrm{SG}=\bigcup_{i=1}^{n}\mathbf{GF}_i \tag{6-4}$$

结构特征 **GF** 表达式为

$$\mathbf{GF}=(\mathrm{CF},\mathrm{B}) \tag{6-5}$$

式中：CF（Configuration Feature）为结构特征的实体几何；B（Boolean Operation）为结构要素的布尔运算类型。

实体几何特征 CF 可以是凸台（pad）、厚曲面（thicksur）、凹槽（pocket）、孔（hole）、封闭曲面（closesur）、多截面实体（multi-sec）中任意一种。在整体壁板结构特征中，首先创建基体特征，然后长桁、开口、下陷、口框、口盖、加强凸台等内部结构特征在 CAD 软件中通过不同的特征造型方法得到实体几何 CF，再通过布尔（Boolean）运算与基体相关联，形成壁板结构特征。

布尔运算类型 B，包括布尔加运算 BA 与布尔减运算 BS，各内部结构与基体间关系或为布尔加运算（Boolean Addition，BA），或为布尔减运算（Boolean Subtraction，BS）。由于壁板基体（Basic Entity，BE）是最先创建的结构要素，故不存在与其他要素间的布尔运算，该项为空，以∅表示。基体内部各结构要素造型完成后通过布尔加或布尔减运算作用于整体壁板，与基体产生联系，例如：在基体上添加长桁、加强凸台等“增材”过程一般采用布尔加运算，而在基体基础上创建开口、下陷、口盖等“减材”过程既可采用布尔加运算，也可采用布尔减计算，这与结构要素造型方法有关。

整体壁板的结构特征是以特征轮廓（SK：Sketch）依据拉伸参数（DP：Draw Parameter）拉伸而形成的实体几何，表达为

$$\mathrm{CF}=(\mathrm{SK},\mathrm{DP}) \tag{6-6}$$

式中：SK 为外形轮廓，表现为点、线几何要素的集合；DP 为拉伸参数，表现为线或多个几何信息的组合。任一结构特征实体只存在一种拉伸方向，根据拉伸方向 V 与整体壁板外形面的位置关系，结构特征分为两类：

一类是拉伸方向与外形面垂直或近似垂直，称为壁板厚向拉伸体，DP 表达为

$$\mathrm{DP}=(\mathrm{T},\mathrm{TV},\mathrm{RS}) \tag{6-7}$$

式中：TV 为厚向拉伸方向，由一个矢量方向表达；RS（Restrict Surface）为限制曲面，包括壁板零件外形参考面 OS 与内形参考面 IS，部分结构要素同时受内外形参考面限制，其余结构要素则只受内形参考面或只受外形参考面限制；T 为拉伸厚度值，拉伸厚度与限制曲面一同确定结构要素的厚向尺寸，各结构要素拉伸厚度值不同。

另一类是拉伸方向与外形面平行、近似平行或在外形面内，称为壁板面内拉伸体，DP 表达为

$$\mathrm{DP}=(0,\mathrm{SV},\mathrm{RS}) \tag{6-8}$$

式中：SV 为面内拉伸曲线；RS 为限制曲面。

整体壁板结构特征中长桁通常为面内拉伸几何体，多垂直于整体壁板外形面，通过外形面上的长桁轴线定位于壁板基体，其草图轮廓为截面轮廓；其余

结构特征一般为厚向拉伸几何体。厚向拉伸的内部结构特征几何体的特征轮廓、壁板面内拉伸体的拉伸引导曲线都在草图面内。整体壁板结构特征表示为

$$GF=(SK,T,V,RS,B) \tag{6-9}$$

4）辅助几何

辅助几何是在零件实体几何的基础上直接提取、投射或计算得出，用于指导工艺设计的点线面信息。例如，用于数控铣切编程的粗加工轮廓线、精加工轮廓线以及用于喷丸数控编程的喷丸路径等，前者从实体几何上提取或投射得到，后者通过对外形面提取和投影得到。

3. 结构要素几何模型分析

整体壁板零件具有工程语义的基体、长桁、开口、下陷、口框、加强凸台等结构要素，如表 6-2 所列。

表 6-2　整体壁板结构要素分类表示

要素名称	英　文	表示字符
基体	Basic Entity	BE
长桁	Stringer	ST
加强凸台	Reinforced Boss	RB
下陷	Sunk	SU
口框	Frame	FR
开口	Cutout	CU

这些结构通常在 CAD 建模软件中通过实体特征造型得到，结构特征通过布尔运算添加到基体上，表达为

$$GF=(CF,B)=(SK,T,V,RS,B),\quad GF\in\{BE,RB,SU,FR,ST,CU\} \tag{6-10}$$

式中：CF 表示 CATIA 实体特征，可以是凸台（pad）、凹槽（pocket）、孔（hole）、多截面实体（multi-sec）中的一种；SK 与 T 为专用信息，各结构要素有其专有的草图轮廓与厚度值；V，RS 为公用信息，各结构要素的拉伸方向与参考曲面均在公用信息中选择；B 有 BA 与 BS 两种，与各要素所选择的 CATIA 构型方法相关。

1）壁板基体

壁板基体一般为整体结构，其内外边界分别为零件内形（壁板内形）和飞机气动外形。壁板基体分为等厚和变厚度两类，等厚壁板基体其外形面偏置曲面充当基体的内形边界，通过厚度值（外形偏置距离）进行控制，不等厚基体厚向尺寸由内外形面间的距离控制。如表 6-3 所列，壁板基体一般由凸

台特征创建，具体过程是通过在草图平面内构建轮廓草图，用草图拉伸出具有一定厚度的凸台，然后用外形参考面和内形参考面对其进行修剪，得到带有一定曲率的基体模型；等厚基体也可由厚曲面特征创建。

表 6-3　整体壁板基体特征

类　型	实体特征	图　示
等厚	thicksur	$BE=(SK_{BE},T_{BE},0,\{OS,IS\},\phi)$
变厚	pad	$BE=(SK_{BE},T_{BE},TV,\{OS,IS\},\phi)$

2）长桁

长桁结构具有等截面和变截面两种类型，截面形状类型多样，如 T 形和 I 形。如表 6-4 所列，等截面和变截面长桁在建模时造型方法也不同，等截面长桁一般通过凸台、多截面实体特征创建，变截面长桁一般通过多截面实体特征创建。多截面实体创建具体过程：在长桁轴线的端点做垂直于轴线的平面，在平面上构建长桁的截面轮廓，以截面线为轮廓，以长桁轴线为引导线，做多截面实体，用外部参考平面对端头进行修剪，再通过布尔加运算作用于壁板基体形成长桁结构。

表 6-4　长桁特征

类　型	实体特征	图　示
等截面	pad	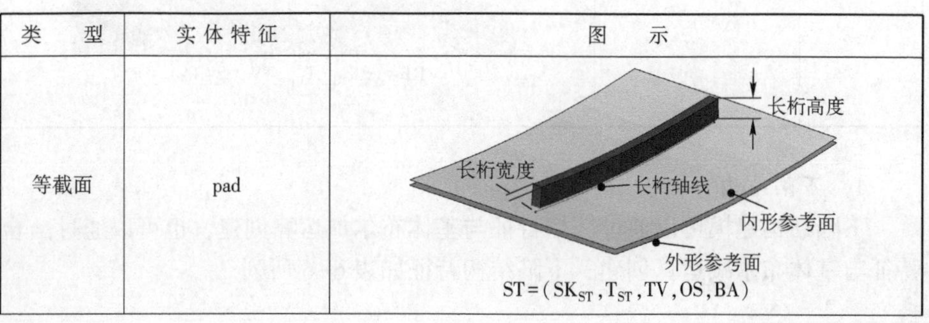 $ST=(SK_{ST},T_{ST},TV,OS,BA)$

续表

类　型	实体特征	图　示
变截面	multi-sec	长桁截面线 长桁引导线 内形参考面 外形参考面 $ST=(SK_{ST},0,SV,OS,BA)$

3）加强凸台

加强凸台有等厚与不等厚之分，对于等厚凸台，凸台内形边界面是外形面的偏置曲面，如表 6-5 所列；不等厚加强凸台通常由内形面限制。加强凸台一般通过凸台特征与基体布尔加运算创建，具体过程：首先在草图平面上画出凸台的草图轮廓，选择凸台拉伸方向，输入拉伸的高度值，即可得到凸台结构模型；对于部分凸台，需要用外部参考曲面或参考平面对其表面进行修剪，以达到设计要求，如肋凸台基于外形和肋平面构建。

表 6-5　加强凸台特征

类　型	实体特征	图　示
等厚	pad	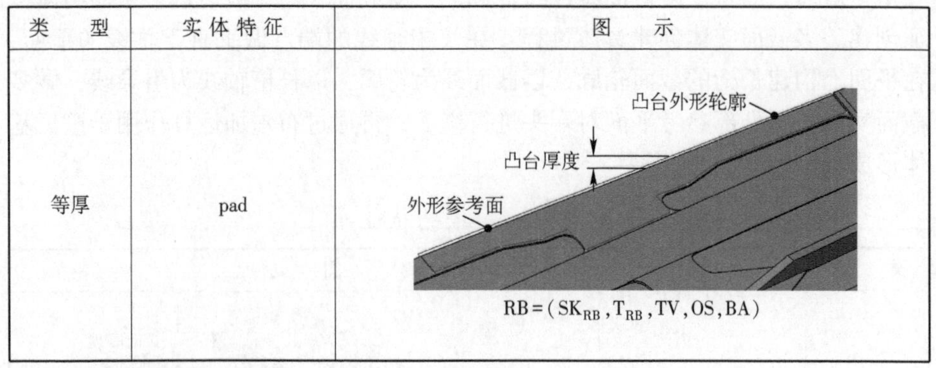 $RB=(SK_{RB},T_{RB},TV,OS,BA)$

4）下陷结构

下陷结构建模可以通过凹槽特征与基体布尔加运算创建，也可以通过凸台特征与基体布尔减运算创建，下陷结构特征如表 6-6 所列。

表 6-6　下陷特征

类　型	实体特征	图　示
等深度	pocket	下陷深度 下陷外形轮廓 外形参考面 $SU=(SK_{SU}, T_{SU}, TV, OS, BA)$

5) 口框

如表 6-7 所列，口框结构具体建模过程为首先在草图平面上找到口框的中心位置，画出口框草图，然后在壁板基体上做凹槽，得到口框结构；对于加强框结构，需要在口框外侧做出具有一定厚度的凸台。口框建模时开口结构与下陷结构可以通过凹槽特征与基体布尔加运算创建，也可以通过凸台特征与基体布尔减运算创建。

表 6-7　口框特征

类　型	实体特征	图　示
等厚	pad	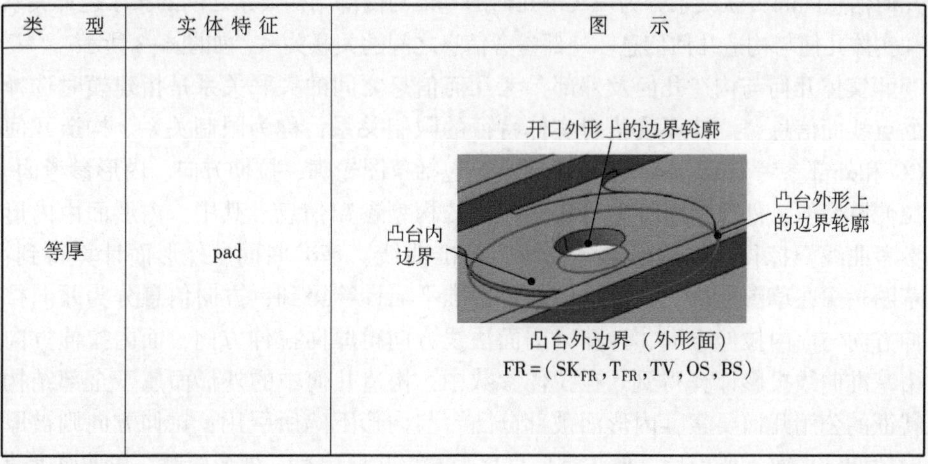 凸台外边界（外形面） $FR=(SK_{FR}, T_{FR}, TV, OS, BS)$

6) 开口

开口结构上与没有下陷的口框结构相同，如表 6-8 所列，圆形开口结构可通过孔特征与基体布尔加运算创建，非圆形开口结构可以通过凹槽特征与基体布尔加运算创建，也可以通过凸台特征与基体布尔减运算创建。

表 6-8　开口特征

类　型	实体特征	图　示
圆形	hole	内形参考面 外形参考面 开口外形轮廓 $CU=(SK_{CU},T_{CU},TV,OS,BA)$
非圆形	pocket	内形参考面 外形参考面 开口外形轮廓 $CU=(SK_{CU},T_{CU},TV,OS,BA)$

4. 几何信息间关联关系

整体壁板零件模型几何信息之间的关联关系是板坯模型定义的基础，模型内几何信息间的关联关系分为：实体几何的基体与内部结构要素之间的布尔运算关系和实体几何与构造几何信息、外部参考信息之间的关联关系，如图 6-3 所示。

实体几何与构造几何及外部参考几何信息之间的关联关系是指建模时选择的点线面信息、拉伸厚度值对实体特征的限制关系，称为限制关系。构造几何 CG 和外部参考 OR 均属于点线面信息，包括草图轮廓、拉伸方向、内形参考面、拉伸厚度值、外形参考面，是实体几何的构型参数信息。其中，内形面由内形参考曲线扫掠得到，内形参考曲线由基准曲线、基准曲面、外形面计算得到；草图轮廓在草图面内，由基准曲线、基准平面计算得到；方向信息分为厚向拉伸方向与面内拉伸方向，计算草图面法线方向得厚向拉伸方向，面内拉伸方向由基准曲线投影计算得到。在拉伸参数中，构造几何中的外形面属于全部结构特征的公用几何要素，内形面被部分凸台与内形下陷所引用；拉伸方向则被厚向拉伸结构要素所引用，此 3 类信息称为共用几何信息；外形轮廓，拉伸厚度值属于厚向拉伸结构要素的专用信息，面内拉伸参数是专属于长桁结构的拉伸方向，反映了其形状，称为专用信息。对任一几何要素 GF_{P}^{S}，其中上标 S 表示该几何要素在模型衍化过程中所属状态，P 表示该几何信息所属结构特征。

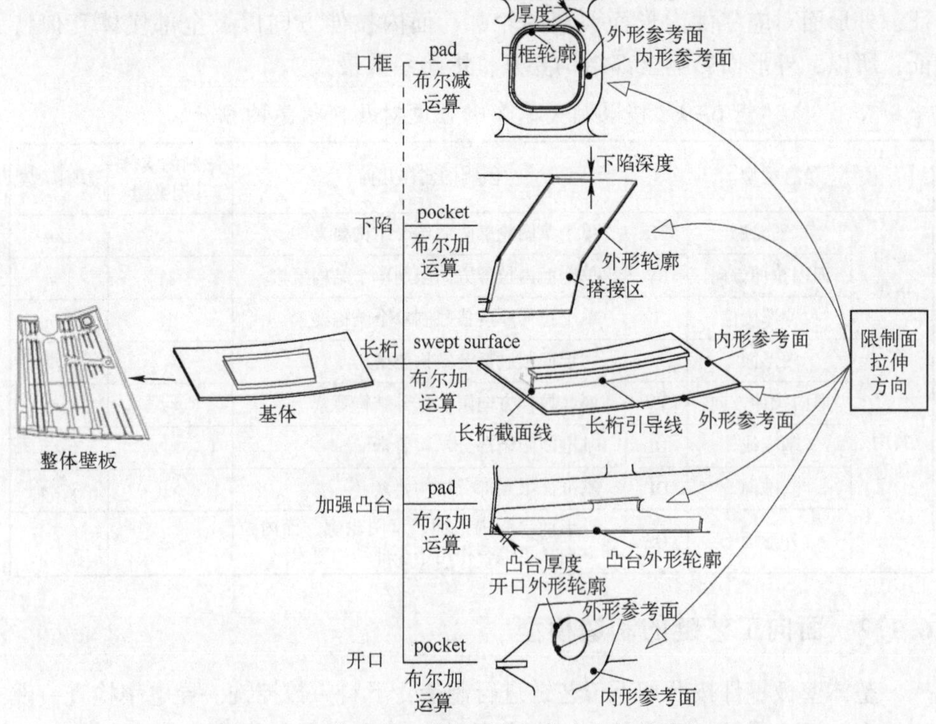

图 6-3　整体壁板三维模型几何信息之间关联关系

构造几何与外部参考中不同的点线面与厚度值作为结构要素的构型参数对结构要素的限制程度不同，用影响系数 K 表示各种构造几何与外部参考对结构要素的限制程度：

$$K=x/n$$

其中：x 为受该限制信息影响的结构要素数量；n 为结构要素总数。

若 $x=1$，K 值最小，表示该限制信息只影响单个结构要素；

若 $1<x<n$，x 值增大，K 值随之增大，表示该限制信息影响多个结构要素，并且随着 K 值的增大影响的结构要素数量越多；

若 $x=n$，K 值最大，表示该限制信息影响全部结构要素。

如表 6-9 所列，专用信息包括各结构要素草图轮廓、面内拉伸方向、拉伸厚度值，各结构要素均不相同，各专用信息与结构要素间均为一对一关系，单个专用信息影响单个结构要素，影响系数最小；共用信息包括外形面、内形面、厚向拉伸方向、基准面、基准线，可被多个结构要素调用作为共用限制信息，与实体特征间为一对多关系，其中部分结构要素受内形面和厚向拉伸方向限制；基准面、基准线的影响系数较大，限制较多结构要素；外形面则首先需要内形面、草图轮廓、面内拉伸方向等构造几何信息，再综合作用于实体特征，外形面对应零件内形面、草图轮廓、面内拉伸方向以及全部实体几何特征，所以，外形面影响全部结构要素，影响系数最大。

表 6-9　按限制关系影响程度对几何信息的划分

信息类型			限制的实体几何	限制的实体几何数量	影响系数
专用信息	草图轮廓	SK	单个草图轮廓限制单个结构要素	1	$1/n$
	面内拉伸方向	SV	单个面内拉伸方向限制单个结构要素	1	$1/n$
	拉伸厚度值	T	单个拉伸厚度值限制单个结构要素	1	$1/n$
共用信息	内形面	IS	内形面限制部分结构要素	x_1	x_1/n
	厚向拉伸方向	TV	厚向拉伸方向限制部分结构要素	x_2	x_2/n
	基准线	DL	基准线限制部分结构要素	x_3	x_3/n
	基准面	DP	基准面限制部分结构要素	x_4	x_4/n
	外形面	OS	外形面限制内形面、草图轮廓、面内拉伸方向，再综合作用于全部结构要素	n	1

6.1.2　面向工艺链的制造模型

整体壁板零件按照如下工艺链进行制造：下料→数控铣→导电率检查→硬度检查→清洗零件→荧光检查→外形检查→喷丸成形及强化→检查零件→清洗→荧光→表面检查→表面阳极化→卸耳片→涂漆→标记→成品检验。其中，“数控铣”“喷丸成形”作为壁板制造的主控形工序，首先铣切成平板状的板坯零件，再通过喷丸成形得到设计所需的曲率外形。整体壁板加工工艺过程及制造模型状态划分如图 6-4 所示，由最终的状态模型（零件模型）反推出零件的板坯模型和喷丸成形工艺模型。

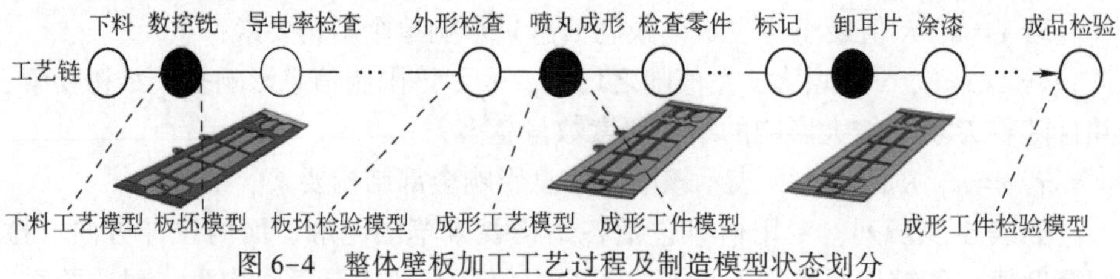

图 6-4　整体壁板加工工艺过程及制造模型状态划分

1. 整体壁板数控铣切板坯模型

整体壁板零件板坯数控铣切是通过刀具去除材料形成工件形状，从坯料到最终形状的壁板是形状特征和尺寸逐步形成的过程，主要包括粗加工和精加工两个阶段。面向数控铣切的板坯模型是由零件模型外形面展开、结构特征映射和重构后，生成面向数控铣切的板坯模型几何体；对板坯模型实体几何添加工艺凸台与工艺耳片创建数控铣切工艺模型实体几何；求取包络板坯模型的最小长方体，生成粗加工轮廓线；提取板坯模型的筋高线，形成面向精加工的几何元素集，几何实体、粗加工轮廓线、精加工轮廓线共同组成数控铣切板坯模型，如图 6-5 所示。在板坯模型几何体的基础上，添加板坯尺寸和公差信息，形成板坯检测模型。

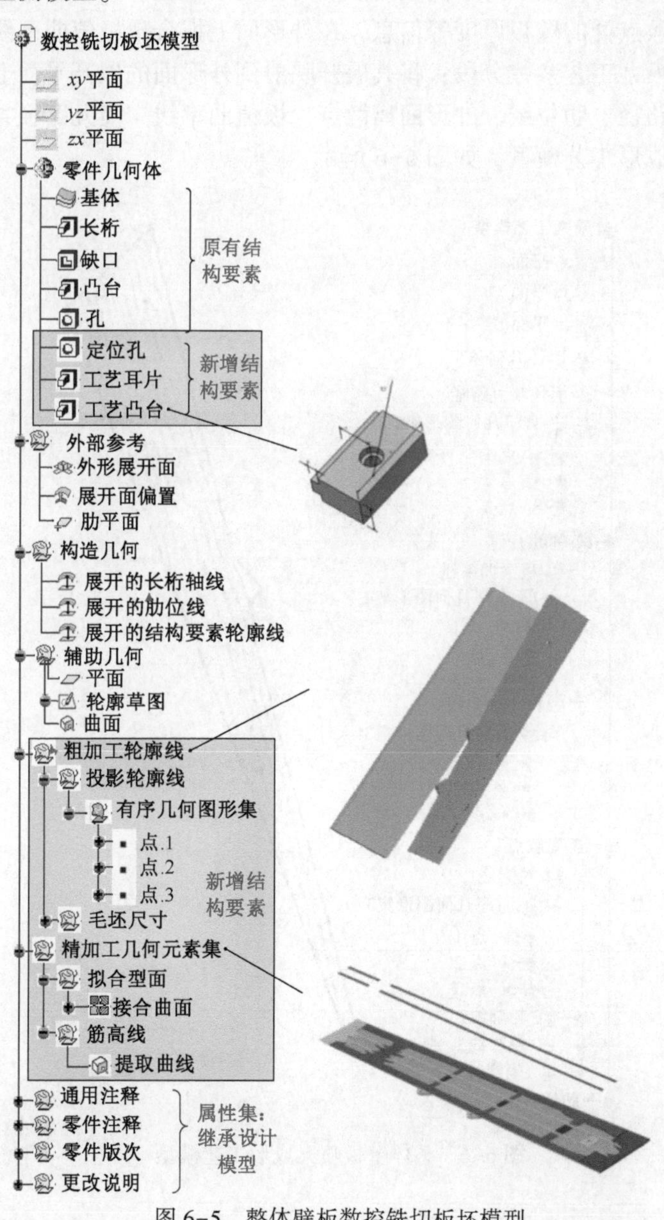

图 6-5　整体壁板数控铣切板坯模型

2. 整体壁板喷丸成形工艺模型

喷丸成形是整体壁板成形的主要工艺方法。整体壁板喷丸成形是将弹丸按照预设的喷丸路径和喷丸工艺参数对铣切后的板坯进行打击，使其发生变形，双曲率零件喷丸先弦向成形再展向成形，达到零件模型的形状。喷丸成形工艺模型包括：计算零件模型外形面上离散点的极大曲率值、极小曲率值、高斯曲率值以及离散点处的壁板厚度等信息，在外形面上拟合出极值曲率线；对极值曲率线根据喷丸工艺参数分段；将其展开映射到外形面的展开平面上，形成整体壁板喷丸路径。肋位线、外形面离散点、极值曲率线、喷丸路径共同构成整体壁板喷丸成形工艺模型，如图 6-6 所示。

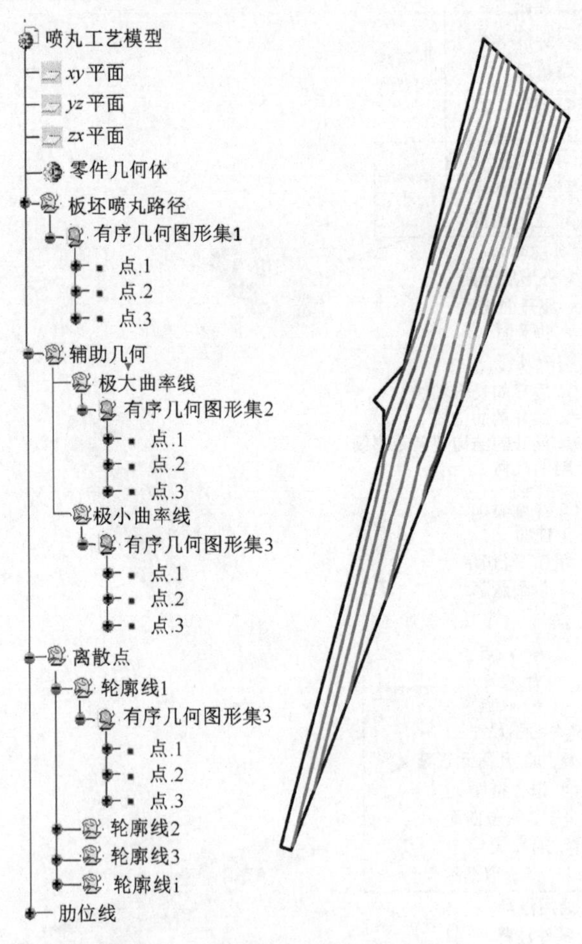

图 6-6　整体壁板喷丸成形工艺模型

6.2　整体壁板板坯模型展开建模方法

整体壁板板坯模型展开建模包括展开和建模两个方面的问题，展开包括壁板外形曲面展开和与之关联的内部结构特征展开，核心在于保证展开的准确度；建模包括基体及内部各个结构特征的重构，核心在于提高建模的效率。根据整体壁板几何模型信息间关联关系，提出从零件模型到板坯模型的关联设计方法，包括基于单元等变形的曲面展开方法、关联几何要素创建及映射方法和板坯模型建模检测方法。

6.2.1　零件模型到板坯模型的关联设计方法

1. 板坯模型关联设计原理

整体壁板板坯模型与零件模型都是由相同类型的结构要素组成，而且结构要素拓扑结构也都相同，三维模型之中实体几何通过参数引用与构造几何之间已建立了关联关系，从零件模型到板坯模型发展变化的主要信息是外形面、内形面和各个结构要素特征轮廓线。因此，将板坯模型建模过程看作是零件模型的更改过程，重复使用零件模型建模过程（布尔运算）和实体几何的建模过程（实体几何与构造几何、外部参考之间的关联关系），保留整体壁板结构要素的建模顺序和各个结构要素组织方式、造型方法及部分造型参数不变，依次替换共用信息（参考曲面、拉伸方向）和各结构要素的专用信息（轮廓线）来建立展开后的各个结构要素模型，最大程度上保留零件模型信息以保证所创建板坯模型与零件模型一致性与准确性的同时，大大提高了板坯模型的建模效率。

如图 6-7 所示，整体壁板零件关联设计过程是首先确定控制面 CS，选择展开首单元 UP，运用展开算法计算控制面形成 CS^D，基于内外形面 IS、OS 与控制面 CS 间位置关系创建内外形面展开面 IS^D、OS^D，特征线经关联映射形成 SK^D 和 SV^D，替换原零件模型结构特征建模相应的参数，保持拉伸厚度不变创建板坯模型结构特征。

如表 6-10 所列，从整体壁板零件模型向板坯模型的衍化过程中，各结构特征之间的拓扑关系以及结构特征的几何要素拓扑关系并没有发生改变，变化的几何信息主要包括决定结构要素实体几何的限制面与特征线，以展开的限制面与特征线替换零件模型对应信息创建板坯模型。曲面与特征线的展开过程存在直接映射与关联映射。

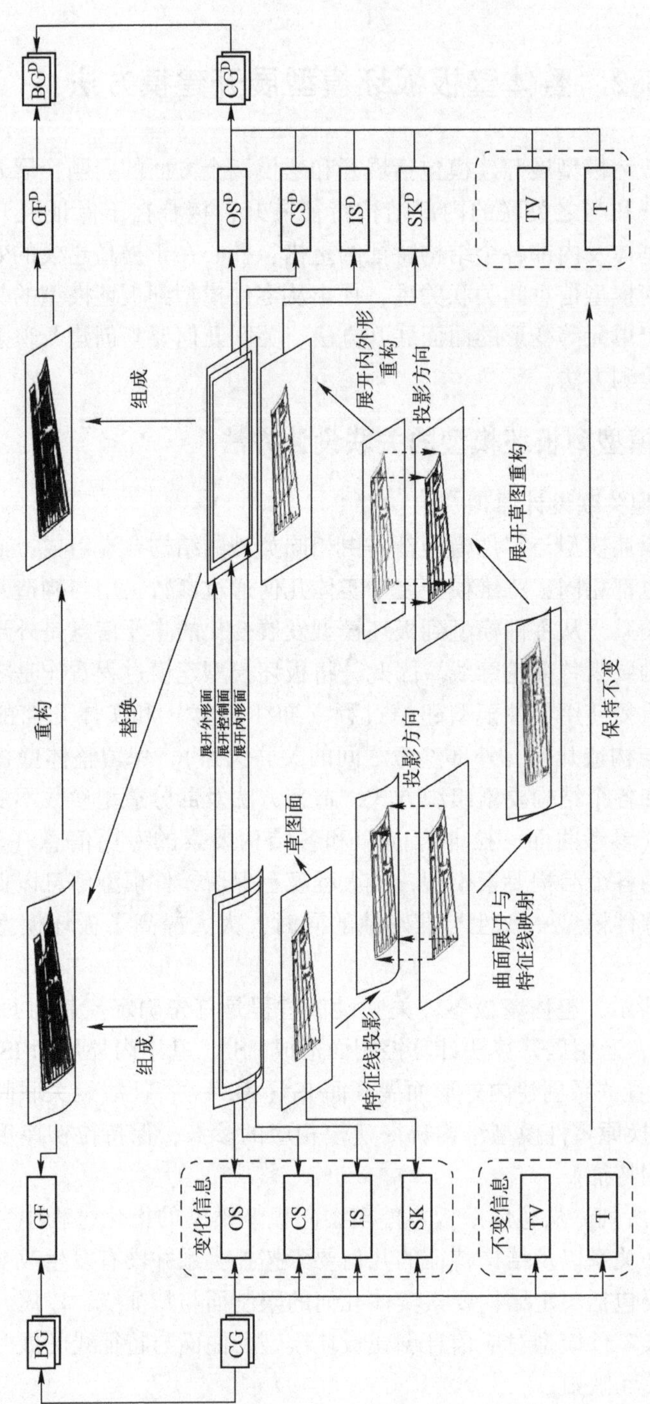

图 6-7 整体壁板零件模型到板坯模型衍化的关联设计原理

表 6-10　整体壁板板坯模型关联设计中重用的信息与变化的信息

不变信息	从模型总体上，实体几何各要素之间布尔运算与邻接关系，实体几何与外部参考、构造几何之间的限制关系
	在模型局部上，各结构要素的组织方式；对于每一个结构要素，要素的构造方法以及构造参数中厚向拉伸方向与拉伸厚度值
变化信息	结构要素构造参数中外形面、内形面、草图轮廓

根据面积不变的准则，将整体壁板模型的控制曲面展开成平面，这种从曲面到平面的映射称为直接映射。零件各个结构要素展开建模遵循体积不变的思路，将各结构要素的特征线投影到控制面内与控制面建立关联，根据控制面展开前后曲面与平面的对应位置关系映射到展开平面内，即关联映射。

板坯模型关联设计的关键包括：确定整体壁板模型控制面与要素轮廓线/引导线，建立要素轮廓线/引导线与控制面间关联关系；确定展开基准，展开曲面并映射要素轮廓线/引导线；创建展开内外形面与要素展开草图轮廓，依次替换各结构要素限制面与草图轮廓，创建板坯模型。

2. 从零件模型向板坯模型衍化

1）板坯模型信息组成

整体壁板零件板坯模型衍化过程中不改变各结构要素间拓扑关系及其建模方法，首先展开外形面并将要素草图轮廓线映射到展开面内，依据展开的外形面与要素草图轮廓线，按照零件模型结构要素的建模方式及尺寸要求在展开平面上进行要素重构，得到展开的板坯模型。板坯模型不存在工艺几何，且外形面展开后的平面不再属于外部引入的参考几何，而是为实现板坯模型结构要素建模而创建的控制元素，属于构造几何范围，且因为展开计算的需要，板坯模型构造几何还增加了展开起点与展开方向等几何信息。如图 6-8 所示，板坯模型可表示为

$$BM = (SG^D, CG^D, OR^D, 0) \tag{6-11}$$

式中：$SG^D = \{BE^D, ST^D, \cdots\}$，$CG^D = \{PL_{SK}^D, V^D, IS^D, OS^D\}$，$OR^D = \{DL, DP\}$；$OS^D$为 OS 的展开面，其内部包含映射至控制面的草图轮廓 SK^{D0}与展开计算所用展开起点 UP，UP 是 OS 与 OS^D的共用点，$PL_{SK}{}^D$是展开的草图面，IS^D是基于内形参考曲线创建的展开内形面，V^D是展开方向，包括展开厚向拉伸方向 TV^D、展开面内拉伸方向 SV^D及新添加的用于展开计算的展开方向 UV，SG^D是基于展开的参考面、草图轮廓及拉伸方向创建的实体几何。

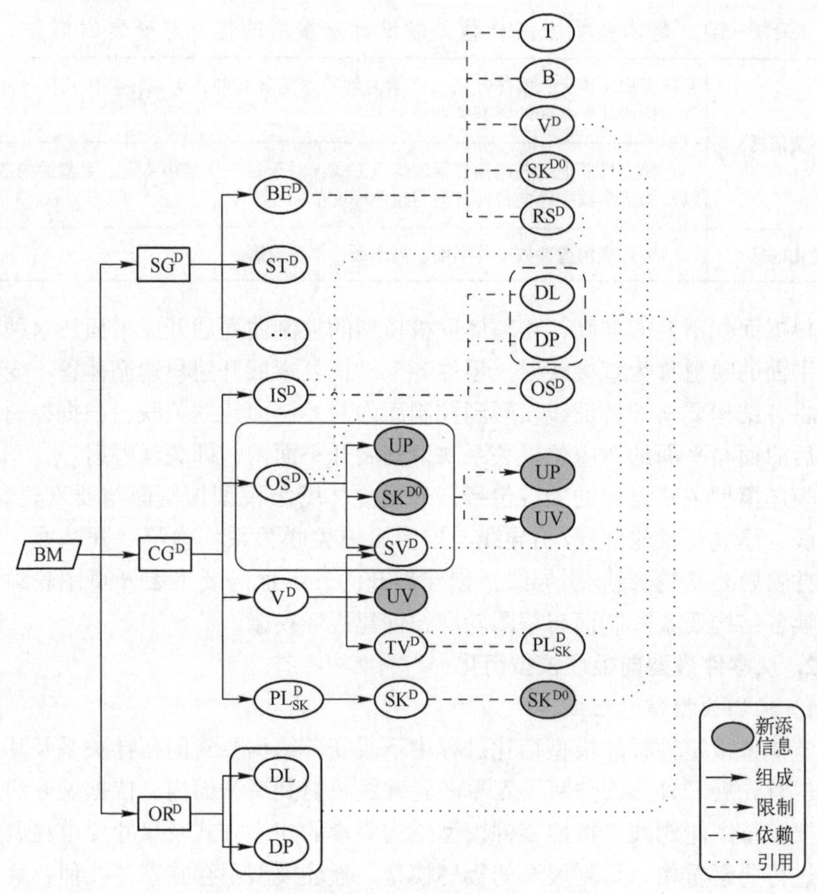

图 6-8　整体壁板板坯模型信息组成

2）零件模型到板坯模型衍化过程

零件模型到板坯模型的衍化过程包括几何信息的产生与衍变，由式（6-11）可知，衍化过程中添加的几何信息包括展开起点 UP、展开方向 UV 和映射到控制面内的草图轮廓 SK^{D0}，UP 与 SK^{D0}包含在展开外形面 OS^{D}内，UV 属于 V^{D}的一部分，发生变化的信息包括外形面 OS、内形面 IS、各要素草图轮廓 SK、拉伸方向 V 与结构要素 GF，其他信息包括：外部参考中的基准线 DL、基准面 DP 保持不变。

零件模型到板坯模型的衍化即为曲面展开与结构要素草图轮廓映射以及结构要素重构的过程。首先确定外形面 OS（此处以外形面作为控制面为例说明）与各要素草图轮廓 SK、面内拉伸方向 SV，将 SK、SV 投影到 OS，投影方向为结构要素厚向拉伸方向 TV，TV 为要素草图轮廓所在平面的法线方向，以展开起点 UP 与展开方向 UV 展开 OS 得到展开平面 OS^D 并将 SK、SV 映射到 OS^D 内得到外形面内的草图轮廓 SK^{D0}、面内拉伸方向 SV^D，再将 SK^{D0} 投影到展开草图面 $PL_{SK}{}^D$ 内得到展开的草图轮廓 SK^D，展开后结构要素厚向拉伸方向 TV^D 垂直于展开的草图面。然后，再展开内形面 IS 的控制线 C_{IS}，以展开控制线 $C_{IS}{}^D$ 替换原控制线 C_{IS} 创建展开的内形面 IS^D。最后，依据零件模型建模方法，依次以展开的 OS^D、IS^D、SK^D、TV^D、SV^D 创建板坯模型各结构要素，板坯模型各结构要素的拉伸厚度值 T 及布尔运算类型 BA、BM 与零件模型相同，创建板坯模型实体几何 SG^D。

零件模型到板坯模型的衍变通过 OS、IS、SK、V、GF 的变化表达。表 6-11 所列为零件模型到板坯模型的衍化过程中数据信息的变化。

表 6-11　整体壁板零件模型到板坯模型衍化过程中的几何信息变化

产生的几何信息	UP、UV、SK^{D0}
消失的几何信息	—
衍变的几何信息	OS、IS、SK、V、GF、PL_{SK}

从零件模型到板坯模型的衍化过程中，所建立的模型间几何信息间关联关系为依赖关系，通过投影、展开、映射、重构等操作建立。特征线投影到控制面内建立特征线与曲面间关联关系，作为特征线映射的基础；展开控制面得到展开平面，作为板坯模型结构要素的限制面；特征线随控制面展开过程映射到展开面内，用于创建板坯模型结构要素的草图轮廓；对内形面替换控制曲线重构展开内形面，依据展开的草图轮廓与内外形面按照零件模型建模方法重构展开的结构要素。表 6-12 分析了从零件模型到板坯模型的衍化过程中建立的模型几何信息间关联关系及关联的几何信息。

表 6-12　整体壁板零件模型与板坯模型几何信息间关联关系

关联操作	关联的几何信息	
	零件模型	板坯模型
投影	要素特征线	投影到控制线面内的特征线
展开	控制面	展开面
映射	投影到控制线面内的特征线	映射到展开面内的特征线
重构	内形面、外形面、结构要素	展开的内形面、外形面、结构要素

3. 板坯模型关联设计条件

整体壁板零件展开建模过程需保证零件体积不变，主要表现为基体的外形面面积不变和对应位置的厚度值不变；结构要素厚度不变和结构要素与外形面相交处封闭截面面积不变。因此，为保证所创建板坯模型的准确度，运用板坯模型关联设计方法时，应满足以下条件：

（1）展开建模时应保证要素截面轮廓面积不变，以保证只替换要素草图轮廓，不改变各结构要素厚向尺寸时，才能使得关联设计的板坯模型体积与零件模型体积近似相等。为实现结构要素展开建模时截面轮廓面积不变，有以下要求：

$$S_1=S_2=S_3=S_4 \tag{6-12}$$

式中：S_1为零件模型结构要素与控制面相交处形成的截面 SK_1的面积；S_2为要素草图投影到控制面内的投影轮廓 SK_2的面积；S_3为展开轮廓面积/板坯模型结构要素与控制面相交处形成的截面 SK_3的面积；S_4为展开草图轮廓 SK_4的面积。

以口盖为例作为研究对象，整体壁板结构要素展开建模原理如图 6-9 所示。

（2）为了使得板坯模型与零件模型各结构要素对应控制面相交处封闭截面面积相同，结构要素特征线投影到控制面内的投影方向需与零件模型各结构要素厚向拉伸方向一致，对草图轮廓投影方向与要素厚向拉伸方向有以下要求：

$$\mathrm{TV}=\mathrm{PV}=-\mathrm{PV}'=\mathrm{TV}^{\mathrm{D}} \tag{6-13}$$

式中：TV 为零件模型结构要素建模时厚向拉伸方向；PV（Profile Vector）为草图轮廓投影到控制面内的投影方向；PV′为展开轮廓投影回草图面时的投影方向；TV^{D}为板坯模型结构要素建模时厚向拉伸方向。

（3）为了保证展开轮廓及投影到草图面轮廓和面积相等，选择的展开起点所在网格与草图面近似平行。

因为映射到展开面内的要素特征线投影还需再投影到零件模型草图面内创建展开草图作为板坯模型各结构要素的草图轮廓，所以为了控制投影误差，保证展开轮廓的准确性，需要保证展开面与零件模型草图面近似平行，故需要选择曲面上与草图面近似平行的网格作为初始展开单元进行曲面展开计算。

（4）为保证结构要素建模时厚度值重用，映射到展开面内的结构要素特征线还需再投影到零件模型草图面内作为展开草图。

板坯模型关联设计方法重用了零件模型各结构要素的拉伸厚度值，所以需要将映射到展开面内的要素特征线投影到零件模型草图面内，投影方向为零件模型结构要素厚向拉伸方向的反方向。

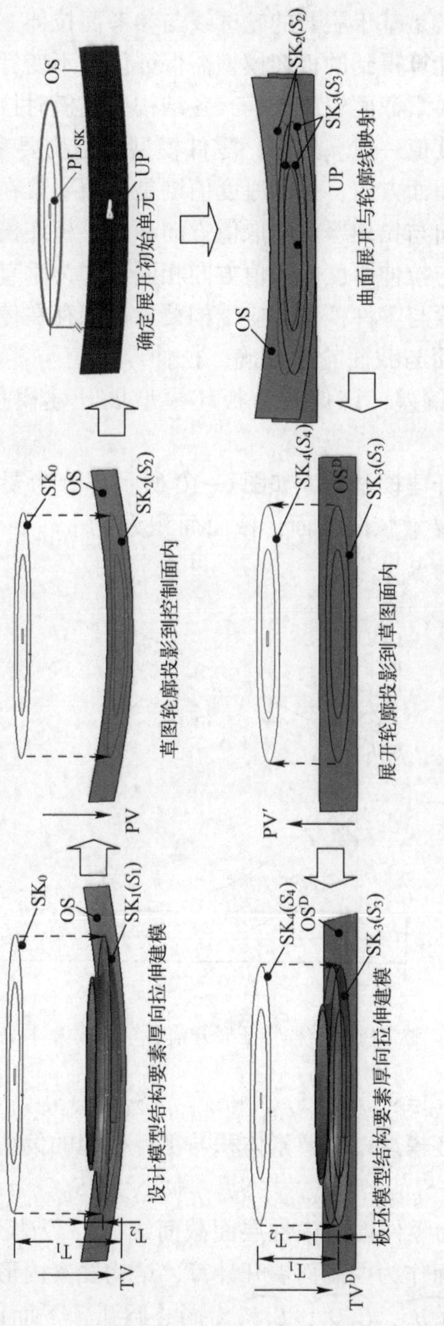

图 6-9　整体壁板结构要素展开建模原理

4. 结构要素关联设计偏差分析

板坯模型结构要素是基于展开的轮廓线与参考面拉伸一定的厚度值进行创建，由零件模型展开计算得到的板坯模型需保证体积不变，因此，应保证板坯模型展开面与各结构要素截面轮廓准确，各结构要建模时拉伸厚度值与对应零件模型结构要素的厚度值一致。然而，零件模型各结构要素是基于曲面拉伸，拉伸方向为垂直于草图面方向，拉伸厚度值则是按照要素在曲面各点的法线方向取值的，即拉伸方向与拉伸厚度的取值方向不同；板坯模型结构要素是基于平面拉伸，拉伸方向与拉伸厚度的取值方向相同，均为垂直于展开面方向。这会导致展开的结构要素与零件模型对应结构要素体积存在偏差。所以，在板坯模型各结构要素展开面与截面轮廓准确，拉伸厚度值与零件模型一致的情况下，依然会存在体积偏差，该偏差为板坯模型展开建模过程中固有存在的误差。

对于结构要素展开建模过程，如图 6-10 所示部分为要素弦向截面，阴影部分为零件模型结构要素弦向截面，截面面积为 $S_{G_1H_1I_1J_1}$，展开的板坯模型对应要素弦向截面面积为 S_{ABCD}：

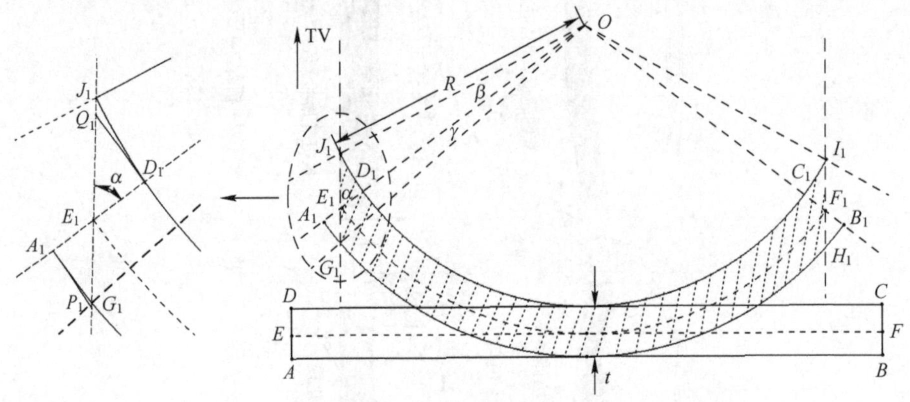

图 6-10 整体壁板结构特征展开前后结构要素体积分析

$$S_{ABCD}=S_{G_1H_1I_1J_1}-S_{D_1E_1J_1}-S_{C_1F_1I_1}+S_{A_1E_1G_1}+S_{B_1F_1H_1} \tag{6-14}$$

因此，展开的板坯模型结构要素体积与零件模型的偏差可以表示为

$$\Delta=S_{ABCD}-S_{G_1H_1I_1J_1}=S_{A_1E_1G_1}-S_{D_1E_1J_1}+S_{B_1F_1H_1}-S_{C_1F_1I_1}=\Delta_1+\Delta_2 \tag{6-15}$$

图 6-10 中 E_1F_1 为零件模型中性层面截面线，EF 为板坯模型中性层面截面线，假设以中性层面作为控制面展开计算，结构要素内形由外形面在该处向内偏置得到，所以中$\overset{\frown}{A_1B_1}$，$\overset{\frown}{C_1D_1}$，$\overset{\frown}{E_1F_1}$为同心圆弧，下面以 $S_{A_1E_1G_1}$ 与 $S_{D_1E_1J_1}$ 为例说明 Δ_1 的大小，Δ_2 的计算方法与 Δ_1 相似。

α 为零件模型在 A_1 点处厚向拉伸方向与曲面法线方向的夹角，零件模型结构要素拉伸厚度值的取值方向是曲面法线方向，由图 6-10 所示几何关系可知，$A_1E_1 = E_1D_1 = t/2$，分别过 A_1 与 D_1 做 A_1D_1 的法线，得到 $\triangle A_1P_1E_1$ 与 $\triangle D_1Q_1E_1$，可知 $\triangle A_1P_1E_1$ 与 $\triangle D_1Q_1E_1$ 全等，所以，有

$$\Delta_1 = S_{A_1E_1G_1} - S_{D_1E_1J_1} = S_{A_1P_1G_1} + S_{D_1Q_1J_1} \tag{6-16}$$

由三角形面积计算方法可知：

$$J_1E_1 \times OE_1 \times \sin\alpha = OJ_1 \times OE_1 \times \sin\beta \tag{6-17}$$

$$E_1G_1 \times OE_1 \times \sin(180° - \alpha) = OG_1 \times OE_1 \times \sin\gamma \tag{6-18}$$

所以，有

$$J_1E_1 = \frac{R\sin\beta}{\sin\alpha} \tag{6-19}$$

$$E_1G_1 = \frac{(R+t)\sin\gamma}{\sin\alpha} \tag{6-20}$$

由三角形边角关系可知：

$$E_1Q_1 = E_1P_1 = \frac{t}{2\cos\alpha} \tag{6-21}$$

由式（6-19）~式（6-21）可知：

$$J_1Q_1 = J_1E_1 - E_1Q_1 = \frac{R\sin\beta}{\sin\alpha} - \frac{t}{2\cos\alpha} \tag{6-22}$$

$$G_1P_1 = E_1P_1 - E_1G_1 = \frac{t}{2\cos\alpha} - \frac{(R+t)\sin\gamma}{\sin\alpha} \tag{6-23}$$

综合式（6-22）、式（6-23），计算 $S_{A_1P_1G_1}$ 与 $S_{D_1Q_1J_1}$：

$$S_{A_1P_1G_1} = P_1G_1 \times A_1P_1 \times \sin(90° - \alpha) \tag{6-24}$$

$$S_{D_1Q_1J_1} = J_1Q_1 \times Q_1D_1 \times \sin(90° + \alpha) \tag{6-25}$$

将式（6-17）~式（6-25）带入式（6-16），得

$$\Delta_1 = S_{A_1P_1G_1} + S_{D_1Q_1J_1} = \frac{t(R+t)}{2}\left(\frac{R}{R+t}\sin\beta - \sin\gamma\right) \tag{6-26}$$

因为 $R \gg t$，所以有：$R/(R+t) \approx 1$，式（6-26）可简化为

$$\Delta_1 = S_{A_1P_1G_1} + S_{D_1Q_1J_1} = \frac{t(R+t)}{2}(\sin\beta - \sin\gamma) \tag{6-27}$$

分析几何关系可知，$(\sin\beta - \sin\gamma)$ 与 α 相关，且随 α 的增大而增大，$\alpha \in (0°, 90°)$，当 α 接近 90° 时，$(\sin\beta - \sin\gamma)$ 达到最大值，此时，$\beta \to 0°$，并且 $\cos\gamma = \dfrac{R + \frac{t}{2}}{R+t} \to 1$，则 $\gamma \to 0°$，所以，当 α 接近 90° 时，$(\sin\beta - \sin\gamma)$ 达到最大值

且趋近于 0，而$\frac{t(R+t)}{2}$为常数，所以，$\Delta_1=\frac{t(R+t)}{2}(\sin\beta-\sin\gamma)$趋近于 0，$\Delta_2$ 与 Δ_1 大小与计算方法近似，故 $\Delta=\Delta_1+\Delta_2$ 总是趋近于 0。

由以上分析可知，板坯模型结构要素展开建模过程中存在体积偏差，但偏差值很小，一般均在误差允许范围内，当曲面半径远大于零件厚度值（$R\gg t$）时，误差趋近于零，并且误差大小与半径 R、厚度 t、厚向拉伸方向、曲面法线方向的夹角 α 成正比。由此可知，板坯模型关联设计方法可以保证展开模型的精度。

5. 板坯模型的关联设计过程

整体壁板板坯模型快速展开建模方法主要包括以下步骤：整体壁板零件模型控制面展开、关联几何要素创建及关联映射、板坯实体几何建模、板坯模型尺寸检测，如图 6-11 所示。

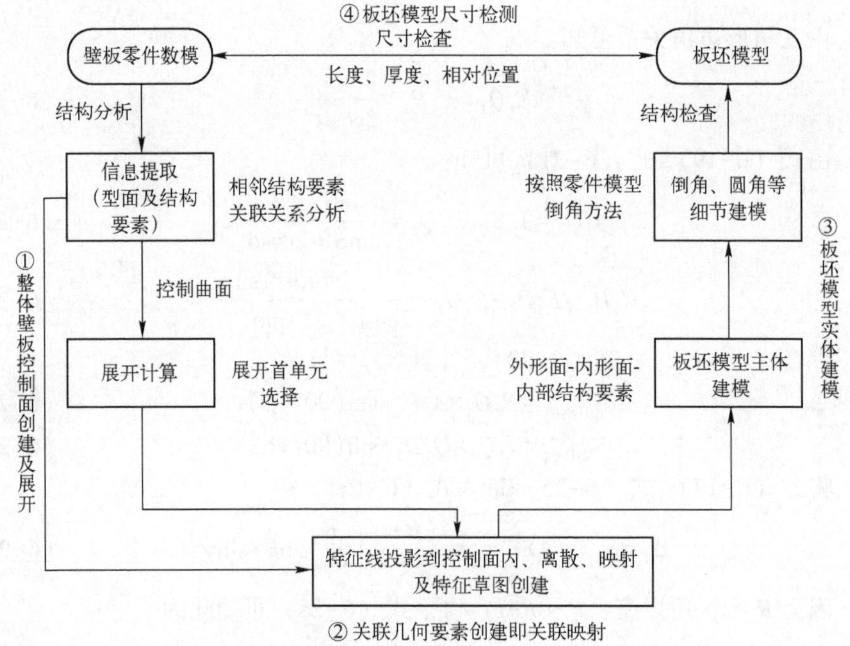

图 6-11　整体壁板板坯模型关联设计过程

1）整体壁板零件模型控制曲面展开

整体壁板零件模型展开建模首先要确定控制面 CS，基于壁板展开建模前后体积不变的原理，根据壁板外形面和内形面创建控制面，外形面是指零件的包络外形面，轮廓边界应尽量连续，忽略外形面上的孔、槽结构。将曲面展开为平面是直接映射关系，首先将曲面离散为三角形网格，选择展开首单元 UP，运用展开算法依次对各网格单元进行展开计算形成控制面 CS^D。

2）关联几何要素创建及关联映射

要将结构特征实体轮廓展开，首先将特征线 SK、SV 投影到离散控制面 CS 内建立特征线与控制面间关联关系，且为保证板坯模型体积与零件模型体积近似相等，投影方向为结构要素厚向拉伸方向，即为草图轮廓所在平面的法线方向；投影完成后将投影轮廓线离散，分析各离散点在曲面网格中的分布，对每一离散点，建立其在展开前后网格中位置的对应关系，依次将其映射到展开的平面网格 CS^D 内，拟合展开的离散点即得到映射到展开面内的特征草图轮廓 SK^{D0} 及草图面内拉伸方向 SV^D。

3）板坯实体几何建模

根据整体壁板的结构特点和展开建模原理，其板坯模型实体建模过程包括基体建模和内部结构特征建模两部分。按照整体壁板零件模型的建模顺序，先构造壁板板坯模型的基体，再依次构造基体内部的各个结构特征。基体建模是在控制面展开的基础上重构内形面，依据展开的外形面及重构的内形面建立板坯基体；结构特征建模按照零件模型特征建模顺序，对各个结构特征，依次以展开的 OS^D、IS^D、SK^D、TV^D、SV^D 替换零件模型对应信息，其余信息如厚向拉伸参数 T 及布尔运算类型保持不变，创建结构特征实体几何 BG^D。

4）板坯模型尺寸检测

将整体壁板板坯模型与零件模型各结构特征的几何外形分别进行比对，以判断板坯模型几何尺寸与零件模型符合程度。整体壁板展开建模通常是先展开控制面并映射各结构要素的关联特征线，再根据各结构特征的几何尺寸和相对位置建立模型，故对板坯模型的检测应包括对基体和内部各结构特征轮廓尺寸、相对位置、厚向尺寸的综合判断。

6.2.2　整体壁板复杂外形曲面展开方法

整体壁板零件基体决定了零件的尺寸范围和基本形状，其他结构要素附着于基体上产生零件的局部形状。其中零件外形面决定零件控制面的曲率，内形面与外形面间位置关系确定零件基本厚度分布。整体壁板板坯建模方法是在展开面与映射到展开面内的要素特征线的基础上对结构要素几何模型的重构，因此外形面展开的精确程度就决定了整体壁板板坯模型的准确度，以下具体说明曲面展开原理并对其进行适应性分析。针对不同曲率与尺寸的实例零件，选择模型外形面作为控制面，用基于单元等变形的曲面展开方法展开外形面，比较展开计算结果与零件模型曲面尺寸符合程度，分析基于单元等变形的曲面展开方法对于不同曲率与尺寸壁板展开的适用范围；再针对不同曲率与尺寸的实例零件，分别选择模型外形面与中性层面作为控制面，用基于单元等变形的曲面展开方法展开控制面，分别比较外形面与中性层面展开计算结果误差大小，分析以外形面作为控制面进行展开计算对于不同曲率与尺寸壁板展开的适用范围。

1. 基于单元等变形的曲面展开方法适应性分析

建立不同曲率和尺寸状态下的等厚度零件模型，采用基于单元等变形的复杂曲面展开方法对零件控制面进行展开，比对展开结果与零件模型控制面的符合程度。通过对比不同几何外形零件展开的准确度，分析基于单元等变形的复杂曲面展开方法的适应性，确定可以精确展开的几何参数取值范围。

1）复杂曲面展开方法适应性分析试验设计

影响基于单元等变形的复杂曲面展开方法的展开精度的几何因素有：曲面展向尺寸、弦向尺寸、展向曲率、弦向曲率、展向弯曲角度、弦向弯曲角度。其中，展向尺寸、曲率、弯曲角度中任意两项即可确定曲面展向外形，任意一项可由其余两项计算得出；弦向尺寸、曲率、弯曲角度中任意两项可确定曲面弦向外形，任意一项可由其余两项计算得出。故从展向影响因素中选择两项，弦向影响因素中选择两项即可确定曲面几何外形。如图 6-12 所示，以展向尺寸、展向曲率、弦向尺寸、弦向曲率作为影响展开精度的因素，以展开面展向尺寸、弦向尺寸、展开面面积与零件模型的符合程度作为衡量展开精度的指标。

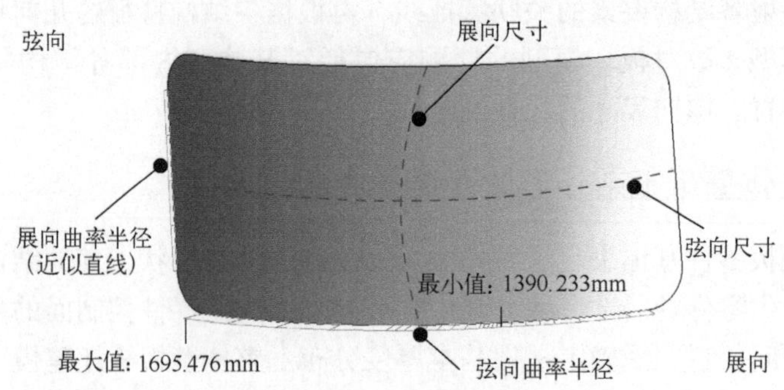

图 6-12　影响曲面展开精度的几何因素

基于单元等变形的曲面展开方法展开过程快捷且效率高，可满足曲率或尺寸较小曲面的精确展开计算，但对于曲率或尺寸大的曲面则展开误差较大。基于此设计试验研究基于单元等变形的曲面展开方法适用范围，运用控制变量法分析展开误差随各影响因素的变化关系，并基于不同参数曲面的展开结果建立插值函数，对任意一个曲面，快速判断其是否适用于该曲面展开方法。

设计试验分析曲面展向尺寸 L_S、弦向尺寸 L_C、展向曲率 K_S、弦向曲率 K_C、对曲面展开精度的影响规律。这里选择零件外形面作为控制面进行展开计算，比对曲面展开后展向尺寸、弦向尺寸、面积与展开前曲面的符合程度。依据壁板零件特点及结构特征取值范围，有 4 个影响因素，每因素选 5 个水平，得出因素水平如表 6-13 所列。

表 6-13　曲面展开精度分析因素水平

因素	展向尺寸 L_S/mm	弦向尺寸 L_C/mm	展向曲率 K_S/mm^{-1}	弦向曲率 K_C/mm^{-1}
水平 1	500	200	1×10^{-6}	1×10^{-5}
水平 2	1000	600	5×10^{-6}	5×10^{-5}
水平 3	5000	1000	1×10^{-5}	1×10^{-4}
水平 4	10000	3000	5×10^{-5}	5×10^{-4}
水平 5	15000	5000	1×10^{-4}	1×10^{-3}

在确定了因素、水平之后需设计试验组合，因整体壁板零件外形面展向尺寸与弦向尺寸、展向曲率与弦向曲率存在以下制约关系：①展向尺寸必须大于弦向尺寸；②展向曲率必须小于弦向曲率。基于上述因素水平的选择，满足制约关系的因素组合有 263 种。

2）*复杂曲面展开方法适应性分析试验结果*

以外形面作为控制面，采用基于单元等变形的复杂曲面展开方法展开控制面，计算展向尺寸、弦向尺寸、面积误差值与误差比例作为评判指标，分析不同几何特征零件展开的准确程度，从而判断基于单元等变形的曲面展开方法的适用范围。

如表 6-14 中的 19 组试验组合为零件外形展向尺寸与弦向尺寸值一定、弦向曲率值与展向曲率值变化。随着弦向曲率值增加，展开面展向尺寸、弦向尺寸、面积的误差均逐渐增大；随着展向曲率值增加，展开面展向尺寸、弦向尺寸、面积的误差也均逐渐增大，如图 6-13~图 6-15 所示。

表 6-14　零件外形展向与弦向尺寸值一定、
弦向与展向曲率值变化的展开结果

序号	试验组合	展向尺寸/mm	弦向尺寸/mm	展向曲率/mm^{-1}	弦向曲率/mm^{-1}	展向尺寸误差/mm	弦向尺寸误差/mm	面积误差/mm^2
1	2211	1000	600	1.00×10^{-6}	1.00×10^{-5}	0	0	0
2	2212	1000	600	1.00×10^{-6}	5.00×10^{-5}	1.00×10^{-4}	1.67×10^{-4}	0
3	2213	1000	600	1.00×10^{-6}	1.00×10^{-4}	2.00×10^{-4}	1.67×10^{-4}	1.67×10^{-4}
4	2214	1000	600	1.00×10^{-6}	5.00×10^{-4}	8.00×10^{-4}	5.00×10^{-4}	5.00×10^{-4}
5	2215	1000	600	1.00×10^{-6}	1.00×10^{-3}	1.70×10^{-3}	6.67×10^{-4}	2.83×10^{-3}
6	2221	1000	600	5.00×10^{-6}	1.00×10^{-5}	1.00×10^{-4}	1.67×10^{-4}	0
7	2222	1000	600	5.00×10^{-6}	5.00×10^{-5}	4.00×10^{-4}	6.67×10^{-4}	1.67×10^{-4}
8	2223	1000	600	5.00×10^{-6}	1.00×10^{-4}	8.00×10^{-4}	1.17×10^{-3}	1.67×10^{-4}
9	2224	1000	600	5.00×10^{-6}	5.00×10^{-4}	4.30×10^{-3}	5.00×10^{-4}	8.33×10^{-4}
10	2225	1000	600	5.00×10^{-6}	1.00×10^{-3}	8.60×10^{-3}	6.67×10^{-3}	2.83×10^{-3}
11	2232	1000	600	1.00×10^{-5}	5.00×10^{-5}	8.00×10^{-4}	1.17×10^{-3}	1.67×10^{-4}
12	2233	1000	600	1.00×10^{-5}	1.00×10^{-4}	1.70×10^{-3}	2.00×10^{-3}	1.67×10^{-4}
13	2234	1000	600	1.00×10^{-5}	5.00×10^{-4}	8.80×10^{-3}	9.17×10^{-3}	1.50×10^{-3}
14	2235	1000	600	1.00×10^{-5}	1.00×10^{-3}	1.75×10^{-2}	15.19×10^{-3}	5.00×10^{-3}
15	2243	1000	600	5.00×10^{-5}	1.00×10^{-4}	8.70×10^{-3}	9.67×10^{-3}	8.34×10^{-4}
16	2244	1000	600	5.00×10^{-5}	5.00×10^{-4}	4.48×10^{-2}	4.45×10^{-2}	4.51×10^{-3}
17	2245	1000	600	5.00×10^{-5}	1.00×10^{-3}	8.81×10^{-2}	8.57×10^{-2}	1.47×10^{-2}
18	2254	1000	600	1.00×10^{-4}	5.00×10^{-4}	8.95×10^{-2}	9.09×10^{-2}	8.52×10^{-3}
19	2255	1000	600	1.00×10^{-4}	1.00×10^{-3}	1.74×10^{-1}	1.74×10^{-1}	2.95×10^{-2}

如表 6-15 中的 14 组试验组合为零件外形展向曲率值与弦向曲率值保持一定，展向尺寸与弦向尺寸值变化。随着弦向尺寸值增加，展开面展向尺寸、弦向尺寸、面积的误差均逐渐增大；随着展向尺寸值增加，展开面展向尺寸、弦向尺寸、面积的误差也均逐渐增大，如图 6-16～图 6-18 所示。

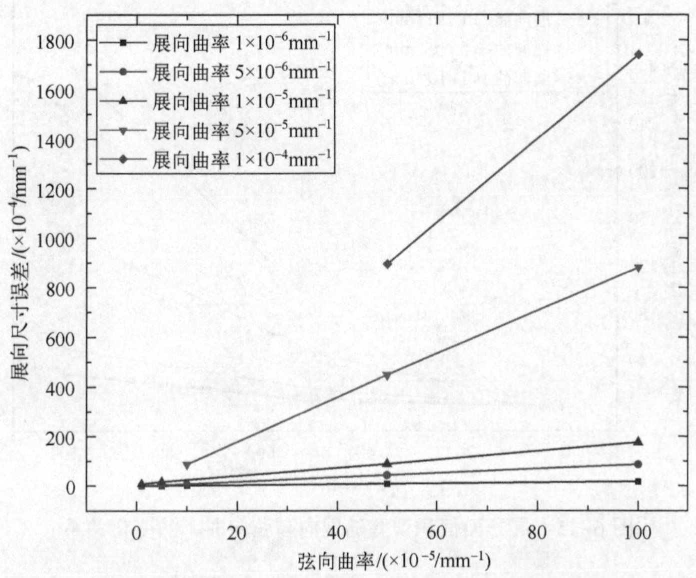

图 6-13　展开面展向尺寸误差随展向与弦向曲率的变化关系

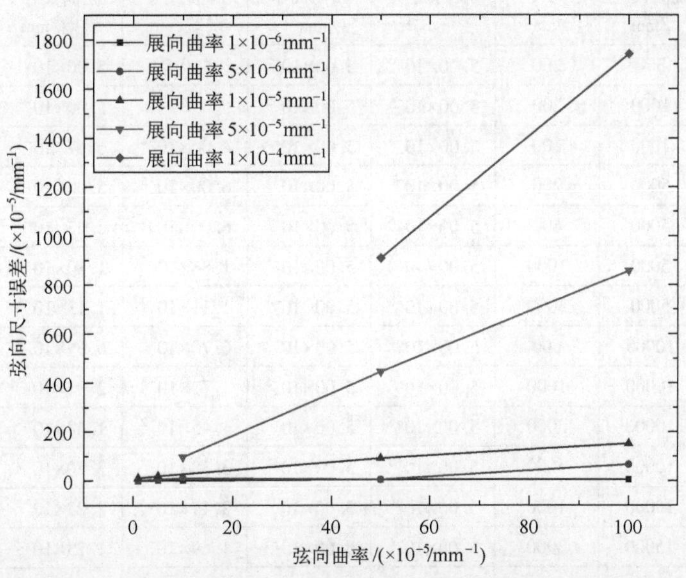

图 6-14　展开面弦向尺寸误差随展向与弦向曲率的变化关系

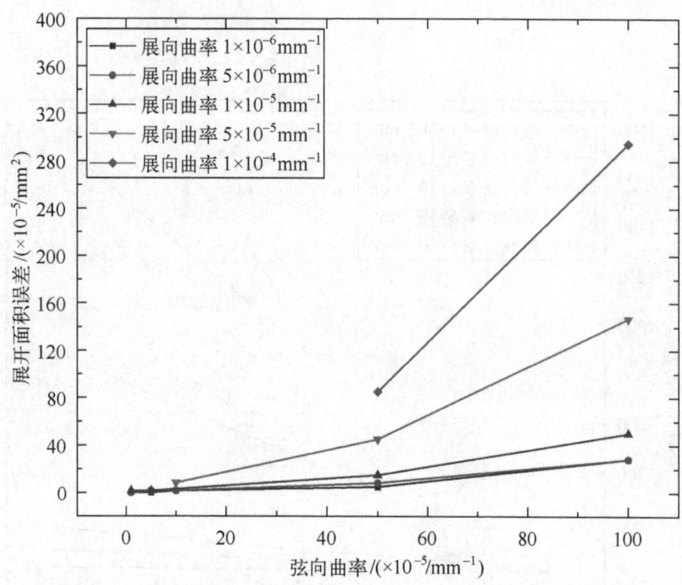

图 6-15　展开面面积误差随展向与弦向曲率的变化关系

表 6-15　零件外形弦向与展向曲率值一定、展向与弦向尺寸值变化的展开结果

序号	试验组合	展向尺寸/mm	弦向尺寸/mm	展向曲率/mm^{-1}	弦向曲率/mm^{-1}	展向尺寸误差/mm	弦向尺寸误差/mm	面积误差/mm^2
1	1122	500	200	5.00×10^{-6}	5.00×10^{-5}	0	5.00×10^{-4}	0
2	2122	1000	200	5.00×10^{-6}	5.00×10^{-5}	0	5.00×10^{-4}	0
3	2222	1000	600	5.00×10^{-6}	5.00×10^{-5}	4.00×10^{-4}	6.67×10^{-4}	1.67×10^{-4}
4	3122	5000	200	5.00×10^{-6}	5.00×10^{-5}	6.00×10^{-5}	5.00×10^{-4}	0
5	3222	5000	600	5.00×10^{-6}	5.00×10^{-5}	6.00×10^{-4}	6.67×10^{-4}	0
6	3322	5000	1000	5.00×10^{-6}	5.00×10^{-5}	1.84×10^{-3}	1.80×10^{-3}	0
7	3422	5000	3000	5.00×10^{-6}	5.00×10^{-5}	1.11×10^{-2}	1.13×10^{-2}	1.33×10^{-3}
8	4222	10000	600	5.00×10^{-6}	5.00×10^{-5}	6.70×10^{-4}	6.69×10^{-4}	1.77×10^{-4}
9	4322	10000	1000	5.00×10^{-6}	5.00×10^{-5}	1.72×10^{-3}	2.01×10^{-3}	4.00×10^{-4}
10	4422	10000	3000	5.00×10^{-6}	5.00×10^{-5}	1.45×10^{-2}	1.48×10^{-2}	1.34×10^{-3}
11	4522	10000	5000	5.00×10^{-6}	5.00×10^{-5}	3.38×10^{-2}	3.50×10^{-2}	3.80×10^{-3}
12	5322	15000	1000	5.00×10^{-6}	5.00×10^{-5}	2.11×10^{-3}	2.22×10^{-3}	6.68×10^{-4}
13	5422	15000	3000	5.00×10^{-6}	5.00×10^{-5}	1.69×10^{-2}	1.73×10^{-2}	2.00×10^{-3}
14	5522	15000	5000	5.00×10^{-6}	5.00×10^{-5}	3.97×10^{-2}	4.03×10^{-2}	3.21×10^{-3}

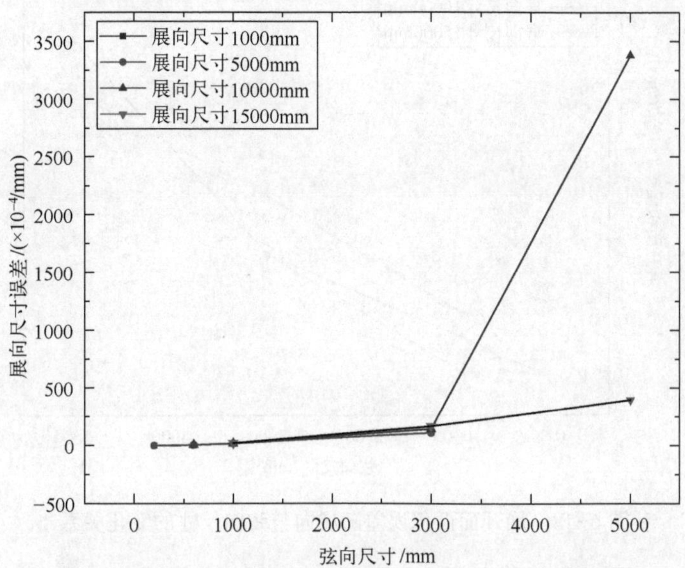

图 6-16　展开面展向尺寸误差随展向与弦向尺寸的变化关系

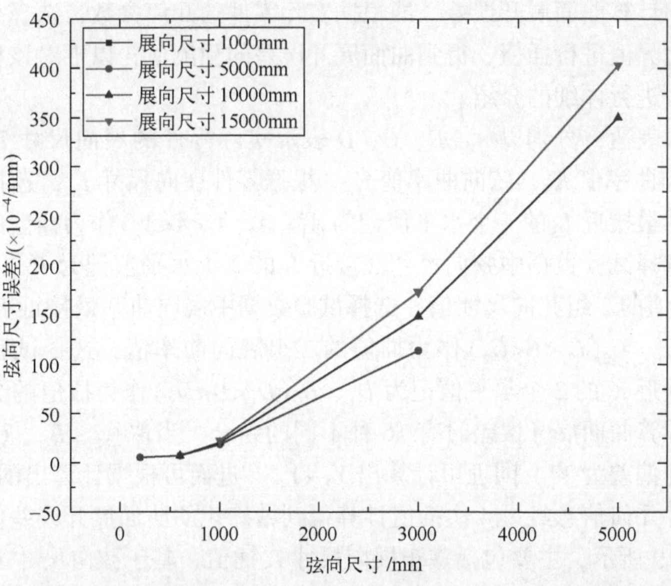

图 6-17　展开面弦向尺寸误差随展向与弦向尺寸的变化关系

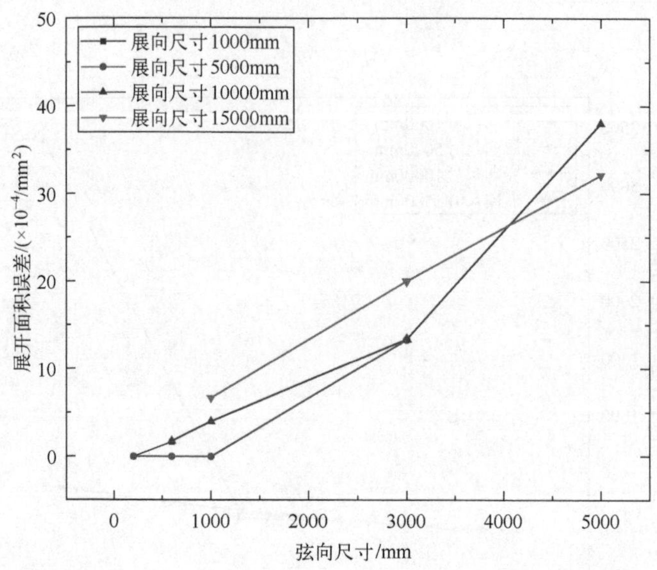

图 6-18　展开面面积误差随展向与弦向尺寸的变化关系

3）复杂曲面展开方法适应性判断方法

对曲面的展向尺寸、展向曲率、弦向尺寸、弦向曲率值采用线性插法进行插值，进而计算曲面展开误差，即根据实际零件的几何参数，选择靠近实际尺寸两端的边界值进行插值，得到曲面展开误差的预测值，以下对该种展开误差的计算方法进行详细的介绍。

为方便表达，分别以 A、B、C、D 表示实际零件的展向尺寸 L_S、弦向尺寸 L_c、展向曲率值 K_S、弦向曲率值 K_c。根据零件展向尺寸 L_S，选择试验数据中展向尺寸最接近 L_S 的 2 个水平值记为 A_1、A_2($A_1<A<A_2$)作为插值的 2 组展向尺寸值；选择试验数据中弦向尺寸最接近 L_c 的 2 个水平值记为 B_1、B_2($B_1<B<B_2$)作为插值的 2 组弦向尺寸值；选择试验数据中展向曲率最接近 K_S 的 2 个水平值记为 C_1、C_2($C_1<C<C_2$)作为插值的 2 组展向曲率值；选择试验数据中弦向曲率最接近 K_c 的 2 个水平值记为 D_1、D_2($D_1<D<D_2$)作为插值的 2 组弦向曲率值。则计算曲面展开误差时有 16 种不同的组合，当取 A_1、B_1、C_1、D_1 时所对应的展开偏差为 Y_1，同理可计算出 $Y_2\sim Y_{16}$，进而可根据计算出的 16 个展开误差及零件几何信息经过 4 次插值计算得到精确化的曲面展开误差值，插值方法如图 6-19 所示，主要包括基于展向尺寸 L_S 插值、基于弦向尺寸 L_c 插值、基于展向曲率值 K_S 插值和基于弦向曲率值 K_c 插值。

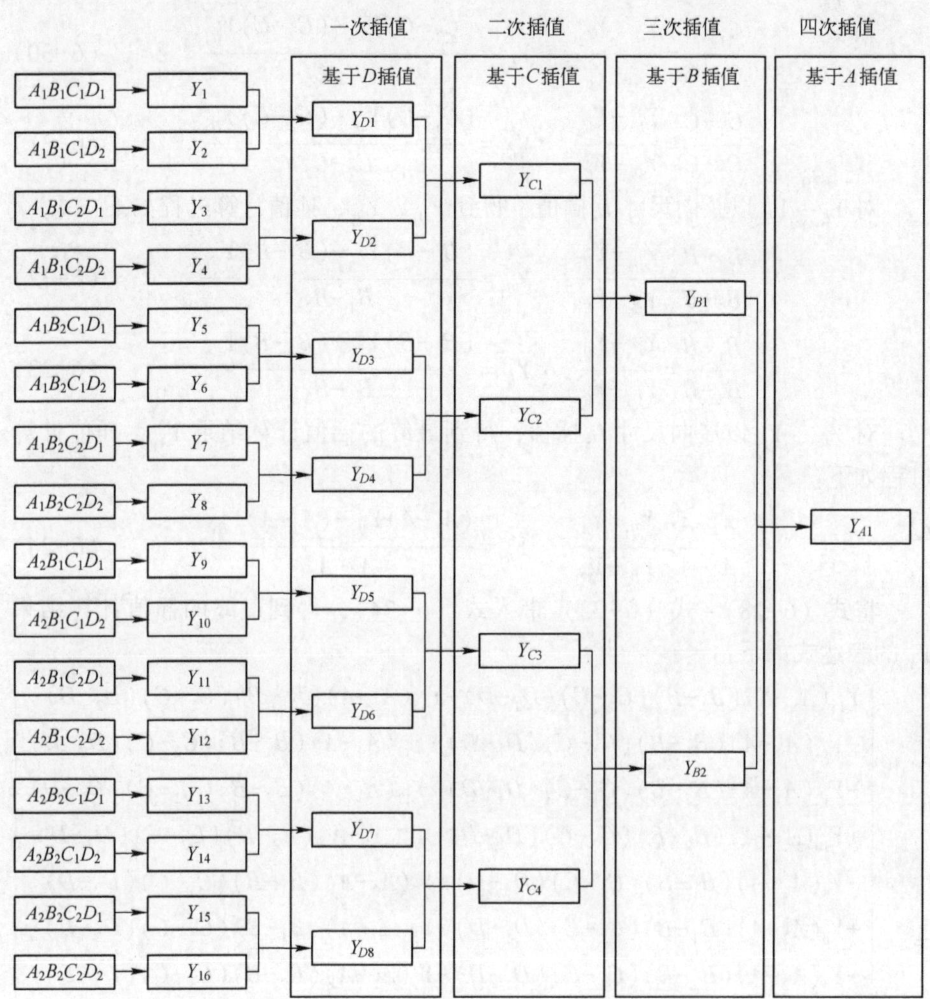

图 6-19　线性插值计算展开偏差

对 $Y_1 \sim Y_{16}$ 以弦向曲率值 K_c 插值，得到 $Y_{D_1} \sim Y_{D_8}$，下面以 Y_{D_1}、Y_{D_2} 的插值计算为例进行说明，其插值过程如下：

$$\frac{D_1-D}{D_2-D}=\frac{Y_1-Y_{D_1}}{Y_2-Y_{D_1}},\quad Y_{D_1}=\frac{(D_1-D)Y_2-(D_2-D)Y_1}{D_1-D_2} \tag{6-28}$$

$$\frac{D_1-D}{D_2-D}=\frac{Y_3-Y_{D_2}}{Y_4-Y_{D_2}},\quad Y_{D_2}=\frac{(D_1-D)Y_4-(D_2-D)Y_3}{D_1-D_2} \tag{6-29}$$

对 $Y_{D_1} \sim Y_{D_8}$ 以展向曲率值 K_S 插值，得到 $Y_{C_1} \sim Y_{C_4}$，下面以 Y_{C_1}、Y_{C_2} 的插值计算为例进行说明，其插值过程如下：

$$\frac{C_1-C}{C_2-C}=\frac{Y_{D_1}-Y_{C_1}}{Y_{D_2}-Y_{C_1}},\quad Y_{C_1}=\frac{(C_1-C)Y_{D_2}-(C_2-C)Y_{D_1}}{C_1-C_2} \tag{6-30}$$

$$\frac{C_1-C}{C_2-C}=\frac{Y_{D_3}-Y_{C_2}}{Y_{D_4}-Y_{C_2}},\quad Y_{C_2}=\frac{(C_1-C)Y_{D_4}-(C_2-C)Y_{D_3}}{C_1-C_2} \tag{6-31}$$

对 $Y_{C_1}\sim Y_{C_4}$ 以弦向尺寸 L_c 插值，得到 Y_{B_1}、Y_{B_2}，插值计算过程如下：

$$\frac{B_1-B}{B_2-B}=\frac{Y_{C_1}-Y_{B_1}}{Y_{C_2}-Y_{B_1}},\quad Y_{B_1}=\frac{(B_1-B)Y_{C_2}-(B_2-B)Y_{C_1}}{B_1-B_2} \tag{6-32}$$

$$\frac{B_1-B}{B_2-B}=\frac{Y_{C_3}-Y_{B_2}}{Y_{C_4}-Y_{B_2}},\quad Y_{B_2}=\frac{(B_1-B)Y_{C_4}-(B_2-B)Y_{C_3}}{B_1-B_2} \tag{6-33}$$

对 Y_{B_1}、Y_{B_2} 以展向尺寸 L_S 插值，得到最终的插值计算结果 Y_{A_1}，插值计算过程如下：

$$\frac{A_1-A}{A_2-A}=\frac{Y_{B_1}-Y_{A_1}}{Y_{B_2}-Y_{A_1}},\quad Y_{A_1}=\frac{(A_1-A)Y_{B_2}-(A_2-A)Y_{B_1}}{A_1-A_2} \tag{6-34}$$

将式（6-28）~式（6-33）带入式（6-34），得到最终的插值计算结果 Y_{A_1} 的表达式如下：

$$Y_{A_1}=\frac{\begin{bmatrix} Y_{16}(A_1-A)(B_1-B)(C_1-C)(D_1-D)-Y_{15}(A_1-A)(B_1-B)(C_1-C)(D_2-D) \\ -Y_{14}(A_1-A)(B_1-B)(C_2-C)(D_1-D)+Y_{13}(A_1-A)(B_1-B)(C_2-C)(D_2-D) \\ -Y_{12}(A_1-A)(B_2-B)(C_1-C)(D_1-D)+Y_{11}(A_1-A)(B_2-B)(C_1-C)(D_2-D) \\ +Y_{10}(A_1-A)(B_2-B)(C_2-C)(D_1-D)-Y_9(A_1-A)(B_2-B)(C_2-C)(D_2-D) \\ -Y_8(A_2-A)(B_1-B)(C_1-C)(D_1-D)+Y_7(A_2-A)(B_1-B)(C_1-C)(D_2-D) \\ +Y_6(A_2-A)(B_1-B)(C_2-C)(D_1-D)-Y_5(A_2-A)(B_1-B)(C_2-C)(D_2-D) \\ +Y_4(A_2-A)(B_2-B)(C_1-C)(D_1-D)-Y_3(A_2-A)(B_2-B)(C_1-C)(D_2-D) \\ -Y_2(A_2-A)(B_2-B)(C_2-C)(D_1-D)+Y_1(A_2-A)(B_2-B)(C_2-C)(D_2-D) \end{bmatrix}}{(A_1-A_2)(B_1-B_2)(C_1-C_2)(D_1-D_2)} \tag{6-35}$$

对任意一个整体壁板零件，首先分析其控制面展向尺寸、弦向尺寸、展向曲率、弦向曲率，据此以式（6-35）即可预测其曲面展开的误差值大小，若误差值在偏差允许范围内，说明以基于单元等变形的曲面展开方法进行展开计算可保证曲面的展开精度。据此可判断任一曲面是否可以运用该方法进行展开计算，并且可进一步推算该曲面展开方法的适用范围。

取图 6-20 所示零件作为实例进行展开面展向误差值的预测，并与实际展开结果进行比对，验证上面推导的展开误差解析计算公式的可行性。所选零件的基本几何信息如表 6-16 所列。

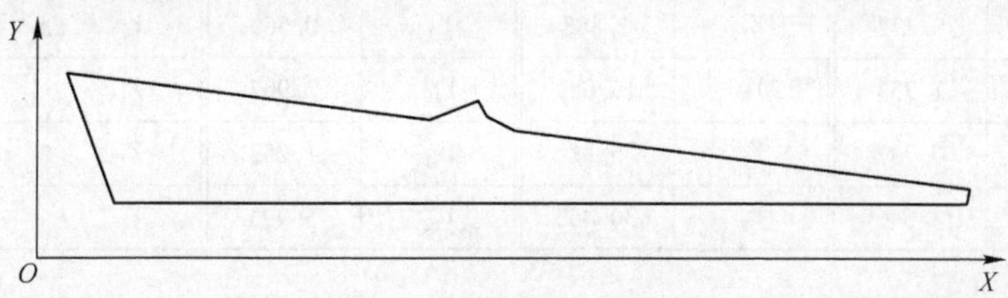

图 6-20　实例整体壁板零件

表 6-16　实例零件基本几何信息

几何尺寸	展向尺寸/mm	弦向尺寸/mm	展向曲率/mm^{-1}	弦向曲率/mm^{-1}	面积/mm^2
设计外形面	10690.883	1588.336	5.179×10^{-6}	1.567×10^{-4}	8477610

对该零件外形面展开，测量展开面的展向尺寸、弦向尺寸、面积，并与零件模型相关项比对，以确定展开偏差，具体展开结果与展开偏差如表 6-17 所列。

表 6-17　试验零件展开结果

几何尺寸	展向尺寸/mm	弦向尺寸/mm	面积/mm^2
外形展开面	10690.917	1588.256	8477650
展开偏差	0.034	0.08	40

运用展开误差解析计算公式预测曲面展开后展向尺寸误差值，首先计算基本几何参数如表 6-18 和表 6-19 所列。

表 6-18　试验零件基本几何参数

A	B	C	D
10690.883	1588.336	5.179×10^{-6}	1.567×10^{-4}
A_1	B_1	C_1	D_1
10000	1000	5×10^{-6}	1×10^{-4}
A_2	B_2	C_2	D_2
15000	3000	1×10^{-5}	5×10^{-4}

表 6-19　整体壁板零件展开偏差计算公式参数

Y_1	0.372	Y_5	2.888	Y_9	0.569	Y_{13}	5.043
Y_2	1.753	Y_6	15.089	Y_{10}	2.967	Y_{14}	24.333
Y_3	0.737	Y_7	5.81	Y_{11}	1.253	Y_{15}	10.061
Y_4	3.646	Y_8	30.453	Y_{12}	5.993	Y_{16}	47.832

将所得数据进行计算得到：$Y_{A_1}=0.067$mm，即以拟合公式预测的展向尺寸展开误差为0.067mm，对于展向尺寸为10690.883mm的整体壁板零件，展开面展向尺寸符合误差要求；实际展开误差测量值为0.034mm，同样符合误差要求。对于整体壁板零件曲面展开，保证预测误差值与实际展开误差值在同一数量级，则说明预测结果基本可靠。

2. 用于展开的控制曲面确定

由于工程上的需要，整体壁板零件模型展开必须保证其外形面尺寸的准确性，因此在整体壁板展开过程中，通常选择外形面作为参考曲面进行展开。但是考虑整体壁板喷丸成形实际变形情况，成形后壁板外形面面积变大，而且根据壁板结构的不同，面积变化的比率也不确定。以外形面为控制面的展开建模必然导致其板坯模型内形面面积和外形面面积增大，同时体积和质量也相应增加。理论上，在外形面和内形面之间存在着一个曲面，它的面积在成形前后不发生变化，称为中性层。以中性层面为控制面的整体壁板展开建模结果与理论计算结果更加接近。然而，由于整体壁板零件内部结构复杂，存在加强筋、加强凸台、下陷等结构，中性层位置不易确定，为提高建模效率，在零件曲度较小，且以外形面作为控制面与以中性层面作为控制面的展开结果偏差在允许范围内的情况下，选择以外形面作为控制面展开并创建板坯模型，可以有效提高建模效率。

对不同曲率与尺寸的整体壁板零件分别以外形面与中性层面作为控制面展开计算并创建板坯模型，对比展开后控制面边界线长度、面积以及板坯模型体积与零件模型的偏差值，分析以外形面作为控制面进行展开的适应范围。

整体壁板零件外形面的曲率半径大，中间层可近似为中间位置。整体壁板成形过程中，通常认为其厚度值保持不变。因此，基于外形面的展开建模，其基体的衍化表现为外形边界（外形面）的衍化，内形面基于等厚度假设重构；而基于中间位置面的展开建模，其衍化过程表现为中间位置曲面展开为等面积平面，基于等厚度假设重构外形面和内形面（图 6-21）。

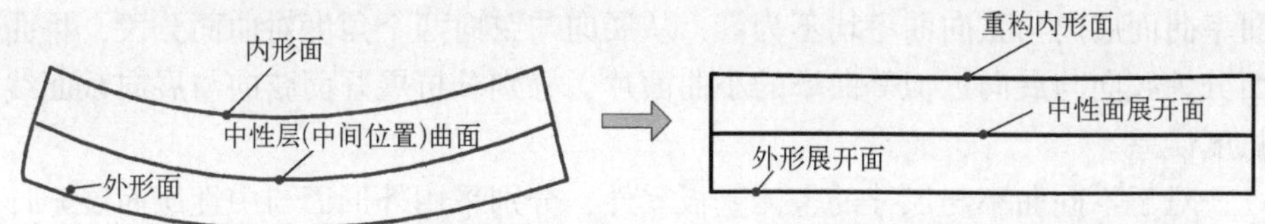

图 6-21　等厚度整体壁板基体沿中性面展开后轮廓变化

整体壁板零件模型基体建模的一般过程：创建基体轮廓草图—拉伸凸台/厚曲面—外形面修剪—内形面修剪—边界轮廓修剪。在壁板基体建模结束后，需要用边界参考平面对其轮廓进行修剪，以满足最终的装配要求。通常情况下，边界参考平面不与草图平面垂直，所以整体壁板零件模型边界不与草图平面垂直，而是与壁板外形面垂直，如图 6-22 所示。

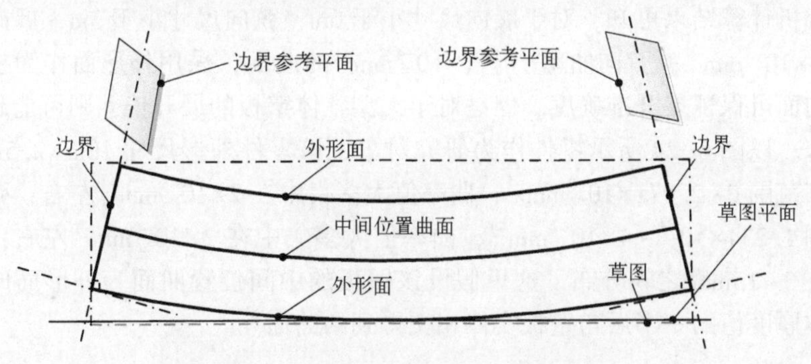

图 6-22　整体壁板边界与草图平面垂直

因此，从理论上来讲，基于整体壁板零件中性层面积不变和壁板厚度不变的前提假设，以中性层面为基准的结构要素展开和特征重构结果与壁板喷丸实际情况更接近；而以外形面为参考的整体壁板的展开建模结果作为制造依据会导致壁板喷丸成形后尺寸变大，如图 6-23 所示。

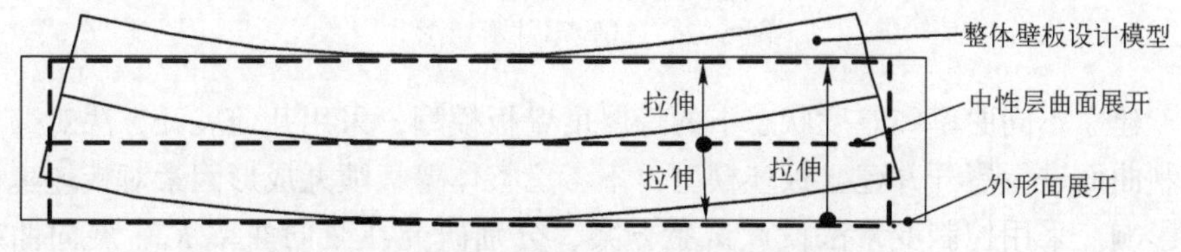

图 6-23　外形面展开与中间位置曲面展开比较

整体壁板零件外形面有单曲率曲面与双曲率曲面之分，单曲率曲面即展向曲率为零的曲面，该类零件只分析其弦向曲率变化并依据曲率分段，因展向曲率为零，故展开面不存在展向截面线误差，只分析展开面弦向截面线误差；双曲率曲面展向与弦向曲率均不为零，从展向与弦向两个角度对曲面分段，将曲面分为弦向与展向近似等曲率的小曲面片，分别分析展开面弦向与展向截面线长度误差。

对于不同曲率与尺寸的整体壁板零件，分别采用外形面与中性层面展开计算，基于展开结果创建板坯模型，对两板坯模型在对应位置做多组截面，通过分析两板坯模型展开面面积、对应截面线长度及板坯模型体积分析零件展开误差，判断以外形面与中性层面作为控制面创建的板坯模型误差随壁板零件曲率与尺寸变化关系。整体壁板零件外形复杂，多数零件外形曲面为变曲率曲面，不易进行控制面截面线长度、面积与板坯模型体积的计算，对该类零件控制面依次从弦向与展向按曲率分段，每段近似为等曲率曲面，分段计算以外形面与中性层面展开的误差，各段误差累计即为零件外形面展开误差。

分析计算结果可知，对于展向尺寸小于6m，弦向尺寸小于3m，展向曲率小于$1\times10^{-5}\text{mm}^{-1}$，弦向曲率小于$1\times10^{-4}\text{mm}^{-1}$的曲面，采用外形面作为控制面展开曲面可保证展开准确度。但是对于大型整体壁板的展开偏差则可能超过精度要求。以图6-24所示零件作为研究对象，该零件外形尺寸10m×2.5m，展向曲率范围$0\sim2.971\times10^{-5}\text{mm}^{-1}$，曲率值大多集中在$2\times10^{-5}\text{mm}^{-1}$左右；弦向曲率范围$1.234\times10^{-4}\sim4\times10^{-4}\text{mm}^{-1}$，曲率值大多集中在$2\times10^{-4}\text{mm}^{-1}$左右；壁板厚度在3~15mm之间分布。这里假设该壁板的中间位置曲面为外形面向内偏移基体厚度值的一半后与壁板实体相交得到的曲面。

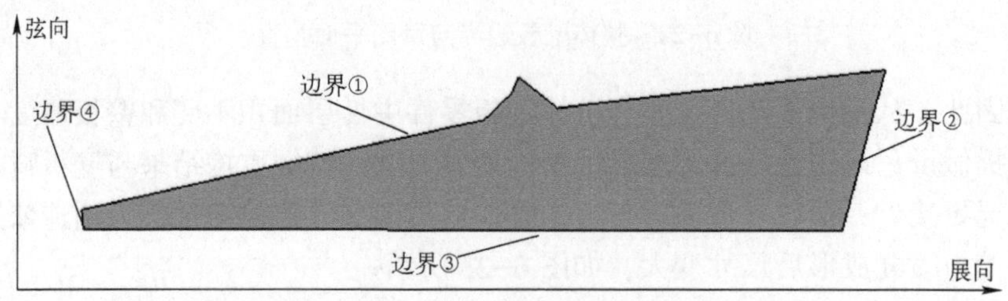

图6-24　试验零件示意图

建立不同曲率和厚度状态下的等厚度壁板模型，采用几何展开方法对壁板控制曲面进行展开并建立板坯模型，不考虑整体壁板喷丸成形因素对板坯建模的影响。采用控制变量法设计试验方案，分别研究在弦向曲率K_1、展向曲率K_2、展向尺寸L_S、弦向尺寸L_c和厚度t等因素作用下以外形面为基准和以中间位置曲面为基准展开结果的差异。控制变量的取值如下：对于弦向尺寸L_c为1000mm、2000mm、3000mm，展向尺寸L_S为5000mm、10000mm、15000mm进行组合，再分别与弦向曲率/展向曲率/厚度的取值$1.677\times10^{-4}\text{mm}^{-1}$/0/5mm、

$1.818\times10^{-4}\,\mathrm{mm}^{-1}/0/5\mathrm{mm}$、$2.222\times10^{-4}\,\mathrm{mm}^{-1}/0/5\mathrm{mm}$、$1.677\times10^{-4}\,\mathrm{mm}^{-1}/2\times10^{-5}\mathrm{mm}^{-1}/5\mathrm{mm}$、$1.677\times10^{-4}\mathrm{mm}^{-1}/0/15\mathrm{mm}$ 进行组合。

分别对该壁板零件外形面和中间位置曲面进行展开，并在展开轮廓的基础上建立厚曲面作为壁板基体结构，测量展开后平面轮廓的面积和边界尺寸以及基体结构的体积。通过对不同试验组的展开结果进行测量，分析不同因素对展开结果的影响。将展开后的边界尺寸、曲面面积 S、重建后的体积 V 等作为比较的指标。对于与弦向曲率/展向曲率/厚度取值为 $1.677\times10^{-4}\,\mathrm{mm}^{-1}/2\times10^{-5}\mathrm{mm}^{-1}/5\mathrm{mm}$ 的试验结果如图 6-25~图 6-27 所示。

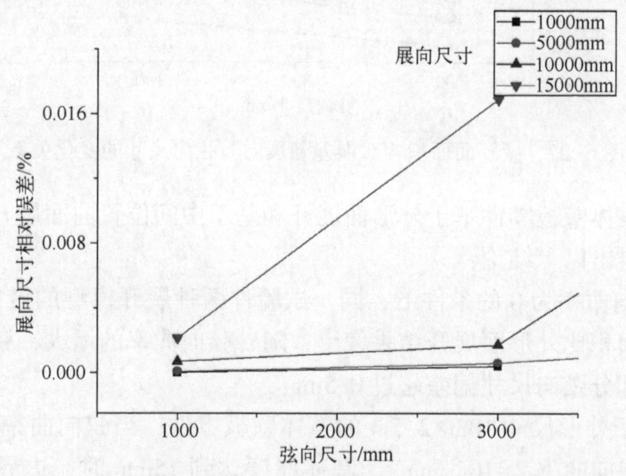

图 6-25　展开面展向尺寸相对误差随展向与弦向尺寸的变化关系

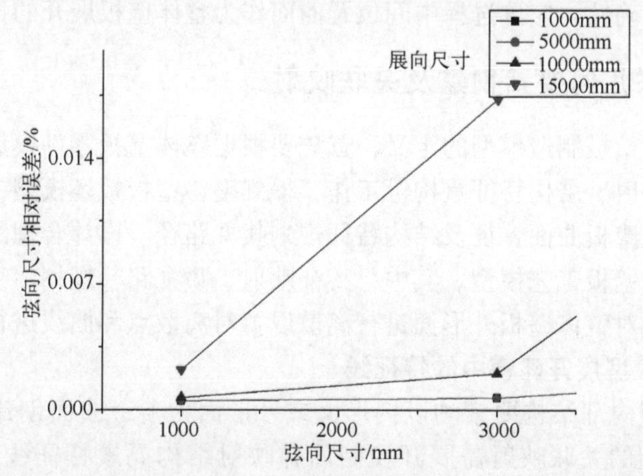

图 6-26　展开面弦向尺寸相对误差随展向与弦向尺寸的变化关系

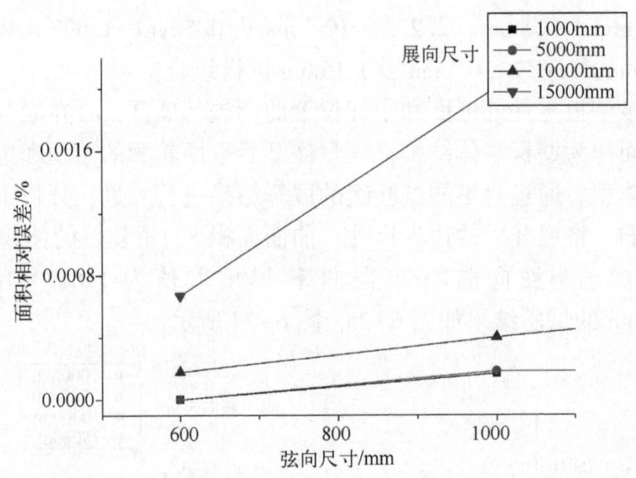

图 6-27　展开面面积相对误差随展向与弦向尺寸的变化关系

通过对整体壁板零件基于外形面展开和基于中间位置曲面展开结果数据的对比分析，得出以下结论：

（1）展向曲率为 0 的条件下，同一试验件两种展开模型的展向尺寸相同，弦向尺寸和面积比外形面展开结果偏小；随着弦向曲率的增大，弦向边界尺寸偏差增大，部分弦向尺寸偏差超过 0. 5mm。

（2）对于外形尺寸 10m×2. 5m 的整体壁板零件，当弦向曲率达到 $2.222\times10^{-4}\mathrm{mm}^{-1}$、展向曲率 $2\times10^{-5}\mathrm{mm}^{-1}$、基体厚度达到 15mm 时，边界长度偏差会达到 0. 5mm 以上，超出壁板展开的精度要求。因此，为了保证大型整体壁板展开结果的准确性，应该选择中间位置曲面作为整体壁板展开的控制曲面。

6. 2. 3　关联几何要素创建及关联映射

对于整体壁板制造模型的定义，首先要根据整体壁板零件模型进行控制面展开、特征映射、结构特征重构等工作，得到整体壁板板坯模型；在板坯模型基础上，根据壁板曲面特征及结构特征规划喷丸路径、设计合理的喷丸工艺参数，形成整体壁板工艺模型。其中，特征映射、喷丸路径规划、喷丸工艺参数设计等都需要对整体壁板外形面进行离散以及对离散点和曲线进行映射。

1. 零件模型展开建模中的特征线

整体壁板内部结构要素均以内形面或外形面为参考曲面创建，故零件模型到板坯模型的关联映射需展开控制面并映射结构要素特征线。如图 6-28 所示，特征线是指在外形面或草图面上做出的能反映结构要素截面属性的二维几何轮廓，即结构要素轮廓线、筋条引导线，整体壁板板坯模型基体及结构要素的建模通常是由特征线通过拉伸凸台或厚曲面而得到的。因此，假设展开前后基体和结构要素的高度都不发生变化，结构要素特征线映射到外形展开面上的结果直接影响板坯模型结构要素的几何尺寸。

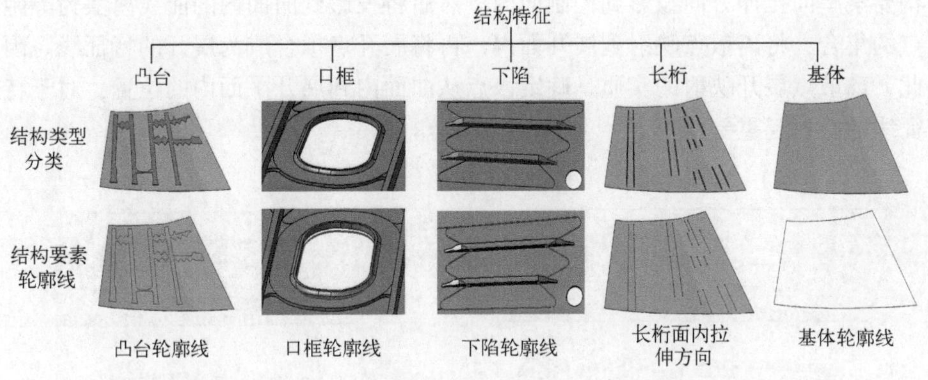

图 6-28　整体壁板模型结构要素轮廓线

2. 关联几何要素创建及特征线映射

如图 6-29 所示，特征线关联映射首先应将特征线投影到控制面内，建立与控制面间关联关系，随控制面的展开过程将投影线映射到展开面内，作为板坯模型结构要素建模的基准。为保证展开的板坯模型体积不变，以几何要素厚向拉伸方向为投影方向将特征线投影到控制面内得到投影线；再根据控制面与展开面之间的对应关系，将其映射到展开面内。

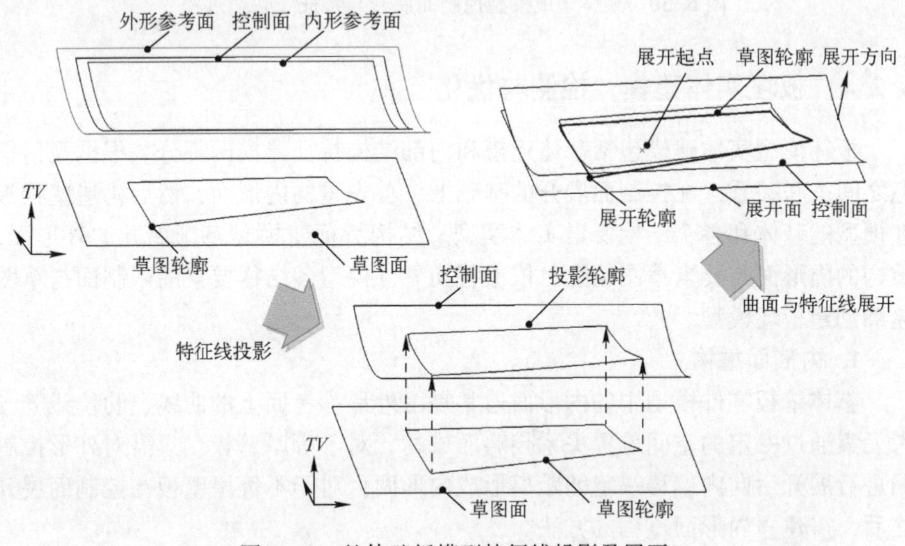

图 6-29　整体壁板模型特征线投影及展开

特征线映射的关键在于首先建立特征线与控制曲面间关联关系，进而建立展开平面和待展曲面的空间网格映射关系，基于此计算映射到展开面内的特征线。整体壁板结构要素轮廓线的映射过程如图 6-30 所示，先将特征线按照结构要素厚向拉伸方向投影到控制面内，然后将投影到曲面内的曲线离散为等距点的集合，将离散点映射到展开面内，再将展开点拟合成为展开的特征线。因此，离散点展开映射的实质是确定该点从曲面内到展开平面内的位置，对于特征线的映射起重要作用。

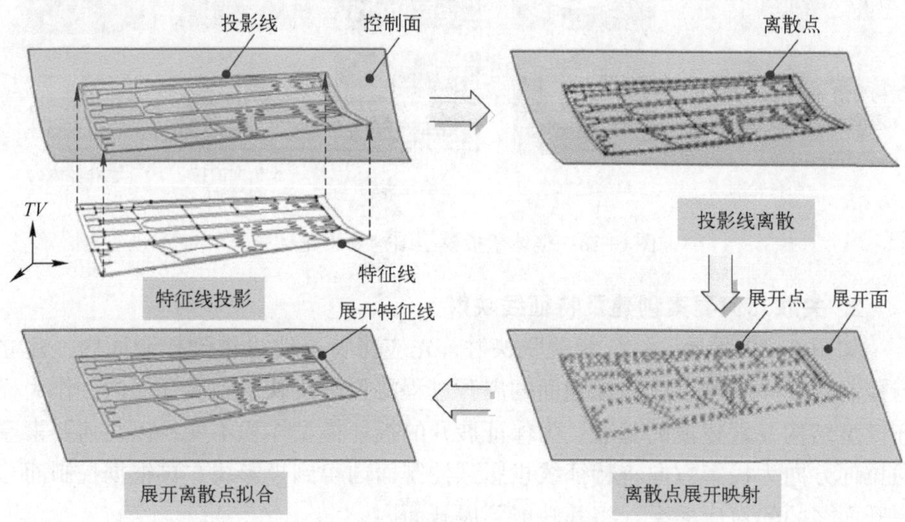

图 6-30　整体壁板模型控制面展开与特征线映射过程

6.2.4　板坯实体建模、检测与优化

板坯模型实体建模包括基体建模和内部结构特征建模两部分。根据几何信息之间关联关系，在控制面展开的基础上，首先重构内形面，然后构造壁板板坯模型的基体和各个结构要素实体模型。结构特征建模是基于展开的外形面、重构的内形面与要素草图轮廓，依次替换零件模型各结构要素的限制面与草图轮廓创建板坯模型。

1. 内形面重构

整体壁板零件模型中的内形面通常是由外形参考面上的曲线、肋位线等参考元素通过一定的空间位置关系扫略而成的。对于等厚壁板，只需对外形控制面进行展开后向内偏移一定的距离形成内形面；对于不等厚壁板在控制面展开之后，需建立内形面重构的方法。

传统的内形面构造方法是在外形面离散的基础上，手动测量离散点处壁板的厚度值，在展开后的外形面上找到对应的离散点，并依次过离散点做展开外形面的垂线，根据测量的厚度值在垂线上取相应的点作为内形面上的点，最后拟合形成内形面。

为了提高内形面重构速度，减少人为因素造成的错误，提出基于建模过程重用的内形面快速重构方法。通过查看内形面的构建过程，明确其“父级/子级”关系，依次找到构造内形面所需的最底层控制元素，将相关曲线投影到控制面上，然后将投影线映射到控制面展开面上，并替换零件模型中的原始参考几何元素，形成基于草图重构的内形面（图 6-31）。通过检测控制面离散点到内形面的法向距离来对重构的内形面进行检测。

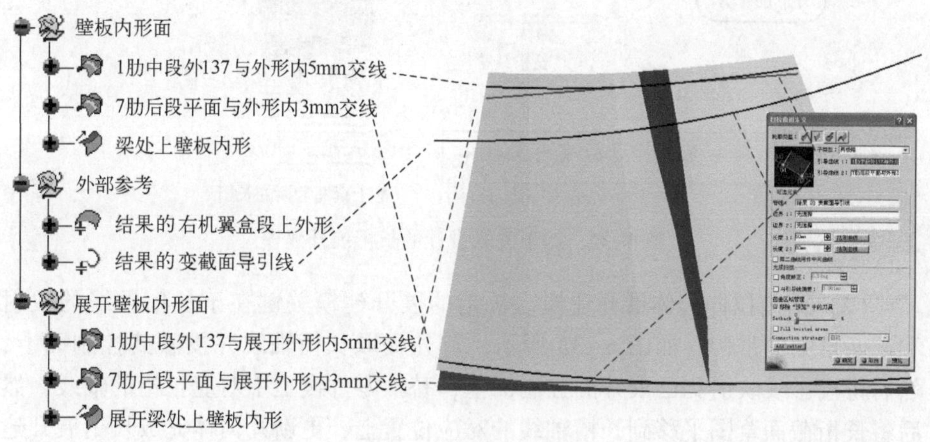

图 6-31　内形面重构

2. 结构要素快速建模

根据结构要素的“父级/子级”关系，提取各结构要素建模的截面参考曲线或截面草图，并将其投影到选择的控制面上，将投影线映射到控制面的展开面上，作为板坯模型结构要素建模的依据。对于壁板基体和内部结构要素，首先将其展开映射到展开面上生成的轮廓线转换成为草图，用新生成的轮廓草图替换零件模型中该结构特征的草图，几何实体的创建方式和结构参数保持不变。

以整体壁板长桁为例，基于关联设计的展开建模如图 6-32 所示。

（1）板坯模型基体展开建模。提取外形面展开后的轮廓，替换零件模型中的轮廓草图，通过凸台拉伸得到具有一定厚度的几何体；分别用控制面展开面和重构的内形面对创建的几何体进行修剪，得到整体壁板基体。

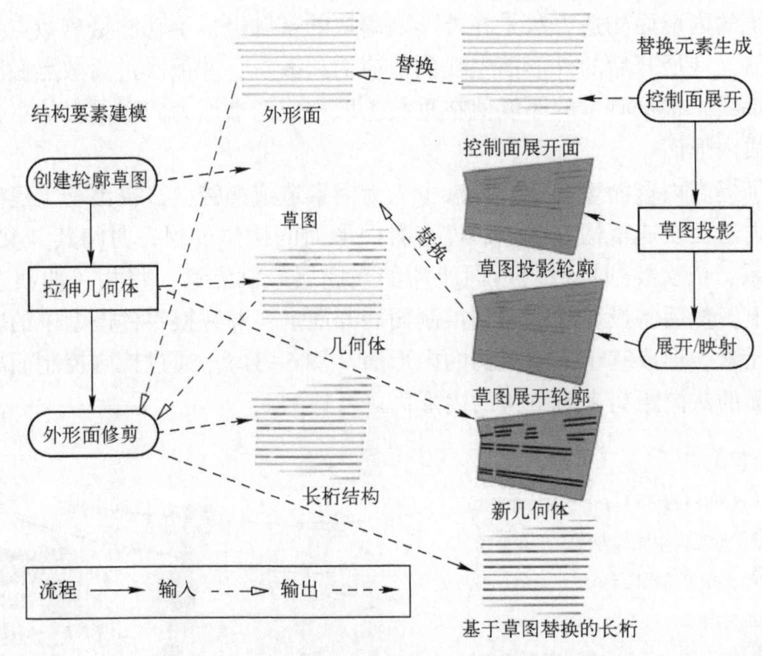

图 6-32　基于关联设计的长桁展开建模

（2）面内拉伸实体展开建模。长桁的展开建模关键在于长桁轴线的映射和截面草图的重构。如图 6-33 所示，首先提取长桁轴线并投影到控制面上，然后将投影线映射到已展开的控制面上；替换零件模型中对应长桁的轴线，然后将长桁截面草图平移到长桁轴线的对应位置上，更新几何体完成长桁展开建

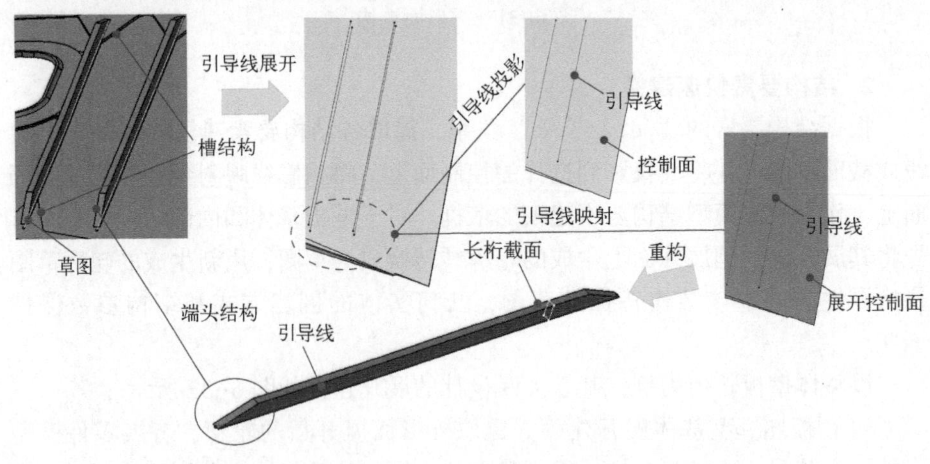

图 6-33　长桁结构特征展开建模

模。对于部分不方便平移的长桁截面草图，需要根据其在零件模型中的创建方式，在映射后的长桁轴线上重新创建截面草图，然后用长桁轴线拉伸，完成长桁结构的建模。

（3）凸台类实体展开建模。凸台类实体展开建模关键在于草图轮廓的映射和替换。首先将零件模型中的凸台轮廓草图投影到控制面上，将投影线映射到控制面的展开面上，替换零件模型中的凸台轮廓草图，保持凸台结构的高度参数不变，完成凸台的建模。如图 6-34 所示，对于结构上带孔的凸台，需要同时提取其内孔的草图轮廓并通过同样的方法映射到控制面展开面上，替换零件模型中的该轮廓草图，形成具有一定高度的凸台，更新零件几何体，即可完凸台结构展开建模。

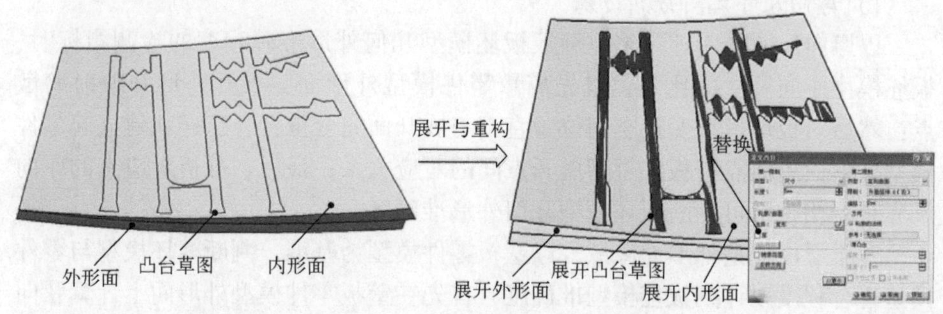

图 6-34　梁加强凸台结构展开建模

3. 板坯模型检测

对展开的板坯模型进行几何外形检测，以保证板坯模型的准确性，对存在偏差的零件模型及时修改，以免造成返工与浪费。板坯检测需与零件模型比对，分析其各项尺寸与零件模型的符合程度，故难点在于对应项比对信息的匹配，零件模型基于曲面创建，板坯模型基于平面创建，难以直接比对，人工匹配工作量大且易出现纰漏。通过建立整体壁板板坯模型与零件模型比对分析方法，判断板坯模型的几何外形准确度。

整体壁板展开建模是在零件体积不变，展开控制面面积不变，建模过程不变的基础上，将控制曲面展开成平面，基于展开前后曲面的空间位置关系，将相应零件模型状态下的结构要素轮廓线映射到平面板坯模型状态下，并基于展开面与展开轮廓线创建板坯模型。故合格的板坯模型体积、控制面面积、厚向尺寸、要素轮廓线长度与相对位置应与零件模型一致。所以，对板坯模型的检测应包括对各结构要素轮廓尺寸、相对位置、厚向尺寸的综合判断。然而各结构要素轮廓尺寸、相对位置的变化都会引发对应位置厚向尺寸的改变，当壁板外形面离散点划分足够细密时，通过检测板坯模型在各离散点处的厚度值与零件模型对应位置的符合程度即可同时反映板坯模型各结构要素轮廓尺寸、相对位置、厚向尺寸与零件模型符合程度。据此，当离散点划分足够细密时，以厚向尺寸作为检测指标评判板坯模型外形尺寸是否合格。

复杂整体壁板零件内部结构要素众多，而肋、梁、长桁结构处有装配需求，精度要求高，属于关键结构要素，因此，为避免离散点分布不足以覆盖肋、梁、长桁结构整体，导致关键结构要素轮廓线与基准线的长度或相对位置检测不够精确，还需检测肋位线，梁轮廓线、长桁轴线等关键结构要素轮廓线尺寸与相对位置，在保证厚向尺寸的前提下进一步确保关键结构要素轮廓线尺寸准确。

1）厚向尺寸比对分析方法

以厚向尺寸作为评判整体壁板板坯模型几何外形准确程度的检测指标时，板坯模型厚向尺寸的比对，首先离散零件模型外形面，展开外形并映射离散点；然后对板坯模型变换空间位置直至与展开面完全重合，这样就建立起零件模型外形面离散点与板坯模型展开点间的对应关系；最后，分析对应点的厚向尺寸是否相符即可判断板坯模型几何外形准确度。

对于零件模型外形面离散，以壁板零件模型为基准，判断板坯模型与零件模型符合程度以评判板坯模型准确度，首先在壁板零件模型外形面上计算弦向参考线与展向参考线并计算其交点作为离散点，对于零件模型外形面上的任一离散点，做外形面的法线，与零件模型相交，得两交点，测量外形面法线在两点间线段长度，这个长度即为壁板零件模型在该点处厚度值。

板坯模型检测方法的关键在于建立零件模型与板坯模型对应离散点位置的匹配关系，首先将零件模型外形面展开同时映射外形面上离散点，以这一展开面作为关联零件模型与板坯模型的中间媒介，变换板坯模型的空间位置，使其外形面与作为媒介的展开曲面最大程度重合，这样就建立了零件模型与板坯模型间的关联关系，展开离散点在需检测板坯模型外形面的位置即与展开前离散点在零件模型外形面的位置对应。对于板坯模型外形面上的展开离散点，做外形面的法线，与板坯模型相交，得到两个交点，测量外形面法线在两点间线段长度，即为壁板板坯模型在该点处厚度值。判断壁板零件模型和板坯模型在相应离散点处的厚度偏差是否在要求值 δ 范围内（δ 为允许的最大误差值），若任一离散点处厚向尺寸偏差均未超出误差范围，则壁板板坯模型检验合格。

针对整体壁板零件模型与板坯模型在展开前后控制面对应位置的厚向尺寸，比对后分析整体壁板板坯模型建模的准确度，生成并输出检测报告，其内容包括：离散点编号值、展开前离散点坐标值、零件模型在各离散点处厚度值、展开后离散点坐标值、展开后板坯模型在对应离散点厚度值、展开前后零件在对应离散点处厚度值偏差、展开前后零件体积及体积偏差。对展开的板坯模型 Part＊-ZK. CATPart 取 1244 个点进行检测，出现 0. 01mm 以上偏差的点为 24 个，主要分布在长桁与口框边缘位置，如图 6-35 所示。

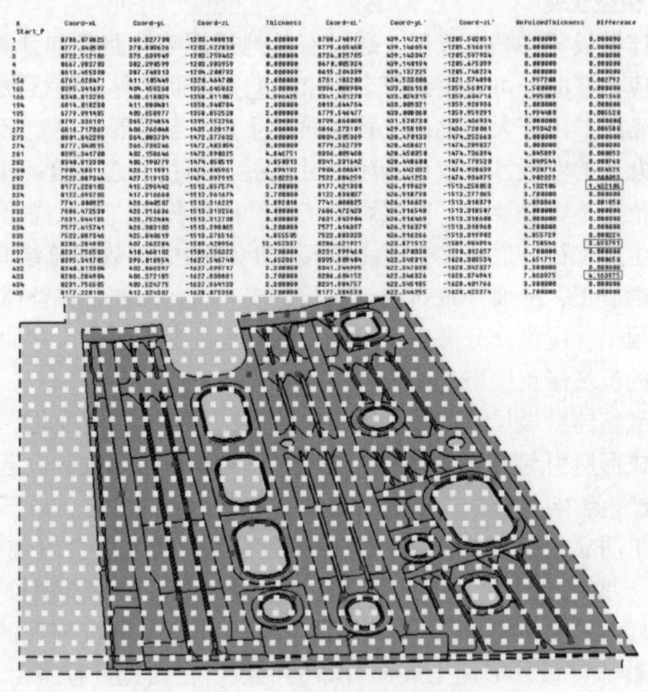

K Start_P	Coord-xL	Coord-yL	Coord-zL	Thickness	Coord-xL'	Coord-yL'	Coord-zL'	UnFoldedThickness	Difference
1	8786.070625	369.927700	-1203.480818	0.000000	8788.740977	439.147213	-1205.502851	0.000000	0.000000
2	8777.040509	370.809626	-1203.527830	0.000000	8779.665458	439.146654	-1205.516615	0.000000	0.000000
3	8722.512106	376.039949	-1203.759462	0.000000	8724.825765	439.143347	-1205.597934	0.000000	0.000000
4	8667.983700	382.290599	-1203.989959	0.000000	8670.005324	439.140194	-1205.675399	0.000000	0.000000
5	8613.455300	387.748313	-1204.200792	0.000000	8615.204339	439.137225	-1205.748224	0.000000	0.000000
156	6761.628471	411.105449	-1320.464708	2.000000	6761.183283	434.533088	-1321.574898	1.997208	0.002792
165	8395.341697	404.459268	-1358.645862	1.500000	8396.080904	433.026168	-1359.560178	1.500000	0.000000
166	8340.813296	408.618024	-1358.811087	4.996425	8341.401278	433.024315	-1359.604716	4.995085	0.001340
194	6814.018230	411.080481	-1358.940784	2.000000	6818.644764	433.009321	-1359.928936	2.000000	0.000000
195	6779.991435	409.650977	-1358.852528	2.000000	6779.546427	433.008060	-1359.959291	1.994480	0.005520
196	8797.336101	365.724854	-1395.552256	0.000000	8799.860098	431.520730	-1397.466934	0.000000	0.000000
272	6816.717369	406.766048	-1435.628170	2.000000	6816.273101	429.958189	-1436.728061	1.993420	0.006580
273	8801.842298	364.003734	-1472.377632	0.000000	8804.305969	428.470133	-1474.252663	0.000000	0.000000
274	8777.040515	366.738246	-1472.483094	0.000000	8779.362739	428.468621	-1474.289837	0.000000	0.000000
281	8395.341700	402.158646	-1473.898325	4.846751	8396.009468	428.450350	-1474.736394	4.845899	0.000853
282	8340.813300	406.190779	-1474.050519	4.850313	8341.331642	428.448600	-1474.770520	4.849544	0.000769
290	7904.586111	426.211991	-1474.845961	4.894192	7904.600641	428.442032	-1474.928639	4.928716	0.034525
297	7522.007344	427.519153	-1474.897915	4.902230	7522.004259	428.441253	-1474.934975	4.902322	0.000093
323	8177.228102	415.296442	-1512.857574	3.700000	8177.421398	426.919629	-1513.250853	5.132106	1.432106
324	8122.699708	417.916660	-1512.961674	3.700000	8122.830037	426.918798	-1513.277065	3.700000	0.000000
331	7741.000925	426.840587	-1513.316229	5.892018	7741.000825	426.916629	-1513.318379	5.893868	0.001850
332	7686.472530	426.916636	-1513.319256	0.000000	7686.472423	426.916540	-1513.318507	0.000000	0.000000
333	7631.944135	426.752484	-1513.312738	0.000000	7631.943904	426.916469	-1513.318608	0.000000	0.000000
334	7577.415741	426.383103	-1513.298065	4.200000	7577.414397	426.916379	-1513.318960	4.200000	0.000000
335	7522.007346	425.840619	-1513.276516	4.855505	7522.003323	426.916266	-1513.319702	4.855729	0.000224
396	8286.284903	407.262284	-1589.428956	13.452337	8286.621921	423.871512	-1589.984994	9.758546	3.693791
397	8231.756503	410.468102	-1589.556322	3.700000	8231.999460	423.870338	-1590.012657	3.700000	0.000000
401	8395.341705	399.018954	-1627.546740	4.652061	8395.909404	422.349314	-1628.303534	4.651711	0.000350
432	8340.813304	402.869397	-1627.699717	3.300000	8341.244995	422.347698	-1628.342327	3.300000	0.000000
433	8286.284904	406.372185	-1627.830081	3.700000	8286.604152	422.346326	-1628.374941	7.863975	4.163975
434	8231.756505	409.524775	-1627.964133	3.300000	8231.984757	422.345185	-1628.401766	3.300000	0.000000
435	8177.228106	412.324307	-1628.075358	3.700000	8177.384530	422.344255	-1628.423274	3.700000	0.000000

图 6-35　板坯模型检测结果

2）关键基准线/轮廓线比对分析方法

整体壁板零件肋、梁、长桁结构处有装配需求，精度要求高，因此在厚度检测的基础上通常还需要对肋、梁、长桁结构进行肋位线、梁轮廓线与长桁轴线的长度值与相对位置检测，以保证关键要素的准确性与装配协调性。

（1）肋基准在模型中多以肋基准面的形式表达，检测时先计算肋基准面与外形面交线得到肋位线，再展开外形面与肋位线，比对展开前后肋位线长度值。

（2）梁基准在模型中多以梁轮廓线的形式表达，检测时将梁轮廓线投影到外形面，随外形面的展开过程映射到展开面内，比对展开前后梁轮廓线的长度值。

(3) 长桁轴线在模型中多以轴基准的形式表达，检测时将轴基准投影到外形面，随外形面的展开过程映射到展开面内，比对展开前后轴线的长度值。

(4) 计算肋位线与长桁轴线、梁轮廓线的交点，比对交点与零件模型对应点在其所在的肋位线、长桁轴线、梁轮廓线上的比例值，以此判断肋位线、长桁轴线、梁轮廓线的相对位置准确度。

4. 板坯模型优化

对于整体壁板零件喷丸成形，通过有效地规划喷丸路径和计算工艺参数，并辅助以预应力弯曲，可以得到符合要求的壁板型面。整体壁板加工过程中会发生展向的延展，由于大型整体壁板展向尺寸大，当延展量误差累积达到一定程度时，喷丸后的壁板零件就会产生尺寸超差，不仅其总长度不能满足要求，并且各个肋位也不符合要求，直接影响了后续机翼装配，无法满足无余量装配要求。实际生产中往往通过多个 1:1 模拟试验件的实测数据总结其延展规律，进行板坯补偿修正，从而导致研制周期长、成本高。因此，在整体壁板板坯模型定义的过程中，应该充分考虑壁板延展量对零件最终成形尺寸的影响，建立考虑延展量的板坯修正模型。

导致大型整体壁板尺寸延展的因素非常多，主要有温度变化、板坯数控加工以及喷丸成形所引起的尺寸延展。其中，喷丸成形是导致壁板延展的主要因素，延展量严重影响其装配。壁板的延展有展向和弦向之分，由于弦向尺寸较小，延展量不明显，但是对于部分复杂外形零件，喷丸后会出现弦向边界局部变形；由于展向尺寸大，在实际喷丸过程中展向延展量累积较大，导致按照实际尺寸喷丸成形的壁板零件展向尺寸过大，超出壁板装配的公差要求；肋位线作为整体壁板外形面上展向分布的曲线，在喷丸过程中由于展向的延展也会产生一定的位置偏移。根据喷丸成形检测结果对整体壁板析坯的优化过程如图 6-36 所示。

整体壁板展向延展主要指喷丸成形后壁板展向尺寸由 l_u 变为 l_u^S，弦向边界向外偏移了 $\Delta l_u^S(\Delta l=l_u^S-l_u)$，为了克服展向延展量，在整体壁板板坯建模过程中，将发生延展的弦向边界向内缩短 Δl_u^O，如图 6-37 所示。

整体壁板喷丸成形的弦向延展主要表现为喷丸成形后弦向边界的移动。整体壁板零件由于弦向尺寸较小，喷丸成形后零件弦向边缘发生局部变形，弦向上下边界分别由两侧鼓起，中间某一位置发生偏移最大距离为 Δd^S，因此为了避免实际喷丸成形过程中壁板弦向边界发生移动变形，可以对板坯模型进行适当的优化，即将弦向边界向喷丸变形的相反方向进行偏移，最大偏移量为 Δd^O，如图 6-38 所示。

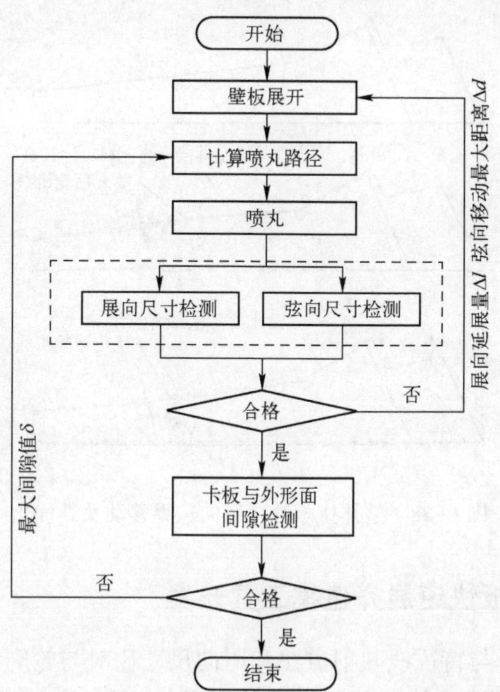

图 6-36　喷丸变形检测反馈作用的制造模型优化

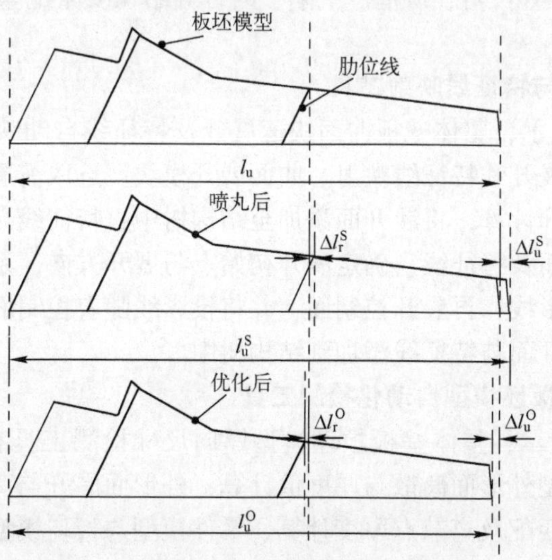

图 6-37　整体壁板喷丸展向延展及其优化

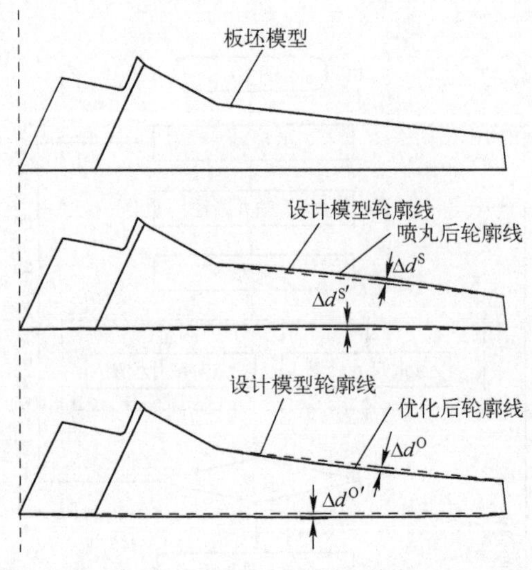

图 6-38　整体壁板喷丸弦向边界移动及其优化

6.2.5　整体壁板快速展开建模工具开发

依据曲面展开与特征线映射方法和厚向尺寸比对与轮廓线比对方法，利用基于 CATIA 二次开发整体壁板板坯建模工具集，包括有：曲面展开与特征线映射工具和整体壁板板坯模型自动化检测工具，可实现外形面曲率半径在 2500mm 以上且带有长桁、口框、下陷、凸台等结构要素的整体壁板类零件快速精确展开建模。

1. 曲面展开与特征线映射工具

如图 6-39 所示，整体壁板曲面快速展开及特征线自动映射工具有两个功能模块，即曲面展开和特征线映射。曲面展开模块：选取需展开控制面，采用等面积法进行展开计算，将展开面添加至结构树中；特征线自动映射模块：选择整体壁板控制面及特征线，确定展开初始点与展开方向，系统首先计算特征线在控制面内投影线，再展开控制面，并将投影线随着控制面展开过程映射至展开平面，将展开面与特征线添加到结构树中。

2. 整体壁板板坯模型自动化检测工具

如图 6-40 所示，整体壁板板坯模型厚向尺寸检测工具有 4 个功能模块：整体壁板零件模型外形面离散与厚度值计算、外形面展开与离散点映射、板坯模型与展开外形匹配及离散点厚度计算、零件模型与板坯模型厚度值比对，输入的初始信息包括离散参数、离散基线、离散曲面，展开前后模型实体等，输出检测文件，并在模型中标记超差部位。

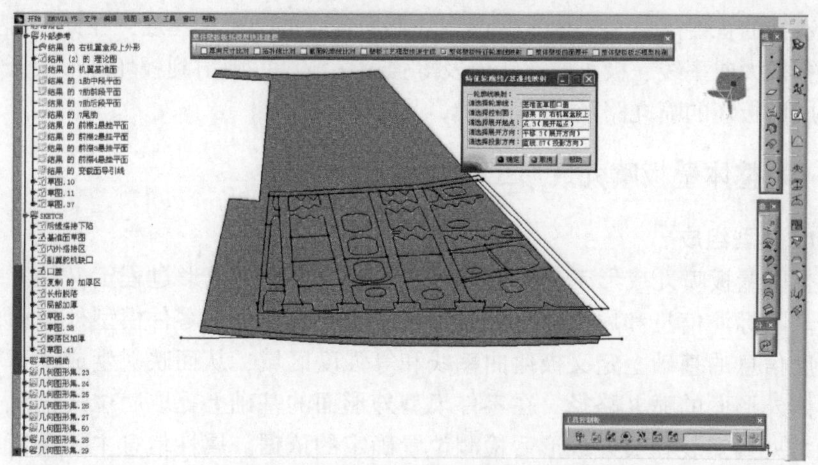

图 6-39　特征线自动映射模块主界面

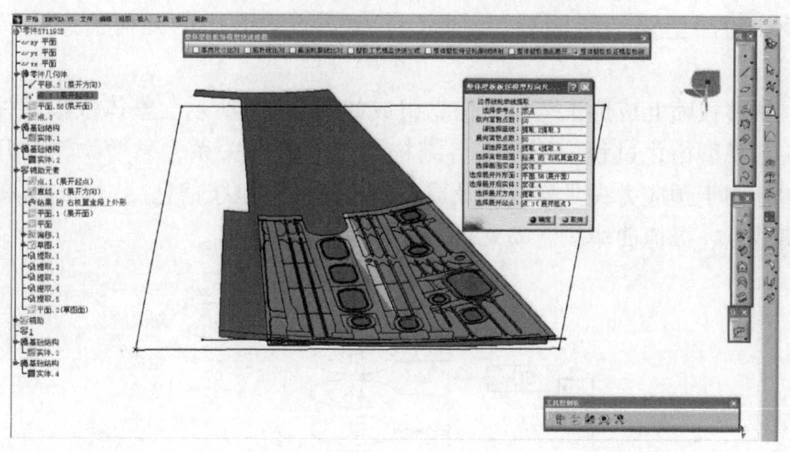

图 6-40　整体壁板板坯模型自动化检测工具主界面

6.3　整体壁板喷丸成形工艺模型定义方法

整体壁板喷丸成形是对平面板坯零件进行加工，使零件发生弯曲和延展变形，得到符合设计外形曲面的零件。喷丸成形工艺模型定义的核心是根据整体壁板零件结构特征规划出合适的喷丸路径，用于生成喷丸数控指令。整体壁板零件模型外形曲面的曲率分布反映了零件各部分的弯曲方向和弯曲程度，零件模型的厚度分布则反映了零件自身的强度分布。因此，整体壁板喷丸成形工艺模型定义的首要问题是提取零件模型外形面各点的曲率和厚度，在此基础上分别计算极大曲率线、极小曲率线以及等强度区域，并映射到板坯外形展开面上形成成形板坯的喷丸路径。

6.3.1 整体壁板喷丸成形工艺模型衍化过程

1. 模型组成

整体壁板喷丸成形工艺模型是面向整体壁板喷丸成形过程定义的三维几何信息、标注信息和属性信息。几何信息主要是在分析零件模型外形面曲率和厚度信息的基础上定义极值曲率线和等强度区域，从而映射生成基于板坯几何体外形面的喷丸路径；在零件模型外形面的基础上提取肋位线信息作为预应力夹具安装和喷丸成形后检测位置确定的依据。属性信息主要是面向喷丸成形定义成形工艺需要的设备信息、材料信息、检测方法、检测工具等信息。标注信息主要是在板坯模型的基础上采用注解的形式对喷丸成形中的注意事项、检测位置等信息予以说明。下面重点对其中的几何信息定义予以描述。

整体壁板喷丸成形工艺模型信息组成如图 6-41 所示。整体壁板零件喷丸成形工艺模型衍化过程中不改变各结构要素间组织关系，只增添辅助几何信息，包括用于预应力夹具安装以及成形件检测的肋位线信息、用于计算极值曲率的离散点、极值曲率线、喷丸路径信息。

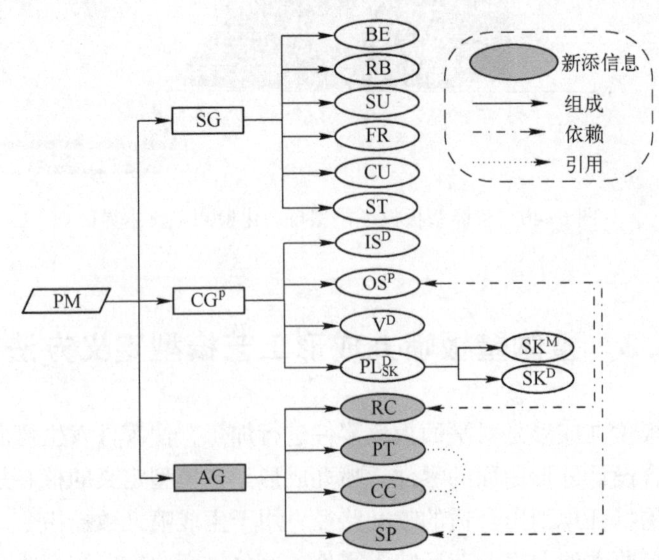

图 6-41　整体壁板喷丸成形工艺模型信息组成

整体壁板喷丸工艺模型的信息表达为

$$\mathbf{PM}=(SG, CG^{P}, 0, AG) \tag{6-36}$$

$$\mathbf{CG}^{P}=\{PL_{SK}^{D}, V^{D}, IS^{D}, OS^{P}\} \tag{6-37}$$

$$\mathbf{AG}=\{RC, PT, CC, SP\} \tag{6-38}$$

式中：CG^{P}为喷丸工艺模型的构造几何；OS^{P}为在 OS^{D}的基础上添加喷丸路径信息得到；AG 为辅助几何信息；RC(Rib Curve)为肋位线；PT(Discrete points)为离散点；CC(Curvature Curve)为外形面极值曲率线；SP(Shot Peening Path)为喷丸路径。

2. 衍化过程

整体壁板喷丸成形工艺模型衍化过程如图 6-42 所示。首先对壁板外形面进行等距点离散，根据喷丸路径规划的原则，进行特征点的搜索，将搜索到的特征点进行曲线拟合，获得方向和所在处参考等百分线方向接近的极值曲率线；通过对壁板外形面的曲率和厚度分析，计算工艺参数并划分等强度区域；将分段后的等曲率线映射到板坯展开平面上，获得最终的喷丸路径。

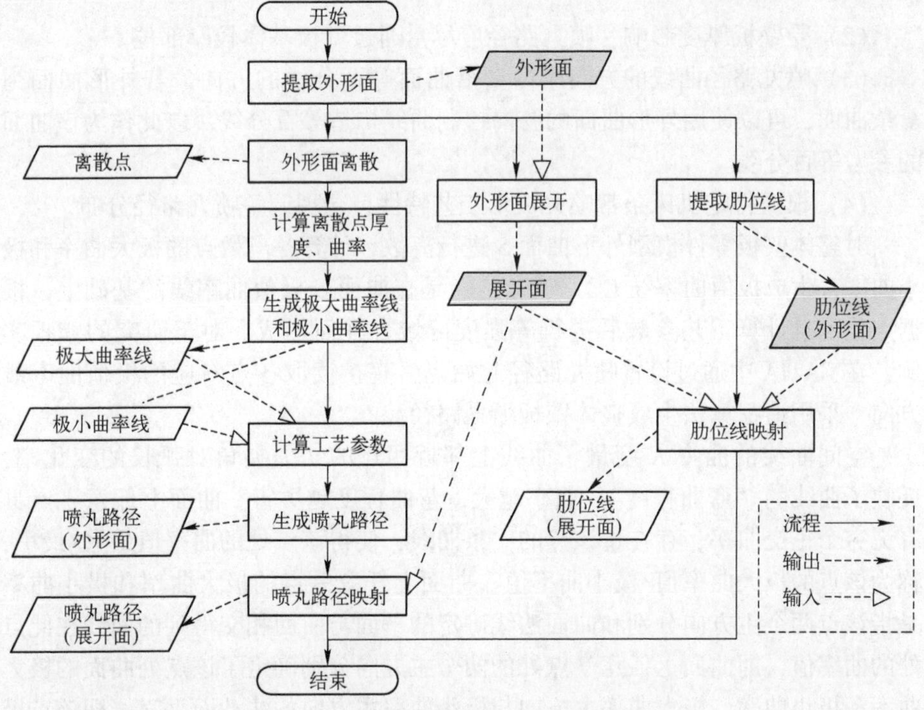

图 6-42　整体壁板喷丸成形工艺模型衍化过程

从零件模型、板坯模型到喷丸工艺模型的衍化具体过程如下：

（1）提取整体壁板零件模型上的肋位线信息作为装夹定位的基准，形成肋位线 RC。

（2）对整体壁板零件模型外形面进行离散，计算各离散点 PT 的极大曲率和极小曲率，生成极值曲率线 CC。

（3）根据离散点的曲率值和厚度计算其各点处的喷射气压和机床速度等工艺参数；对工艺参数相近的离散点合并成等强度区域，得到壁板外形面的喷丸路径 SP。

（4）将外形面喷丸路径展开映射到外形面的展开平面上，生成用于板坯喷丸路径 SP。

6.3.2 整体壁板喷丸路径规划

整体壁板喷丸路径的规划要分别考虑壁板曲面曲率的分布、厚度分度以及喷丸路径间隙等影响因素，喷丸路径规划的一般原则如下：

（1）受壁板外形影响，喷丸路径应尽量通过曲面上极小曲率半径较小的部位。

（2）受壁板厚度影响，喷丸路径应尽量通过壁板基体较厚部位。

（3）喷丸路径曲线的方向应尽量沿曲面等百分线的方向。若外形曲面为复杂曲面，可以使用外形曲面的弦向控制曲线构造等百分线，以此作为该曲面的参考等百分线。

（4）根据特定机床条带喷丸成形工艺特性，合理调整喷丸路径分布。

对整体壁板零件模型外形曲面 S 进行离散，计算各离散点的极大曲率和极小曲率，生成极值曲率线 CC。喷丸路径是在曲面 S 极值曲率线的基础上，根据点位信息计算工艺参数后进行等强度区域合并而形成。对于研究的壁板实例，在 CATIA 中通过设置喷丸路径起始点，直接读取各点对应的极值曲率线方向，采用追踪算法生成整体壁板喷丸路径。

空间曲线的曲率 K 度量了曲线上邻近两点的切矢夹角对弧长的变化率，反映了曲线的“弯曲程度”。曲率越大，弯曲程度越厉害。曲面上任意一点具有无穷个正交曲率，存在过该点的一条曲线，使得该点处的曲率值最大/最小，称为该点的极大曲率值/极小曲率值。曲面上任意一点的极大曲率和极小曲率是指该点两个主方向分别和曲面法线确定的平面与曲面相交得到的曲线在此点处的曲率值，即曲面上任意一点处的两个主方向分别确定了该点处曲面的极大曲率和极小曲率。极大曲率主方向与极小曲率主方向的法截面垂直，即该点极大曲率主方向垂直于极小曲率的弯曲平面，同理该点的极小曲率主方向与该点处曲面极大曲率的弯曲平面垂直，如图 6-43 所示。

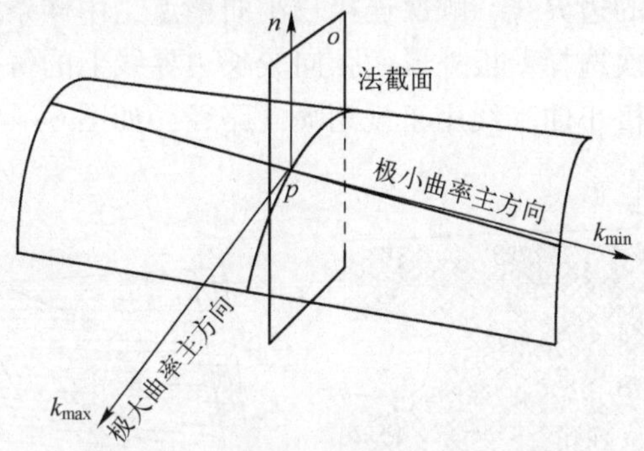

图 6-43　曲面曲率线与弯曲方向示意

整体壁板外形面上的每个点的曲率一般是由方向相互垂直的极大和极小两个主曲率构成，并且极大曲率方向往往近似与其弦向外形一致，因此可以将极大曲率称为弦向曲率，另一个曲率称为展向曲率。从理论上讲只要成形出壁板外形面上每个点的两个主曲率，即可成形出所要求的曲面形状。因此，根据成形的目的可将加工路径分为展向喷丸路径和弦向喷丸路径，分别用于成形弦向曲率和展向曲率。

对于曲面上的任意一条曲线，如果其每一点的切方向都是主方向，则称为曲面上的曲率线。如果曲率线上每一点的切方向都是极大曲率的主方向，则称为曲面上的极大曲率线；如果曲率线上的每一点的切方向都是极小曲率的主方向，则称为曲面上的极小曲率线。曲面上的每点处均存在极大曲率和极小曲率两条线。整体壁板外形面极值曲率线的生成是从外形面边界离散点开始沿着离散点的极值曲率主方向依次寻找后继点，通过提取控制面离散点的极大曲率主方向和极小曲率主方向，利用追踪算法求取整体壁板控制面上的极大曲率线和极小曲率线。

选择整体壁板外形面上边界线并进行等距离散，离散结果如图 6-44（a）所示，在 CAD 软件中提取边界离散点 P_{uv} 处几何信息，包括：坐标值(x_{uv}, y_{uv}, z_{uv})、极大曲率值 $\rho_{uv}^{\max}$、极大曲率主方向 $\boldsymbol{K}_{uv}^{\max}$、极小曲率值 $\rho_{uv}^{\min}$、极小曲率主方向 $\boldsymbol{K}_{uv}^{\min}$。

下面以极小曲率线的生成为例：

（1）首先提取起始点 P_{0j} 的极小曲率主方向 $\boldsymbol{K}_{0j}^{\max}$。

（2）由公式 $P_{1v}-P_{0j}=\text{step}*\boldsymbol{K}_{0j}^{\min}$ 计算后继点的 P_{1v} 坐标（x_{1v}，y_{1v}，z_{1v}），并提取该点的极小曲率主方向 $\boldsymbol{K}_{1j}^{\min}$，step 可取值 50mm。

（3）按照步骤（2）方法依次找到极小曲率方向上的后继点，直至后继点的坐标超出外形面的边界线，顺次连接较小曲率点，用样条线进行拟合生成一条极小曲率线。依次选择壁板外形面弦向较长边界线上的每一个离散点，按照上述方法生成 n 条极小曲率线用于规划喷丸路径，如图 6-44（b）所示。

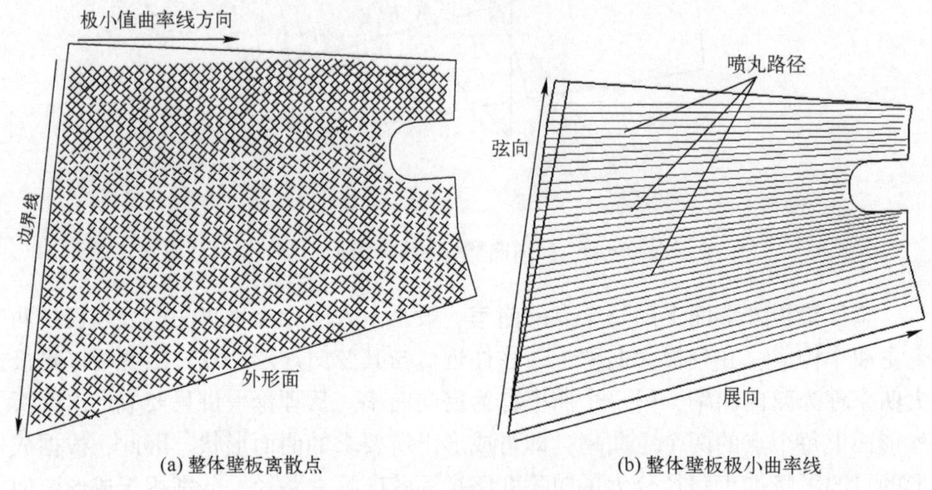

(a) 整体壁板离散点　　(b) 整体壁板极小曲率线

图 6-44　整体壁板极小曲率线

6.3.3　整体壁板喷丸路径调整

通过对整体壁板喷丸路径离散，根据离散点对应的几何信息计算喷丸工艺参数。由于离散点间距较小，若按照路径上对应每个离散点对应的进给速度进行数控喷丸成形，成形效率较低。因此，按照一定规则对离散点进行合并调整，形成由等强度区域构成的喷丸路径，以提高喷丸成形效率。

结合整体壁板喷丸路径上离散点对应的几何结构信息（厚度、曲率半径及筋条参数）采用基于知识的推理方法计算喷射气压和进给速度。若机床按照每个离散点对应的位置坐标及喷丸工艺参数进行喷丸成形，由于离散点数量多，机床进给速度调整过于频繁，使得加工效率低。因此，需要将每条路径上的离散点分为若干个强等度区域（等强度区域：喷丸路径对应的喷丸工艺参数一致的区域，即用一样的喷丸工艺参数能达到成形效果）。如图 6-45 所示，对于每条路径，从每条路径起始点开始，根据离散点对应的气压和进给速度，对相近的进给速度对应的离散点进行均值化处理合并形成等强度区域。

选择某喷丸路径第一个离散点 P_1 作为该路径第 1 个等强度区域的起点，

依次遍历各个离散点，将进给速度偏差在平均值一定范围的离散点划分为一个等强度区域。以第 1 个等强度区域为例，从该区域第 1 个点至第 i 个离散点，使得第 i 个离散点与第 1 个离散点对应的进给速度差值和第 1 个离散点到第 i 个离散点进给速度均值的比值大于 e（具体值由整体壁板路径离散点对应进给速度分布确定，此处设为 12%），如式（6-39）所示。

$$e_j = i\left|V_1 - V_i\right| \Big/ \left(\sum_{k=1}^{i} V_k\right) \geqslant 12\% \tag{6-39}$$

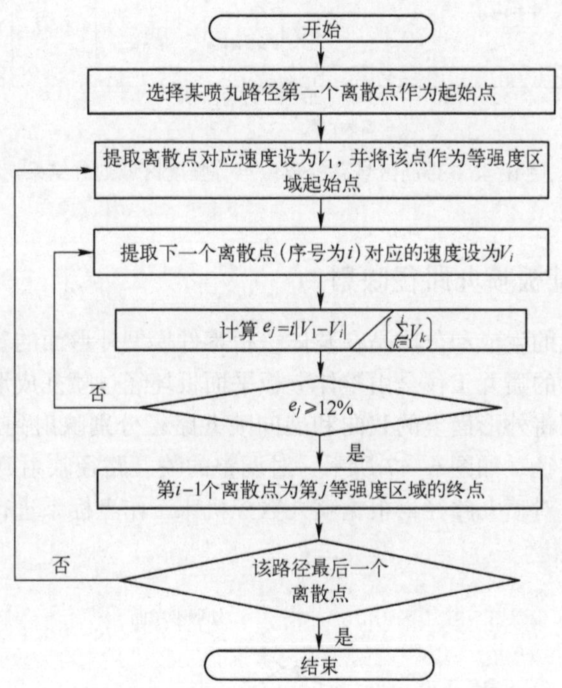

图 6-45　整体壁板喷丸路径离散点等强度区域划分流程

将等强度区域包含所有离散点对应进给速度的均值表征该区域的进给速度 $\overline{V}_1$，如式（6-40）所示。

$$\overline{V}_1 = \frac{1}{i-1}\left(\sum_{k=1}^{i-1} V_k\right) \tag{6-40}$$

按照此规则依次对路径进行等强度区域 E_j 的划分，并计算等强度区域对应的进给速度 $\overline{V}_j$。

图 6-46 所示为某带筋结构区域喷丸路径的等强度区域划分结果，机床进给速度调整次数从 39 次减少为 7 次，提高了喷丸成形效率。

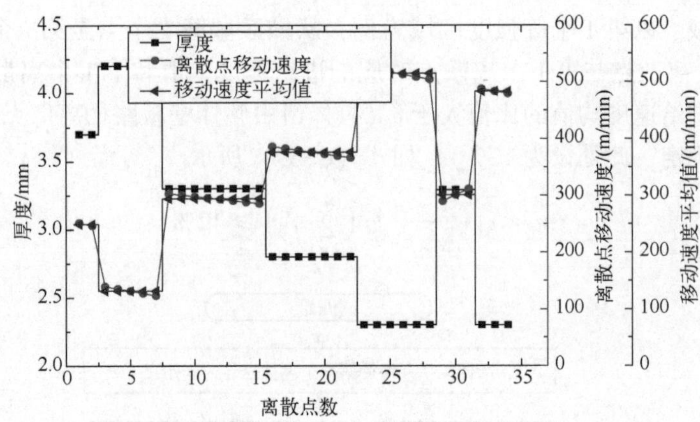

图 6-46　带筋区域路径离散点等强度区域划分结果

6.3.4　整体壁板喷丸路径映射

由于曲率线的生成和分段是在整体壁板零件模型外形面的基础上分析计算完成的，而实际的喷丸工作是由整体壁板平面板坯经过喷丸成形后形成一定的曲率，因此需要将外形面上的弦向和展向喷丸路径分别映射到展开的平面上，形成板坯喷丸路径。如图 6-47 所示，对调整的喷丸路径映射到零件模型外形面的展开面上，对喷丸路径再根据喷丸数控机床工作坐标系进行坐标变换生成数控指令。

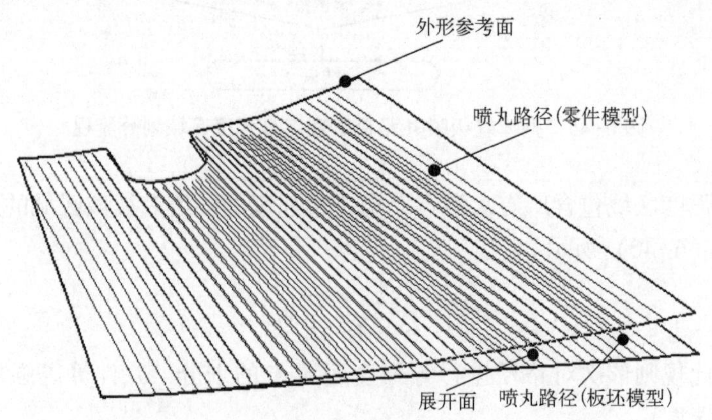

图 6-47　喷丸路径向整体壁板外形展开面的映射

6.4 整体壁板零件制造模型定义技术验证

如图 6-48 所示，选取某型号机翼整体壁板零件为对象进行展开和工艺模型定义技术验证。该零件外形面弦向曲率范围为 $9.711\times10^{-5}\sim6.618\times10^{-4}mm^{-1}$，展向曲率范围为 $0\sim3.183\times10^{-6}mm^{-1}$，壁板厚度范围为 1.5~21.6mm，外形尺寸为 1800mm×2070mm。

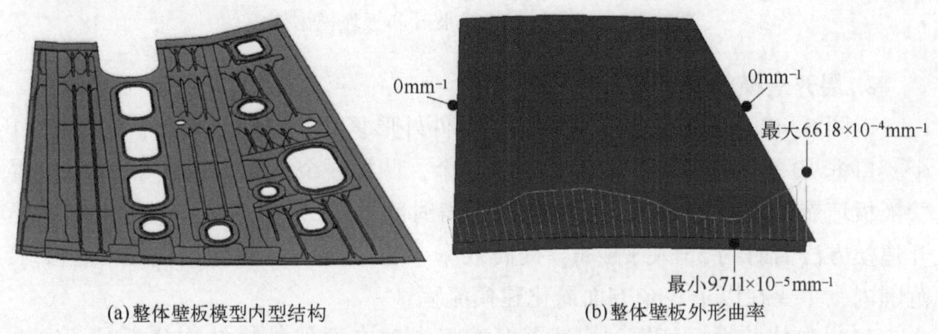

(a)整体壁板模型内型结构　　(b)整体壁板外形曲率

图 6-48　某整体壁板零件模型

6.4.1 板坯展开建模计算

1. 板坯展开建模

首先进行曲面展开与要素轮廓线映射，选择零件外形面作为控制曲面，要素轮廓线展开下面以基准面草图、口框草图展开为例进行说明。选择零件 Part * 外形面记为 Part * $\_A_0$，输入 Part * $\_A_0$ 与基准面草图、口框草图，系统首先将选入的基准面草图与口框草图投影至 Part * $\_A_0$，投影方向为零件模型结构要素厚向拉伸方向，即垂直与草图面方向，展开外形面 Part * $\_A_0$，同时将基准面草图与口框草图映射至展开外形面 Part * $\_A_1$。为了重用零件模型结果要素拉伸厚度值，需要将映射到展开面内的草图轮廓再投影到零件模型草图面内，创建展开草图，投影方向为零件模型结构要素厚向拉伸方向的反向。

选择展开起点与展开方向作为曲面展开基准，展开方向的选择对曲面展开与板坯建模的精度并无明显影响，而展开起点的选取应最大程度保证板坯模型准确度，因映射到展开面内的要素特征线还需再次投影到草图面内，为避免投影误差，应适当选择展开起点使得外形展开面与草图面平行。具体操作为：将控制曲面离散为三角形网格，搜索曲面的三角形网格单元，查找与草图面近似平行的单元作为初始展开单元，再基于展开的外形面与要素轮廓线；运用板坯模型关联设计方法快速创建板坯模型，更改数模颜色，得到展开的板坯模型，如图 6-49 所示。

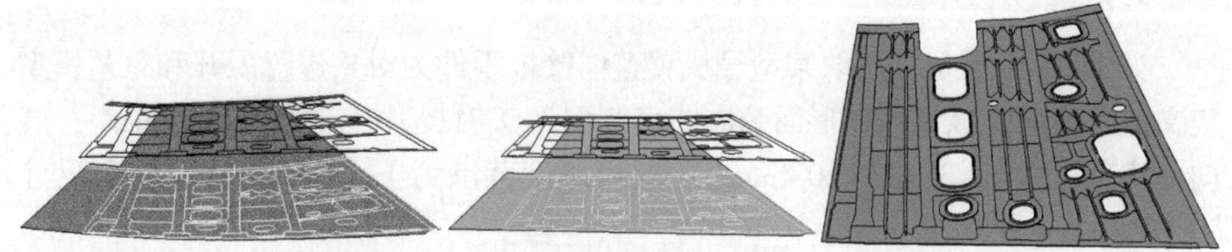

图 6-49　特征线投影、展开和板坯模型建模

2. 展开建模效率

以图 6-48 所示整体壁板为例，该零件外形复杂，结构要素多，有长桁 21 个，口框 10 个，孔 2 个，厚度加强区 9 个，凹槽 3 个，倒角 84 个。采用整体壁板板坯展开建模技术创建板坯模型所需时间约为 20 人 · h/m，相比传统展开建模方法需时约 35 人 · h/m，提高效率 40%以上，且展开精度在工程要求范围内，主要在以下 3 个方面简化建模流程：

（1）整体壁板板坯模型快速展开建模方法在原始数模结构分析时，省去了结构特征几何尺寸的提取与存储，因快速建模时是基于建模过程重用的方法依次将特征草图替换为展开后草图从而得到展开板坯模型结构特征，而几何尺寸沿用零件模型尺寸，不必改动，故对其不须再做提取。

（2）传统的板坯模型展开建模方法在特征轮廓展开时为确定特征在展开后的位置，提取特征轮廓信息作为控制线（特征与壁板基体内形面的交线），快速建模则是提取特征的草图信息，这有助于提高建模的精确程度。同时，提取到的草图信息不需离散后计算展开，而是依据壁板零件模型控制曲面与展开平面的映射关系，利用整体壁板曲面快速展开与特征轮廓线自动映射工具自动化展开控制面并映射特征轮廓；并且采用整体壁板板坯模型快速展开建模方法也省去了轮廓线离散和记录离散点处厚度值的过程。

（3）传统建模方法在特征重构时需一一对应记录的厚度值将展开后的离散点偏置，并拟合得到展开的内形面和特征轮廓线，再根据提取的特征几何尺寸信息建模。整体壁板板坯模型快速展开建模方法只需依次将零件模型特征草图替换为展开的草图即可完成模型的重构，对于几何尺寸相同的特征还可实现多个同时重构，提高了建模的效率。

对于 2000mm×2000mm 的板坯模型采用整体壁板板坯模型自动检测工具进行检测，离散间距设为 10mm 时需要检测时间约 0. 5h，相比传统检测方法在选择同样离散间距条件下需检测时长 2h，提高效率 70%以上，改变了传统手动检测模型费时费力、准确度差的现状，且检测精度可精确至 0.01mm。

3. 展开建模质量

为评判运用板坯模型关联设计方法创建的板坯模型 Part＊-ZK. CATPart 质量，从基体与结构要素两方面详细检测板坯模型几何外形。基体检测指标主要包括外形面轮廓尺寸和基体厚度；结构要素检测指标主要包括结构要素的轮廓尺寸、相对位置与厚度。轮廓尺寸检测是比对板坯模型与零件模型对应结构要素与外形面相交所得轮廓线的长度，厚度检测是比对板坯模型与零件模型在对应位置的厚向尺寸，对结构特征相对位置的检测主要比对各结构要素到基体边界或基准的距离与零件模型的符合程度。表 6-20 所列为对 Part＊_ZK. CATPart 基体与结构要素的检测结果。

表 6-20　实例整体壁板零件板坯基本与结构要素检测结果

检测项目		最大绝对误差/mm	最大相对误差/%
基体	外形面轮廓尺寸	0.021	0.001
	基体厚度	0.017	0.025
长桁	长桁长度	0.099	0.008
	长桁宽度	0	0
	长桁高度	0.001	0.006
	相对位置	0.121	0.138
口框、口盖	口框轮廓尺寸	0.09	0.006
	口框高度	0.005	0.019
	口盖下陷深度	0.005	0.011
	相对位置	0.102	0.196
下陷	下陷轮廓尺寸	0.053	0.008
	下陷深度	0.007	0.013
	相对位置	0.026	0.075
加强凸台	凸台轮廓尺寸	0.012	0.007
	凸台厚度	0.006	0.025
	相对位置	0.094	0.051
零件模型体积		板坯模型体积	体积差值
9414842.631mm^3		9414693.154mm^3	149.477mm^3

为了对长桁与口框边缘分布超差点的位置分析超差原因，再测量超差点分布位置结构要素的轮廓尺寸、厚向尺寸、相对位置，判断具体超差的几何信息，分析试验件，超差由长桁、口框等大跨度零件的弦向相对位置偏差引起，

平均偏差 0.1mm，而壁板零件结构要素相对位置精度要求为 0.5mm，故满足零件外形精度要求，并且该类偏差由曲面展开与特征线映射机理产生，属于固有误差，与建模方法无关。因板坯模型展开建模方法涉及特征轮廓的两次投影与一次展开计算，这一过程会导致特征相对位置出现偏差，且因壁板弦向曲率较大，特征相对位置偏差通常为弦向偏移，长桁特征因跨度较大，会导致偏差积累，且与周围特征厚度差值较大，故偏差多表现在长桁特征附近。由检测结果可知，零件模型与板坯模型体积差为 149.477mm^3，在误差允许范围 0.1%之内，且基体与各结构要素各项检测指标符合精度要求（轮廓尺寸 0.01%，相对位置 0.5mm）。因此，整体壁板板坯模型关联设计方法可保证板坯模型准确度。

6.4.2 零件喷丸成形验证

1. 数控指令生成

根据实例整体壁板零件板喷丸路径和已有工艺知识，计算喷丸路径各点对应的喷丸工艺参数，结果如图 6-50 所示。

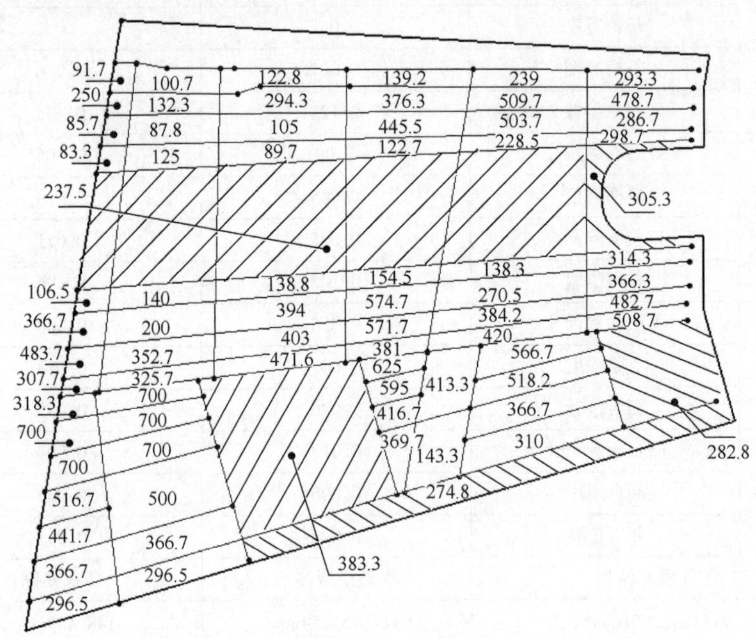

图 6-50　实例整体壁板喷丸工艺参数

根据整体壁板零件喷丸路径路径对应的坐标值及喷丸工艺参数，生成喷丸数控指令，如图 6-51 所示。

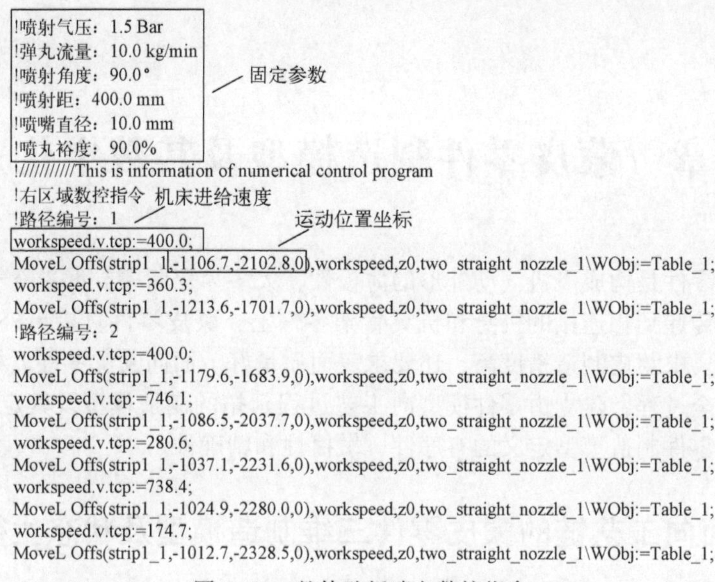

```
!喷射气压：1.5 Bar
!弹丸流量：10.0 kg/min
!喷射角度：90.0°
!喷射距：400.0 mm
!喷嘴直径：10.0 mm
!喷丸裕度：90.0%
!///////////This is information of numerical control program
!右区域数控指令
!路径编号：1
workspeed.v.tcp:=400.0;
MoveL Offs(strip1_1,-1106.7,-2102.8,0),workspeed,z0,two_straight_nozzle_1\WObj:=Table_1;
workspeed.v.tcp:=360.3;
MoveL Offs(strip1_1,-1213.6,-1701.7,0),workspeed,z0,two_straight_nozzle_1\WObj:=Table_1;
!路径编号：2
workspeed.v.tcp:=400.0;
MoveL Offs(strip1_1,-1179.6,-1683.9,0),workspeed,z0,two_straight_nozzle_1\WObj:=Table_1;
workspeed.v.tcp:=746.1;
MoveL Offs(strip1_1,-1086.5,-2037.7,0),workspeed,z0,two_straight_nozzle_1\WObj:=Table_1;
workspeed.v.tcp:=280.6;
MoveL Offs(strip1_1,-1037.1,-2231.6,0),workspeed,z0,two_straight_nozzle_1\WObj:=Table_1;
workspeed.v.tcp:=738.4;
MoveL Offs(strip1_1,-1024.9,-2280.0,0),workspeed,z0,two_straight_nozzle_1\WObj:=Table_1;
workspeed.v.tcp:=174.7;
MoveL Offs(strip1_1,-1012.7,-2328.5,0),workspeed,z0,two_straight_nozzle_1\WObj:=Table_1;
```


图 6-51　整体壁板喷丸数控指令

2. 成形结果分析

按照上述计算结果对实例整体壁板进行喷丸成形，得到成形零件。在未对零件内表面施加力时，使用三维激光扫描仪扫描内表面获取点云数据，提取整体壁板设计模型曲内形面并与点云数据对齐，偏差结果如图 6-52 所示，成形零件总体偏差平均值在±1.0mm 内，能够达到成形精度要求。由于在喷丸过程中需要对口框及搭接等装配区域进行保护处理，在喷丸过程中产生的变形小，因而相对于其他区域，其位置偏差较大。

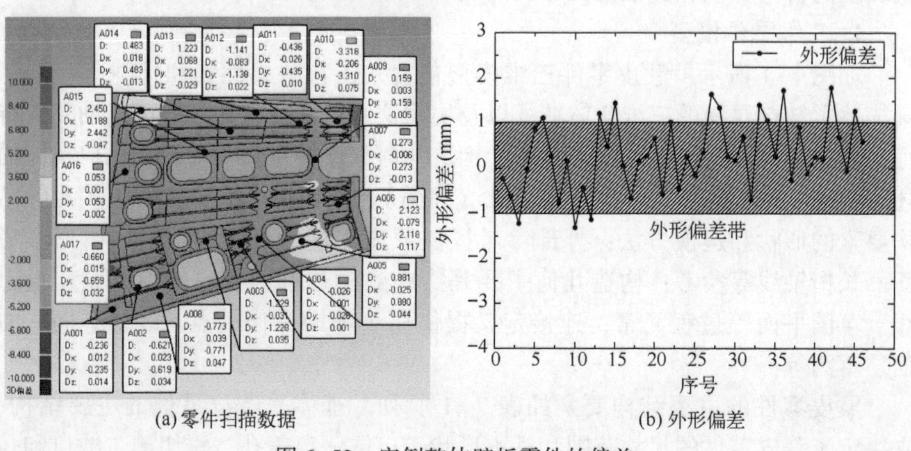

(a) 零件扫描数据　　(b) 外形偏差

图 6-52　实例整体壁板零件的偏差

第7章　蒙皮零件制造模型及其数字化定义

蒙皮零件是构成飞机气动外形的薄板件，大多为双曲率，承受空气动力作用后将力传递到相连接的机身和机翼骨架零件上，蒙皮零件直接与外界接触，所以不仅要求蒙皮制造精度高，还要求表面质量好。面向蒙皮零件下料、成形和装配的全过程，建立由零件模型向工艺过程延拓的制造模型及其定义方法，实现蒙皮零件制造模型定义的有序性、敏捷性和精确性。

7.1　面向工艺链的蒙皮零件三维制造模型及状态生衍过程

从宏观结构特征和微观几何要素两方面分析全三维载体下工艺过程时空范围内的蒙皮零件制造模型及其状态生衍过程，包括从空间的角度建立制造模型信息的组织框架，从时间的角度建立模型产生的特征变化过程。

7.1.1　蒙皮零件结构特征分析

蒙皮零件几何形状分为单曲度和双曲度，单曲度蒙皮用于机翼、尾翼和机身的等剖面部分，双曲度蒙皮一般用于机身前后段、进气道、发动机短舱以及机翼上的折弯部位和翼根弦长加长部位。

1. 三维零件模型

如图7-1所示，蒙皮零件三维模型包含几何集、属性集和标注集。几何集描述了结构要素的三维实体特征以及构建这些特征所需的点线面辅助几何特征，包括零件几何实体、外部参考、构造几何和连接定义等内容：几何实体描述了蒙皮零件的基体、口框、口盖孔（口盖）、铣切槽、缺口、鼓包、孔等结构要素的形状和建模方法；外部参考提供蒙皮零件的外形参考面、内形参考面、长桁轴线等参考；构造几何主要是指在建模过程中创建的参考点、投影线、草图平面等过程元素；连接定义提供用于辅助操作的点、线、平面、曲面、草图等。

蒙皮零件的主要结构要素如表7-1所列。基体是蒙皮零件的主要结构，它决定了蒙皮零件的尺寸范围和基本形状，口框、口盖孔、铣切槽、缺口和孔等结构要素附着于基体上产生零件局部形状。

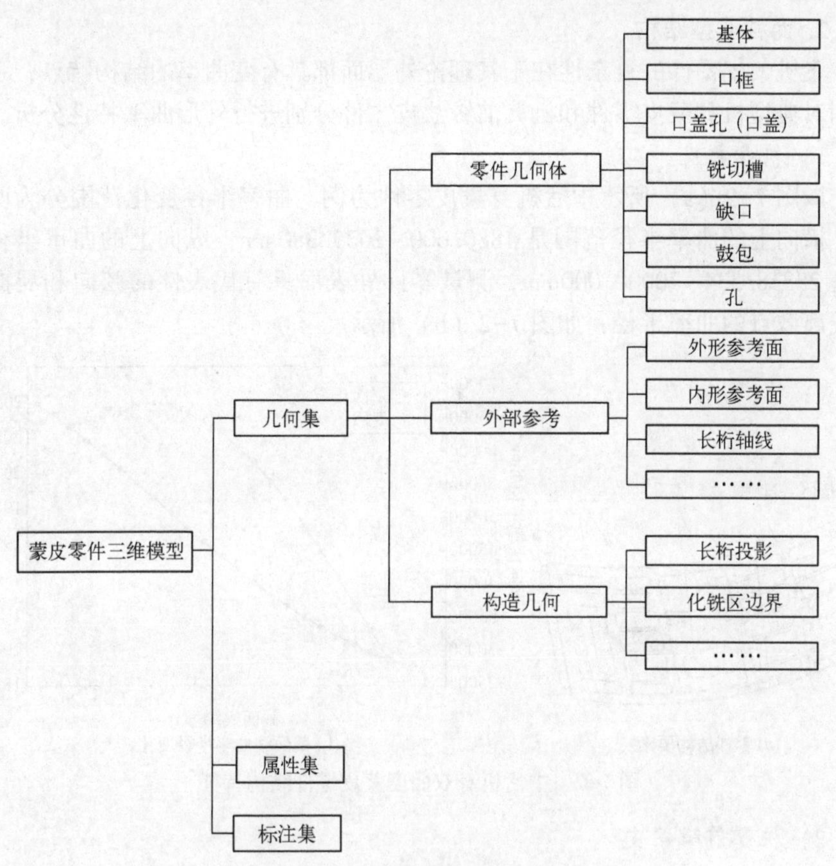

图 7-1　蒙皮零件三维模型特征树

表 7-1　蒙皮零件的主要结构要素

序　　号	结 构 要 素	描　　述
1	基体	蒙皮零件的结构主体，是蒙皮零件中最重要的组成部分，其他结构要素附着在基体上。基体具有尺寸大、形状变化复杂、曲率变化突出的特点
2	口框	飞机结构上的开口，通常以铣切的方式在蒙皮零件表面形成，以实现一定的结构作用。基体上的矩形或椭圆形的口框一方面可以减轻整个零件的重量，另一方面也可以提高基体的剪切失稳临界能力，增加零件的刚度和稳定性
3	铣切槽	通常以化学铣切或镜像铣的加工方式在蒙皮零件表面形成，一方面达到减重的作用，另一方面可以提高零件的整体强度
4	缺口	蒙皮零件有时需要在其零件边缘开出缺口，通常缺口的形状和位置精度要求较高
5	孔	主要指工艺孔，主要用于机体维护、安装航电设备、安装外挂等

2. 两种典型结构

飞机蒙皮零件的复杂性在于其理论外形面都具有变曲率的结构特点，下面分别对典型机身蒙皮零件和机翼前缘蒙皮零件分别进行外形曲率特性分析。

1）机身蒙皮

以图 7-2（a）所示中后机身蒙皮零件为例，曲率半径变化范围分为两部分：横向上的曲率半径范围是 1880.000~2035.380mm；纵向上的曲率半径范围是 28818.534~70000.000mm，测量零件外表面具有代表性的弦向和展向截面线离散点的曲率半径，如图 7-2（b）所示。

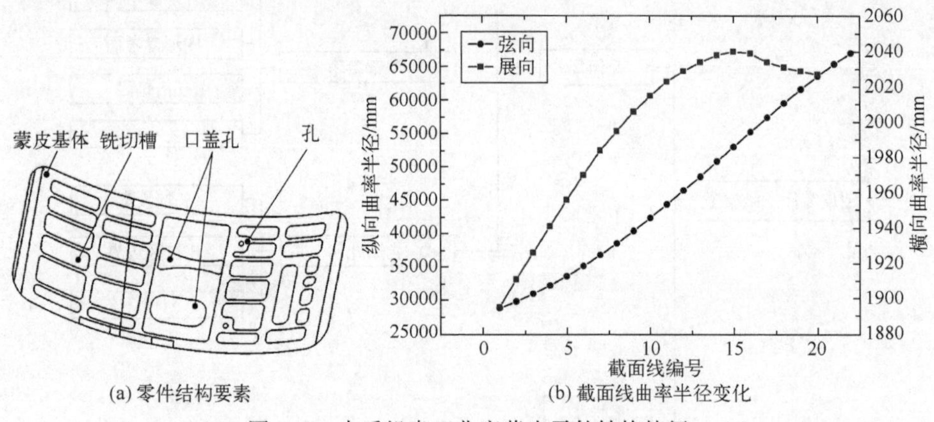

(a) 零件结构要素　　(b) 截面线曲率半径变化

图 7-2　中后机身双曲度蒙皮零件结构特征

2）机翼前缘蒙皮

以图 7-3（a）所示机翼前缘蒙皮零件为例，曲率变化复杂，沿弦向方向曲率变化范围较大，曲率半径范围在 14.739~10000mm 之间，而沿展向方向曲率变化很小，测量零件右端面的弦向截面线离散点的曲率半径，如图 7-3（b）所示。

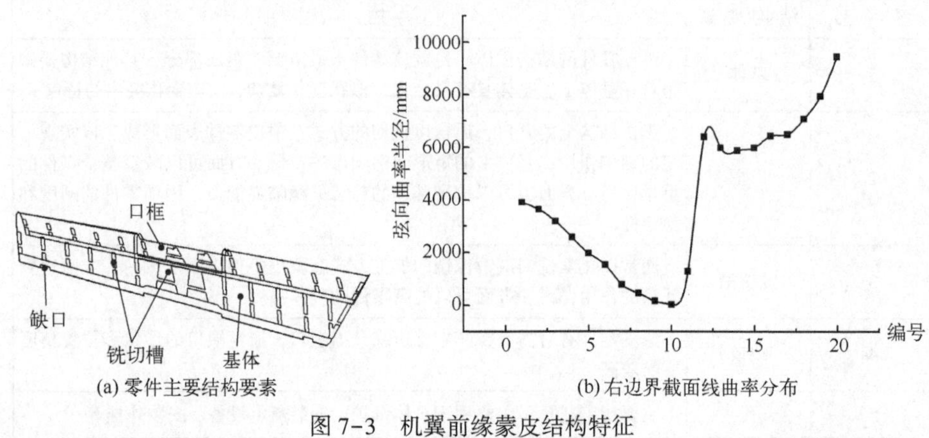

(a) 零件主要结构要素　　(b) 右边界截面线曲率分布

图 7-3　机翼前缘蒙皮结构特征

7.1.2　蒙皮零件三维制造模型

蒙皮零件三维制造模型是对工艺过程工序件信息描述的数字模型。蒙皮零件整个制造过程从原材料到成品件之间需要经历一系列工序，包括下料、成形、铣切、检验等环节。按展开数据集进行下料，热处理后在新淬火状态成形，主要的成形工艺有拉伸成形、滚弯成形、闸压成形等，单曲率通常是用滚弯成形方法加工；双曲率则通常是用拉伸成形方法加工；成形之后铣切出耳片、孔、余量等结构特征，采用化学铣切或镜像铣切的方法加工槽结构，零件加工完成检验合格后进行装配。

面向铣切、成形等工序，通过结构要素添加、型面调整，形成蒙皮零件工艺模型。如图 7-4 所示，蒙皮零件全三维制造模型采用特征树形式组织，在零件模型的基础上，继承零件模型三维实体特征，在根目录下新建几何图形

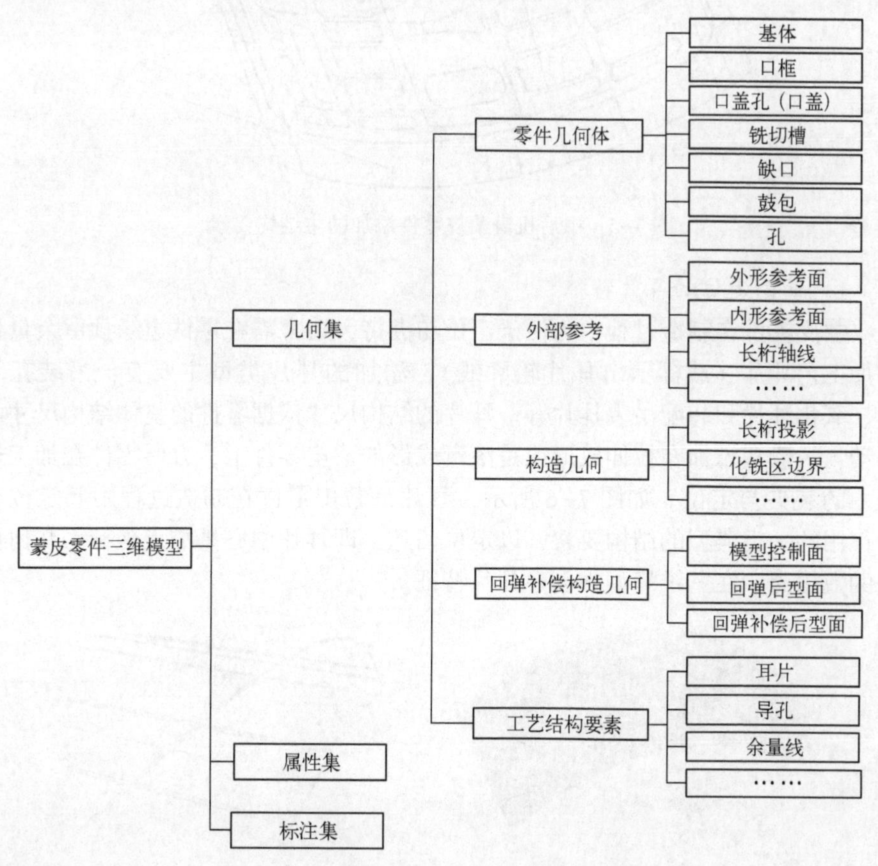

图 7-4　蒙皮零件三维制造模型组织结构

集，如“回弹补偿构造几何”，并在对应节点下定义辅助点、辅助线和辅助面信息，新建几何图形集“模型控制面”“回弹后型面”“回弹补偿后型面”等，除此之外，在三维模型中补加属性信息，记录模型校审过程。

1. 结构要素产生过程

面向工艺过程添加的结构要素主要包括耳片、余量、吊装孔、销钉孔等，某中后机身蒙皮零件制造过程中所添加的主要结构要素如图 7-5 所示，并对各主结构要素分别进行说明。

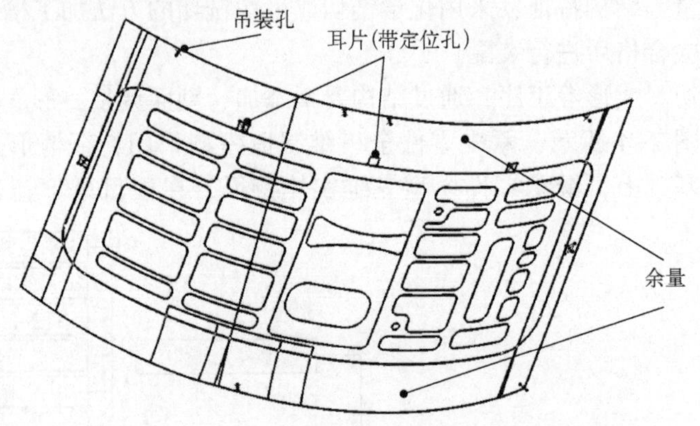

图 7-5　中后机身蒙皮零件添加的主结构要素

1) 面向定位的耳片特征

蒙皮零件在制造过程中为便于定位与夹持，通常需在零件边缘预留余量处添加工艺耳片（或标示出耳片轮廓线），添加的耳片类型主要有：吊装孔耳片、氧化耳片和装配吊装耳片等。耳片的结构尺寸依据零件的整体结构尺寸而浮动，一般多添加在拉伸成形或是滚弯成形的蒙皮零件上，方便零件在加工过程中的装夹与定位。如图 7-6 所示，耳片是蒙皮零件在制造过程中起定位夹持作用的一类典型的结构要素，以定位信息，即耳片中心基准点坐标为几何信息的数据源，在三维模型中创建耳片特征。

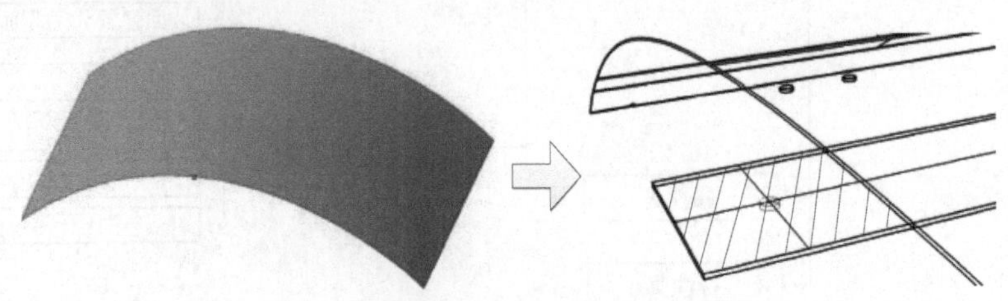

图 7-6　蒙皮零件耳片特征

2）面向铣切和装配的余量线特征

蒙皮零件在制造过程中，通常需要事先预留出一定尺寸的余量，以便修正后续工序过程中由于加工误差等原因所引起的尺寸偏差。添加的余量线特征主要包括铣切余量线、装配余量线等。如图 7-7 所示，以零件边缘线位置作为几何信息生衍的开始数据源，在三维模型环境下创建余量线特征。

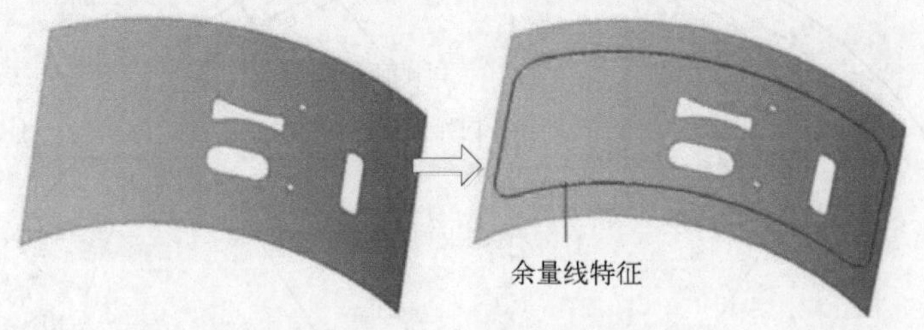

图 7-7　蒙皮零件余量线特征

3）面向定位和装配的孔特征

孔特征主要是指为蒙皮零件成形过程所需的孔结构要素，包括定位孔和装配孔。定位孔保证板料在成形模上能够快速准确定位，通常以点与线的特征存在，其中点代表位置、线代表方向，为制造模型建模时创建工艺孔或耳片提供依据；装配孔主要用于装配连接，像导孔就是一类典型的装配孔，一个零件上用于此装配连接作用的导孔数目一般多达上百个，根据零件的大小不同，可以选择的导孔直径有 2.5mm、8mm 等不同的规格。如图 7-8 所示，以孔心位置坐标点信息为几何信息生衍的开始数据源，在三维模型环境下创建孔特征。

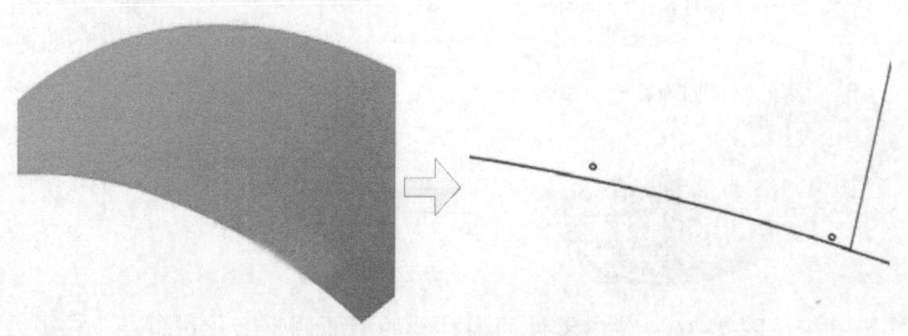

图 7-8　蒙皮零件孔特征

2. 型面调整衍化过程

蒙皮零件在弯曲回弹后弯曲半径比卸载前增大，而弯角减小。如图 7-9 所示，回弹后的蒙皮零件与贴模面的偏差可用线位移和角位移来衡量，包括回弹前后对应点的位移、曲率半径差、回弹角大小。通过预测型面回弹量并主动调整模型的型面，再以此为依据进行模具设计，从而对回弹予以补偿，以实现零件精确成形。

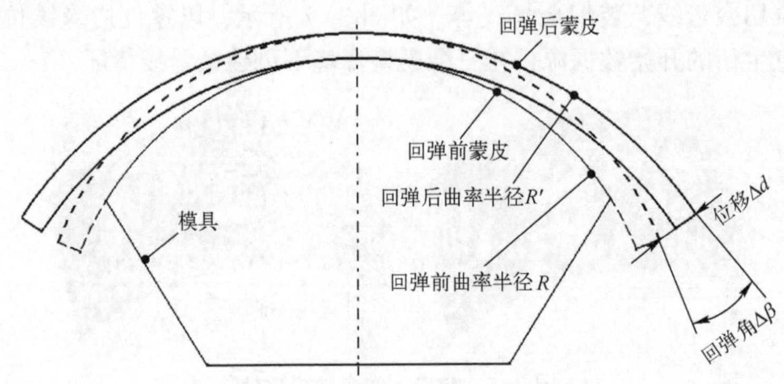

图 7-9　蒙皮零件回弹变形量的表达

蒙皮零件回弹补偿就是根据回弹量对型面的调整，采用基于截面离散的方法，即外形面离散→圆弧逼近→分段轮廓线回弹补偿量计算→型面重构，如图 7-10 所示，将零件控制型面离散为二维曲线、复杂曲线离散为直线或圆弧的思想，将零件分解为点、线、面组成的几何体，建立离散单元间关联关系，将点、线、面特征映射后重构出补偿后工艺模型的型面。

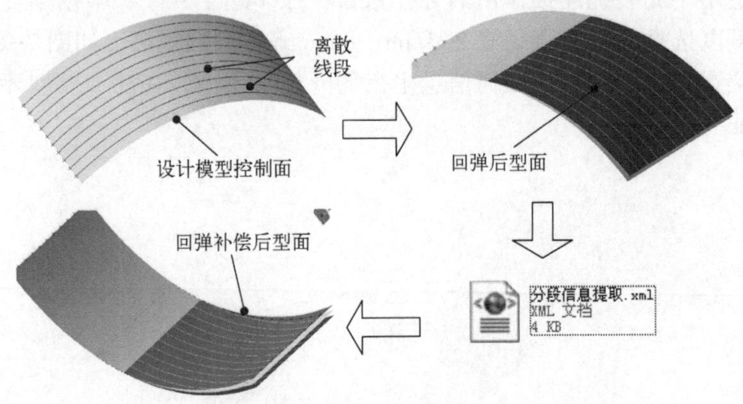

图 7-10　蒙皮零件回弹补偿的型面调整衍化过程

7.2　蒙皮零件制造模型结构要素快速建模

在分析零件模型几何信息和属性信息的基础上，提出蒙皮零件制造模型结构要素快速定义方法，其中包括三维工艺数模节点信息及导孔、工艺耳片（轮廓线）、三维空间余量线等关键结构要素的创建方法，通过基于 CATIA 二次开发的快速建模工具，功能包括模型节点信息定义（几何信息和属性信息）和关键结构特征定义（导孔、工艺耳片、耳片轮廓线、三维空间余量线），实现蒙皮类零件制造模型结构要素的快速化、规范化建模。

7.2.1　蒙皮零件导孔快速创建方法

导孔需要在蒙皮零件外形面进行创建，必要时还需以十字形交叉线进行标识，其数量通常达到上百个，设计人员手动建模时耗时长且工作量大、易出错，通过开发导孔快速创建工具，在保证建模准确性的同时显著提高工作效率。

1. 导孔快速创建算法

蒙皮类零件在加工制造过程中，需要在各个工序阶段开出相应的工艺孔，例如在拉伸成形阶段需要钻制定位孔、在吊装时需要钻制标志孔和吊装孔等。在蒙皮零件进行装配时，需要与其他零件、长桁、剪切角片等进行连接，因此需要在零件的腹板面上钻制用于装配连接的导孔。蒙皮零件导孔的位置通常是由孔心位置点和孔心轴线共同确定的。孔心位置信息是由设计人员在模型设计时直接定义的，为后续的模型创建提供信息支持。导孔既可以以十字形交叉线的形式标记显示，同时也可以在零件上直接进行建模。

蒙皮零件导孔快速创建算法流程如图 7-11 所示。以导孔孔心位置点为中心创建导孔并以十字形交叉线进行标识，参考轴为与创建导孔所在面相一致的空间坐标轴，交叉线夹角为 90°；过参考坐标轴创建十字形交叉线；以法矢方向作孔心轴线，一次性批量创建得到所有孔位信息点处的导孔。

2. 导孔创建实例

在设置当前坐标系条件下，选择创建导孔孔心位置点、开孔所在的面、零件实体以及十字形参考坐标轴，同时手动输入孔径 2.5mm 和十字形交叉线长度 10mm 参数信息，单击“创建”按钮进行导孔快速创建，结果如图 7-12 所示。

在所有孔心位置点集中取其中的 10 个点为例进行实例分析，通过测量创建生成的导孔及十字形交叉线信息，得到的结果如表 7-2 所列。测量结果表明：在实例中所建的孔特征和线特征都具有较高的准确性，运用建模软件创建 10 个点仅需时 3s。

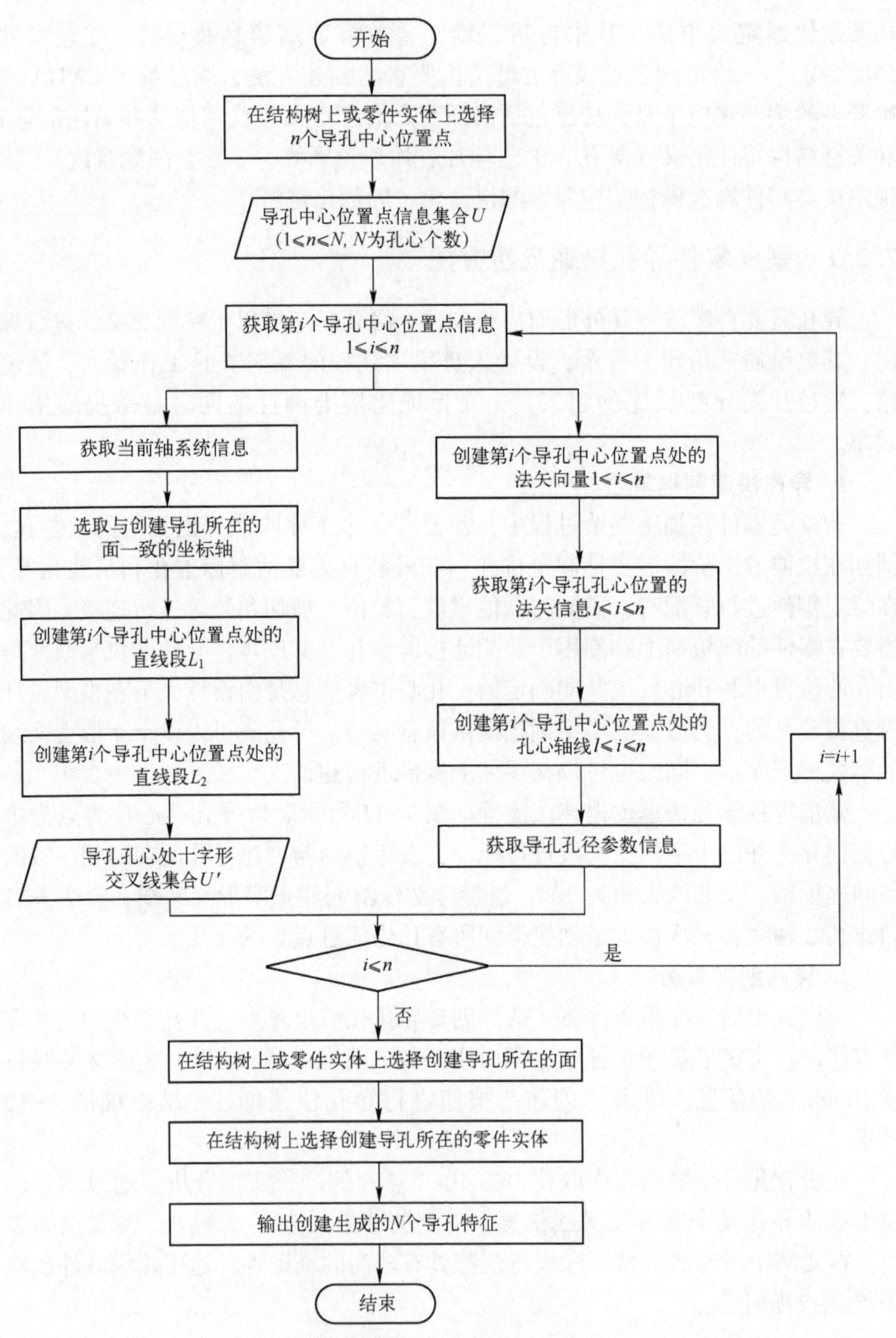

图 7-11　蒙皮零件导孔快速创建算法流程

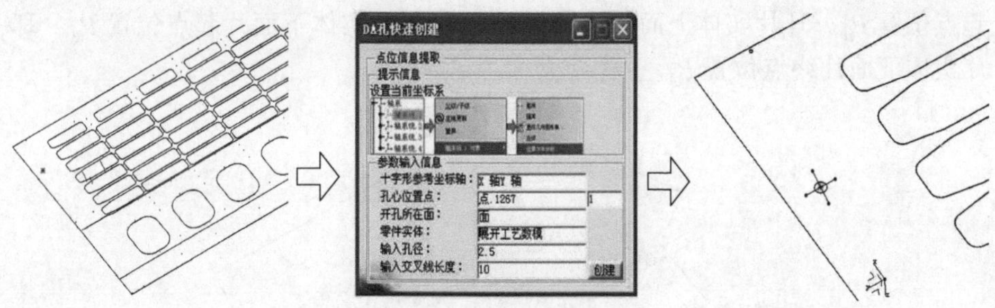

图 7-12　导孔创建实例

表 7-2　测量结果数据

孔心位置点	孔 心 坐 标	孔径/mm	十字形交叉线长度/mm
序号 1	(10850.587,1768.217,-885.019)	2.5	10
序号 2	(10849.303,1742.701,-940.17)	2.5	10
序号 3	(10848.02,1717.185,-995.322)	2.5	10
序号 4	(10846.736,1691.67,-1050.474)	2.5	10
序号 5	(10845.452,1666.154,-1105.62)	2.5	10
序号 6	(10844.168,1640.638,-1160.77)	2.5	10
序号 7	(10842.885,1615.122,-1215.93)	2.5	10
序号 8	(10841.601,1589.606,-1271.08)	2.5	10
序号 9	(10840.317,1564.09,-1326.233)	2.5	10
序号 10	(10839.034,1538.574,-1381.38)	2.5	10

7.2.2　蒙皮零件工艺耳片快速创建方法

通常在蒙皮零件外缘线之外需留有两个以上的工艺耳片，一般位于零件长方向的两端，两端耳片上的销钉孔，是化铣样板与化铣零件的定位基准，也是零件与成形模具的定位基准。耳片的结构尺寸依据零件的整体结构尺寸而浮动。设计人员手动进行耳片建模时过程繁琐，可通过开发工艺耳片快速创建程序，实现其快速、准确建模。

1. 工艺耳片快速创建算法

工艺耳片建模时应考虑的几何参数有耳片边长 L、耳片宽度 B、耳片厚度 t、耳片实体上定位孔直径 D；位置参数有耳片起点和终点位置、创建耳片所在的线、面、体特征以及耳片实体上定位孔孔心位置（图 7-13）。耳片创建的起点和终点位置由该点所占零件边缘线的比率值所确定，包括耳片实体上面片

起点位置 P_1、耳片实体上面片终点位置 P_2、耳片实体下面片起点位置 P_3、耳片实体下面片终点位置 P_4。

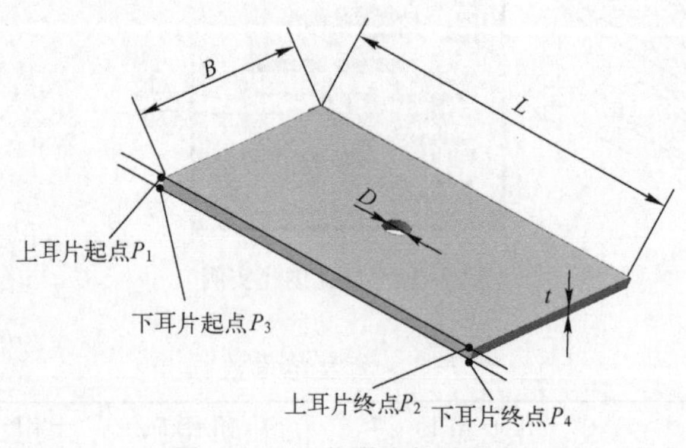

图 7-13　工艺耳片主要尺寸

蒙皮零件工艺耳片快速创建算法流程如图 7-14 所示。以蒙皮零件实体边

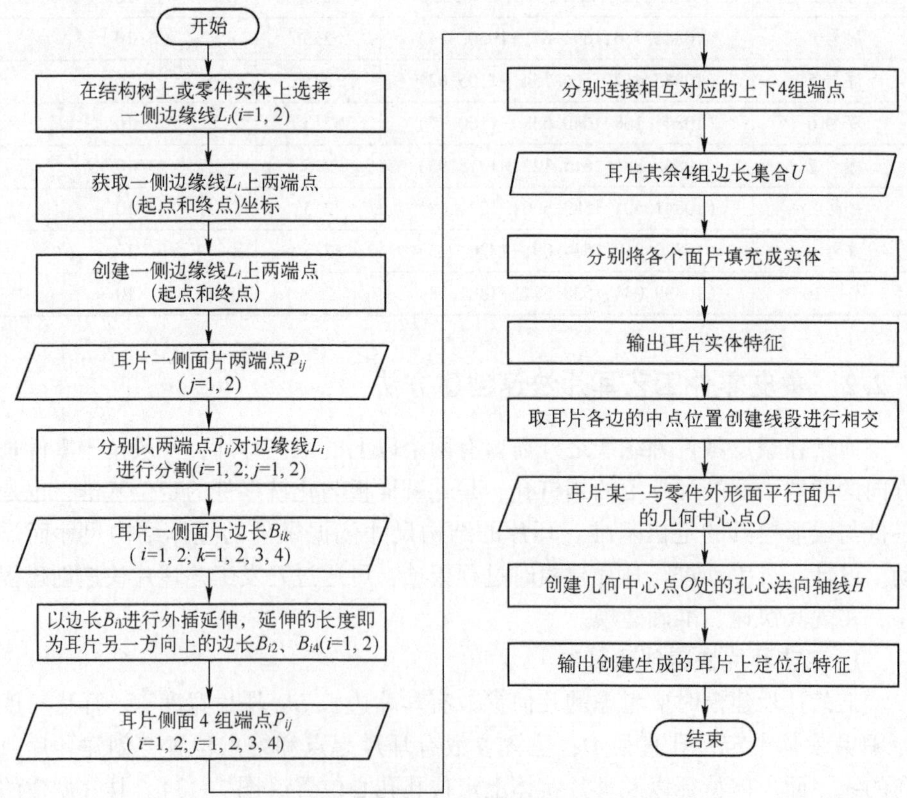

图 7-14　蒙皮零件工艺耳片快速创建算法流程

缘线为基准创建耳片长度，以外插延伸的延伸量创建耳片宽度，通过创建工艺耳片实体的上下面片特征，最后在面片上以孔心坐标为基准，以法矢方向作孔心轴线，创建得到耳片实体的定位孔特征。

2. 工艺耳片创建实例

输入耳片结构参数，耳片上下面片起点为 0.2 和终点 0.3、宽度 40mm 和定位孔径 5mm；选择创建位置，在结构树或零件实体上选择上下边缘线、上下参考面以及零件实体特征，创建的耳片如图 7-15 所示。

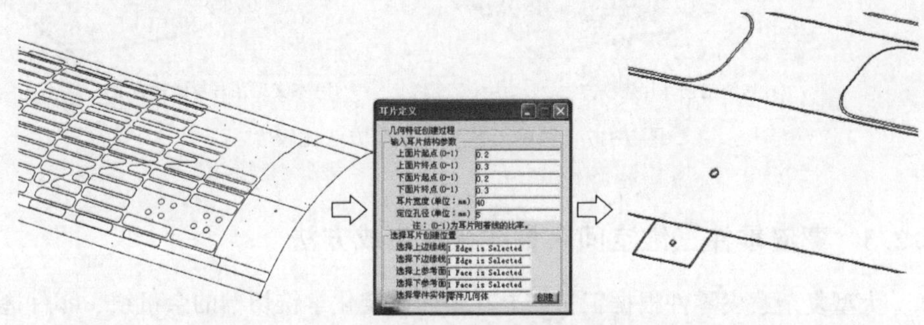

图 7-15　工艺耳片创建实例

另外，对于只需在零件外形面上进行耳片轮廓的建模，与耳片实体的创建过程类似，需输入结构参数、选择创建位置，其中输入轮廓线边长为 40mm，单边宽度分别为+20mm 和-20mm（正负号代表方向相反），孔径 5mm，在结构树或零件实体上选择创建参考点、边缘线、参考面和零件实体特征，则创建耳片轮廓如图 7-16 所示。

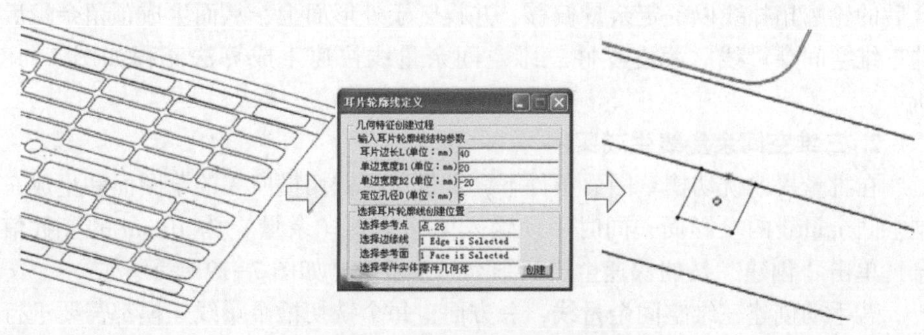

图 7-16　工艺耳片轮廓线创建实例

对工艺耳片建模方法的比较如图 7-17 所示。传统的工艺耳片建模方法是仅对一侧的面片进行外延，形成一侧面片之后再增厚形成耳片实体，虽然步骤相对简便，但该方法最大的缺点是不能保证所建耳片与零件实体的连续性。上述所提方法避免了该缺点，通过上下两侧同时按曲率外延生成面片的方式创建得到耳片包络体特征，就可以保证所建耳片与零件实体之间的连续性（尤其对曲度较大的零件更加体现优越性），而且利用程序参数化的驱动也能够极大节省建模时间，提高工作效率。

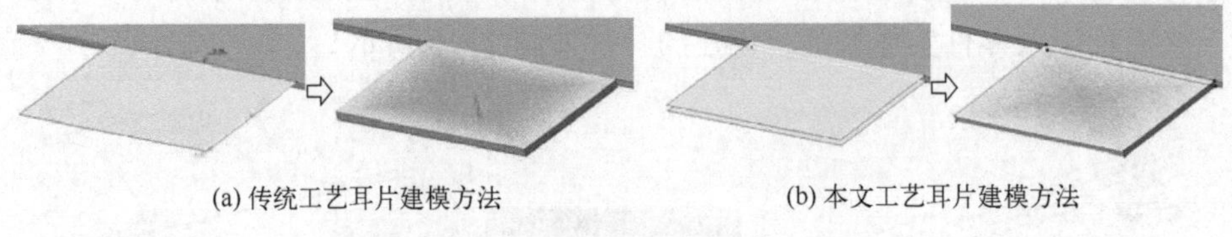

(a) 传统工艺耳片建模方法　　(b) 本文工艺耳片建模方法

图 7-17　两种工艺耳片建模方法比较

7.2.3　蒙皮零件三维空间余量线快速生成方法

大型复杂蒙皮零件根据工艺需要在表面确定化学铣切槽的余量线、零件边缘线、装配余量线、化铣形位线和样板形位线等三维空间中的线，下面以化学铣切余量线的生成为例予以说明。

1. 三维空间余量线快速生成算法

化学铣切余量线是用于确定热处理边界保护线的，将铣切过程中横向腐蚀与腐蚀深度的比值即浸蚀比值列为化学铣切的余量，并添加到制造模型数据集中，在 CAD 环境下进行理论曲面的选取、铣切边界线的提取以及铣切余量线的绘制。以零件铣切槽的草图面为基准，对铣切槽轮廓线进行接合，以接合后的轮廓拓扑线以一定余量偏移，并投影于外形面上，从而生成预留余量后的三维空间余量线。蒙皮零件三维空间余量线快速生成算法流程如图 7-18 所示。

2. 三维空间余量线生成实例

在批量提取铣切槽草图面条件下，批量选择铣切槽所在的草图面和生成三维空间余量线的投影面，同时手动输入偏移距离（余量）为 10mm 的参数信息，单击“创建”按钮快速生成三维空间余量线，如图 7-19 所示。

若手动创建三维空间余量线，一方面，每个铣切槽余量线建模都需要进行一系列繁琐复杂的操作；另一方面，每个零件上铣切槽的数量不止一个，有时对于分段数目较多的铣切槽边缘拓扑线，设计人员在手动偏移各段拓扑线时工作量大。因此，通过程序实现三维空间中各类型余量线自动生成，显著提高了建模效率。

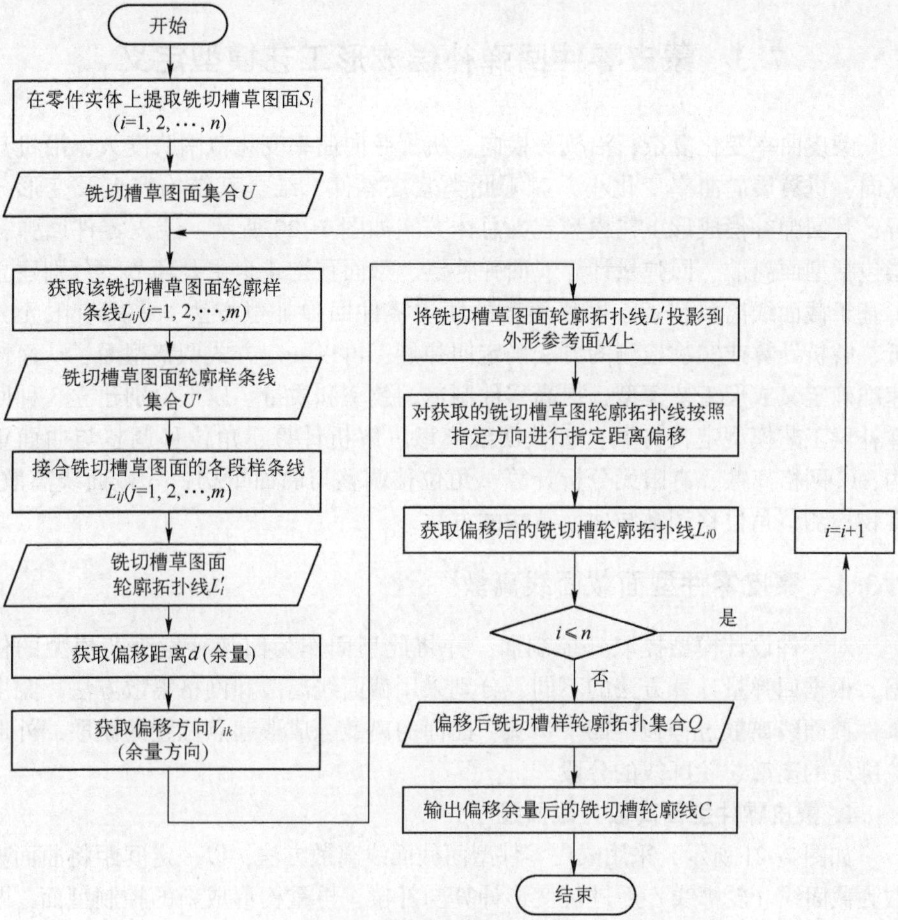

开始

在零件实体上提取铣切槽草图面S_i (i=1, 2, ⋯, n)

铣切槽草图面集合U

获取该铣切槽草图面轮廓样条线L_{ij}(j=1, 2,⋯,m)

铣切槽草图面轮廓样条线集合U'

接合铣切槽草图面的各段样条线L_{ij}(j=1, 2,⋯,m)

铣切槽草图面轮廓拓扑线L_i'

获取偏移距离d(余量)

获取偏移方向V_{ik} (余量方向)

将铣切槽草图面轮廓拓扑线L_i'投影到外形参考面M上

对获取的铣切槽草图轮廓拓扑线按照指定方向进行指定距离偏移

获取偏移后的铣切槽轮廓拓扑线L_{i0}

$i \leqslant n$　是：i=i+1；否：

偏移后铣切槽样轮廓拓扑集合Q

输出偏移余量后的铣切槽轮廓线C

结束

图 7-18　蒙皮零件三维空间余量线快速生成算法流程

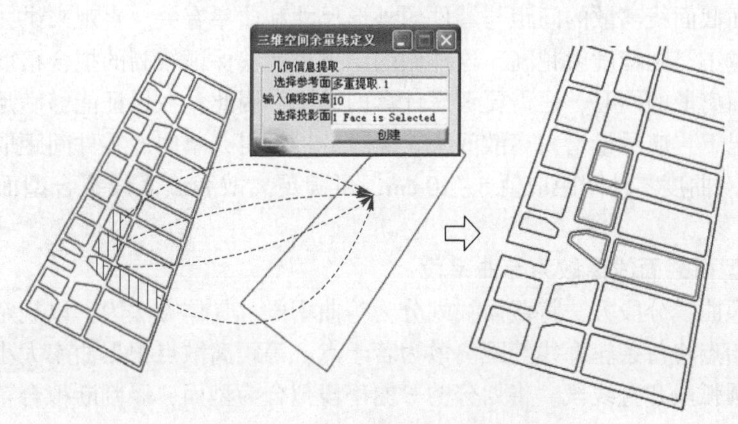

图 7-19　三维空间余量线生成实例

7.3　蒙皮零件回弹补偿成形工艺模型定义

蒙皮曲率变化复杂，沿机身横向、机翼弦向曲率变化范围跨度大，沿机身纵向、机翼展向曲率变化小，对于此类蒙皮零件，结合其结构特点及变形分析，其回弹补偿成形工艺模型定义总体方案如图 7-20 所示。蒙皮零件回弹补偿包括型面离散、回弹量计算、回弹补偿、型面重构 4 个主要环节，分别建立了基于截面线离散和基于网格离散的蒙皮零件回弹补偿方法，采用有限元分析、解析计算或实物检测的方法确定回弹量，再以一定方式调整型面，从而快速准确定义成形工艺模型，提高零件制造的效率和质量。以下分别建立 3 种回弹补偿工艺模型定义方案：①截面线离散、解析计算、角位移调整与曲面重构；②网格离散、有限元分析计算、角位移调整与曲面重构；③截面线离散、实物检测、角位移调整与曲面重构的方法。

7.3.1　蒙皮零件型面截面线离散

对零件设计模型提取其控制面，并将此型面作为回弹补偿工艺模型的依据。根据回弹量计算方法的不同，分别采用截面线离散和网格离散方法。蒙皮零件截面线离散过程包括四个步骤：曲面的离散、成形起点位置的获取、外形轮廓线的离散、轮廓线的分段。

1. 蒙皮零件型面离散为截面线

如图 7-21 所示，采用蒙皮零件型面截面线离散方法，以一定间距将曲面离散为截面线（轮廓线）后进行变形计算与补偿，再重构形成新的控制型面，既要保证离散过程和后续回弹计算的快速性，又要保证重构曲面结果的准确性。

曲面截面线离散的间距与零件的外形尺寸和曲率有关。直观来讲，离散的间距值越小，则精度就越高，这样做的结果也能够保证较高的拟合精度；然而在外形面离散的同时，还需要考虑计算的效率，因此，在保证能够满足一定精度的情况下，应尽量增大离散间距。通过分析可得，单曲度零件间距取值 10~20mm，双曲度零件间距取值 5~10mm，可满足离散后截面线拟合型面的精度要求。

2. 型面截面线离散为等曲率段

按照曲线分段方法将截面线划分为等曲率段，具体方法为：以规定的基准点为起始点将每条轮廓线等距离散为若干点，等距离散点根据曲率大小拟合形成多个圆弧段和直线段。将划分的等曲率段拟合为型面，以判断拟合精度是否满足要求，保证回弹补偿后重构型面的准确性。

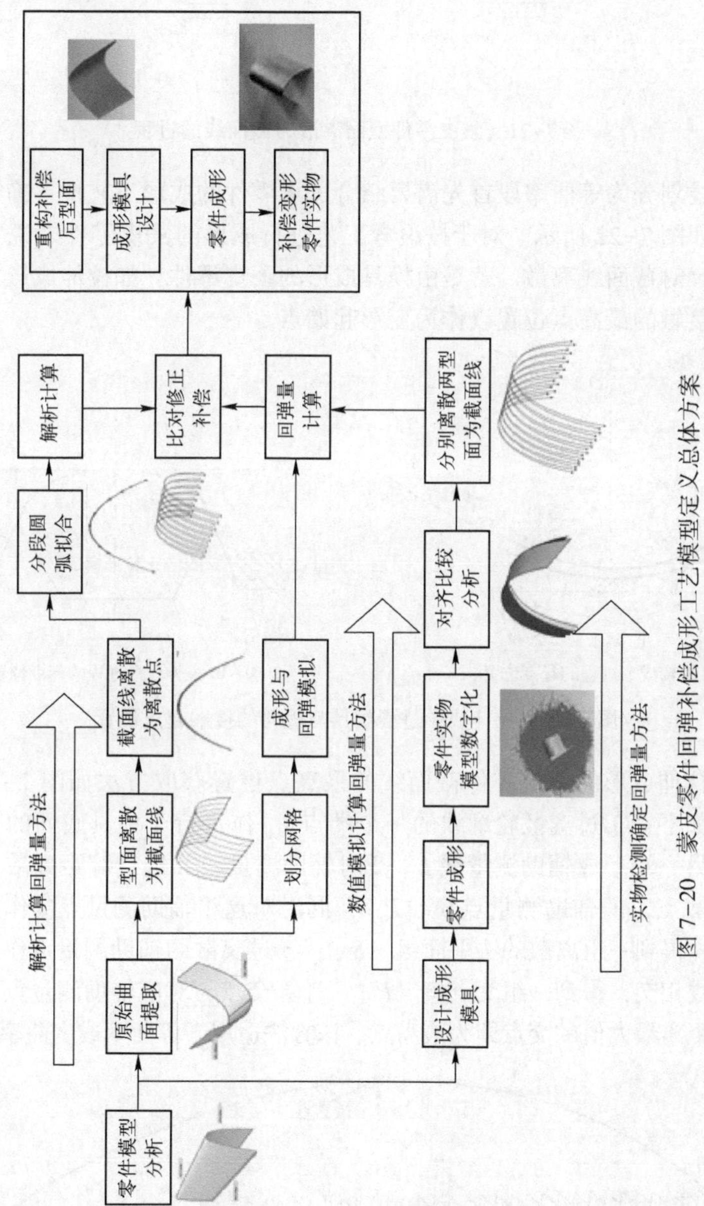

图 7-20　蒙皮零件回弹补偿成形工艺模型定义总体方案

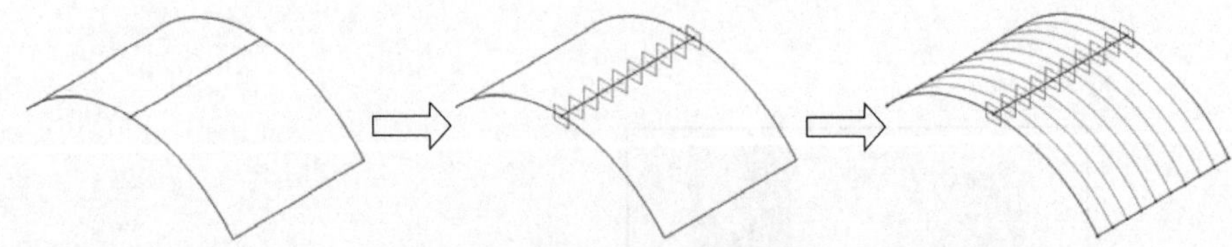

图 7-21　蒙皮零件型面离散为截面线的过程

截面线划分为等曲率段首先需要结合蒙皮零件的成形工艺特点确定分段起点位置，如图 7-22 所示。对于按滚弯工艺进行成形的蒙皮零件来说，从滚弯的初始位置对截面线离散。若是由模具成形的蒙皮零件，如拉伸成形，需要计算与模具接触的最高点位置以作为变形起始点。

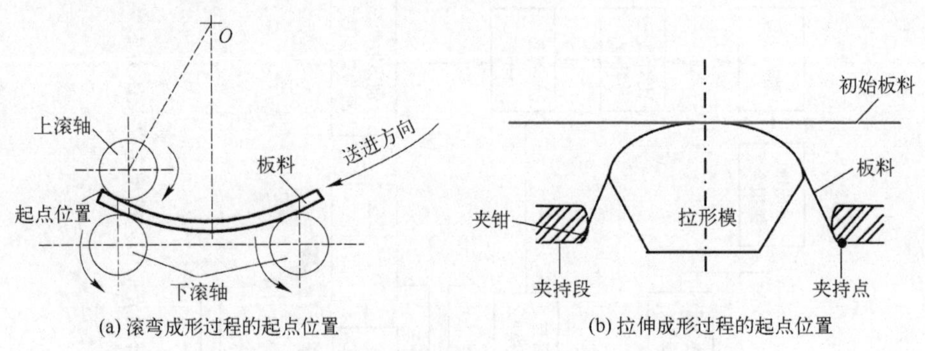

(a) 滚弯成形过程的起点位置　　(b) 拉伸成形过程的起点位置

图 7-22　拉伸成形过程模具与板料的接触起点位置

采用拉伸成形的蒙皮零件截面线的最高点位置获取方法如图 7-23 所示，具体过程如下：①过离散轮廓线的一个端点 P_1 作平行于模具底面的直线，相交于轮廓另一端形成辅助测量线 L。②对辅助测量线 L 进行等距离散，得到一组等距离散点，即辅助测量点集 $\{P_i\}$，同时对这组辅助测量点集作各点的法平面，同样得到一组离散的法平面组 $\{S_i\}$；③过离散的辅助测量点作法平面与外形轮廓线相交，得到一组交点集 $\{P'_i\}$，计算交点与对应辅助测量点之间的距离，得到距离最大值的交点即为最高点。该方法适用于等曲率或变曲率轮廓线。

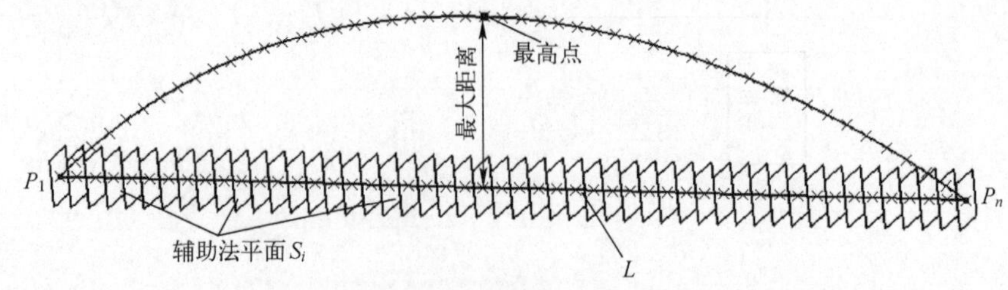

图 7-23　蒙皮零件截面线的最高点位置获取

针对各段离散外形轮廓线，以获取得到的最高点位置（接触起点）为基准，将轮廓线分为左右两部分，基于对各段外形轮廓线离散的等距离散点进行分段，如图 7-24 所示。

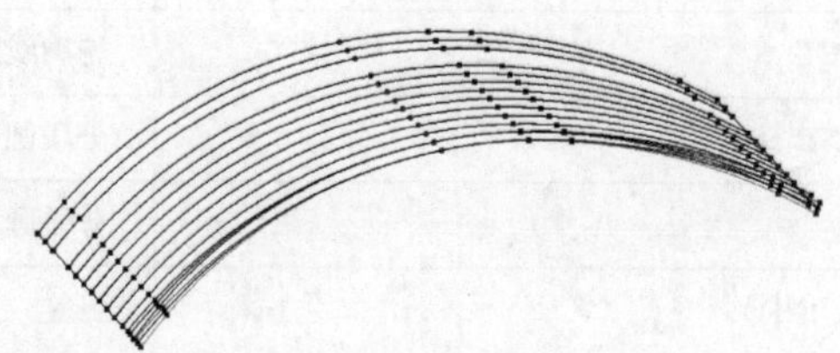

图 7-24　蒙皮零件截面线的分段实例

3. 蒙皮零件工艺模型数据交换

面向工艺模型定义的回弹量计算和型面重构，要求结构化表达型面的几何信息，数据内容如图 7-25 所示，基于 XML 的数据格式如表 7-3 所列，该文件可作为蒙皮零件成形工艺模型设计过程中的数据交换，用于蒙皮零件外形轮廓线的回弹量计算与补偿。蒙皮零件型面截面线离散分段数据以 XML 格式导出；读取该数据用于解析法或基于知识的回弹补偿量预测，计算结果写入型面轮廓线分段数据文件中并以 XML 导出；再利用型面重构工具读取回弹量计算结果，生成回弹补偿后的轮廓线，将其重构生成工艺模型控制面。

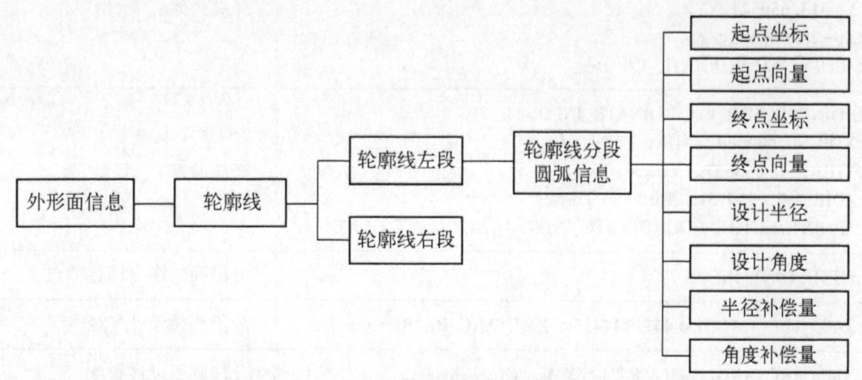

图 7-25　蒙皮零件工艺模型数据内容

表 7-3　蒙皮零件工艺模型数据格式

属　性	说　明
<?xml version="1.0" encoding="gb2312" ?>	XML 版本 1.0；字符为国标
<PART_SKIN>	零件外形面 XML 信息节点

续表

属　性	说　明
<CURVE_INFO ID="**1**">	轮廓线编号
<PART_INFO ID="**LEFT**">	轮廓线左段信息节点
<SEGMENT_INFO ID="**1**">	分段圆弧编号
<STARTPOINT_INFO>	分段圆弧起点信息节点
<POINT_COORDINATE_INFO> <X>**2063. 800000**</X> <Y>**314. 701982**</Y> <Z>**0. 000000**</Z> </POINT_COORDINATE_INFO>	起点坐标
<POINTVECTOR_COORDINATE_INFO> <XDIR>**0. 000000**</XDir> <YDIR>**-0. 000003**</YDir> <ZDIR>**-1. 000000**</ZDir> </POINTVECTOR_COORDINATE_INFO>	起点向量
</STARTPOINT_INFO>	分段圆弧起点信息节点
<ENDPOINT_INFO>	分段圆弧终点信息节点
<POINT_COORDINATE_INFO> <X>**2063. 800000**</X> <Y>**313. 659541**</Y> <Z>**-28. 067026**</Z> </POINT_COORDINATE_INFO>	终点坐标
<POINTVECTOR_COORDINATE_INFO> <XDIR>**0. 000000**</XDir> <YDIR>**-0. 063637**</YDir> <ZDIR>**-0. 997973**</ZDir> </POINTVECTOR_COORDINATE_INFO>	终点向量
</ENDPOINT_INFO>	分段圆弧终点信息节点
<XML_ARC_RADIUS>**441. 144425**</XML_ARC_RADIUS>	分段圆弧设计半径
<XML_ARC_ANGLE>**3. 648471**</XML_ARC_ANGLE>	分段圆弧设计角度
<SPRINGBACK_ARC_RADIUS>**-20. 000000**</ SPRINGBACK_ARC_RADIUS>	半径补偿量
</SEGMENT_INFO>	分段圆弧信息节点
</PART_INFO>	轮廓线左右分段信息节点
</CURVE_INFO>	轮廓线信息节点
</PART_SKIN>	零件轮廓线 XML 信息节点

7.3.2　蒙皮零件回弹变形量预测与补偿

预测蒙皮零件回弹后外形，确定以回弹变形后每个等曲率段与零件模型对应等曲率段的半径差值，并以此作为补偿量，对等曲率段进行回弹补偿，保证各段一阶连续进行拟合，得到补偿后轮廓线及其型面，通过多次迭代使回弹后蒙皮零件形状尺寸满足精度要求。

如图 7-26 所示，蒙皮零件外形曲面离散为表征外形的若干条外形轮廓线，蒙皮零件以离散外形轮廓线任意离散圆弧段的变形量为单位进行回弹量的预测和补偿，通过圆弧段曲率半径或角度的变化量来表示回弹变形量。截面线离散的变形单元的回弹量利用解析计算、基于知识的计算或从试验结果提取来确定。

$$\Delta R = R' - R \tag{7-1}$$

$$\Delta\beta = \beta - \beta' \tag{7-2}$$

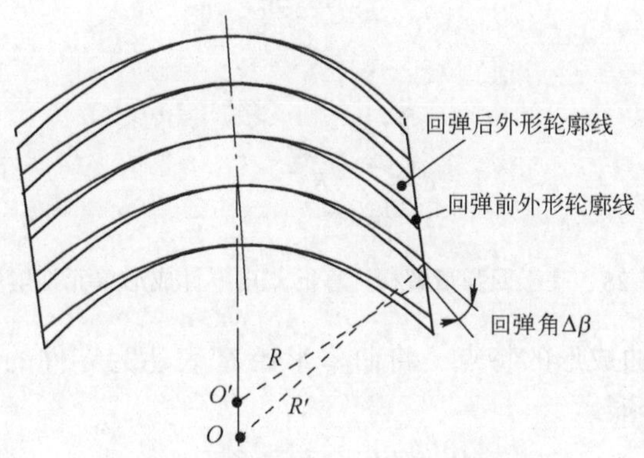

图 7-26　蒙皮零件回弹量的表达

采用基于角位移调整的回弹补偿，根据回弹补偿量对轮廓线进行调整，调整后离散外形轮廓线，重构得到补偿后型面，如图 7-27 所示。

蒙皮型面截面线分段为圆弧后，可以通过解析计算得到其回弹前的半径。分段圆弧回弹量计算、补偿原理如图 7-28 所示。

图中，$\mathrm{C}_i^{\mathrm{d}}$ 为设计模型分段圆弧；$\mathrm{C}_i^{\mathrm{c}}$ 为解析计算补偿分段圆弧。

曲率半径的一般表达式为

$$R' = \frac{R}{1 + \frac{R}{tE}(\sigma_{\mathrm{w}} + \sigma_{\mathrm{n}})} \tag{7-3}$$

式中：R'为内层材料回弹前的曲率半径；R 为内层材料回弹后的曲率半径；σ_{w}

为外层材料的应力；σ_n 为内层材料的应力；E 为材料弹性模量。

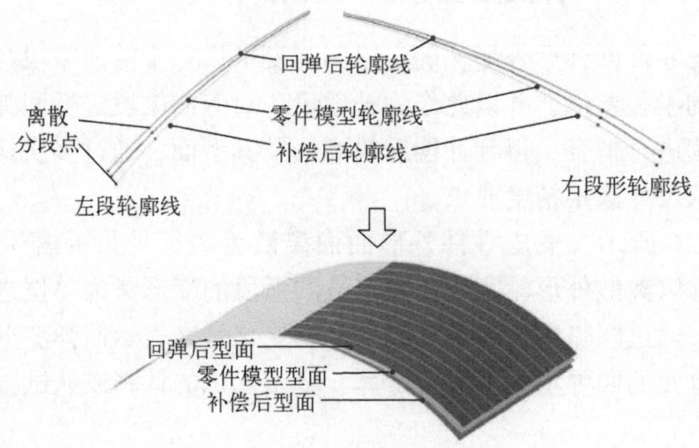

图 7-27　蒙皮零件回弹补偿

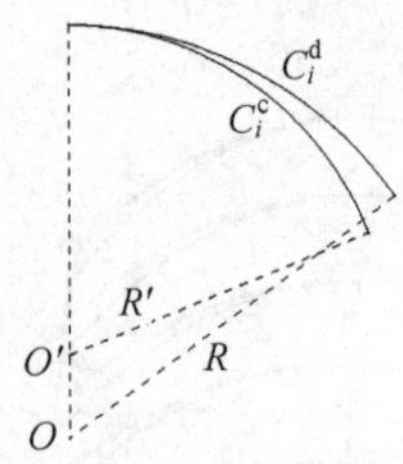

图 7-28　基于回弹量解析计算的蒙皮零件成形单元补偿原理

根据零件弯曲成形的特点，将曲率半径 R' 表达为零件的尺寸和材料力学性能等自变量的函数：

$$R'=f(R,t,\sigma_{0.2},E,D) \tag{7-4}$$

式中：$\sigma_{0.2}$为屈服极限；D 为应变刚模量。

如图 3-23 所示，采用折线近似实际应力应变曲线，近似认为拉伸与压缩的实际应力应变曲线在使用范围内相同，因此，拉伸区与压缩变形区沿板料厚度的切向应力 σ_y 呈折线分布。

$$\sigma_y=\sigma_{0.2}+\Delta\sigma_y=\sigma_{0.2}+D(\delta_y-\delta_{0.2}) \tag{7-5}$$

2024 铝合金屈服极限所对应的应变 $\delta_{0.2}=(0.34\sim0.5)\%$，故可忽略不计，因此，上式简化为

$$\sigma_y=\sigma_{0.2}+DS_y \tag{7-6}$$

上式将近似为折线型的实际应力曲线简化为线性近似实际应力曲线。在应力分布方面忽略了弹性变形。

对于相对弯曲半径较大（在 12~300 之间）的弯曲零件，材料的实际应变

量较小，因此可以近似以 ε_y 代替。由上式，得

$$\sigma_y=\sigma_{0.2}+D\varepsilon_y=\sigma_{0.2}+\frac{Dy}{\rho} \tag{7-7}$$

当 $y=\frac{t}{2}$ 时，外层材料与内层材料的应力均为

$$\sigma_w=\sigma_n=\sigma_{0.2}+\frac{Dt}{2\left(R'+\frac{t}{2}\right)} \tag{7-8}$$

因此，外层材料与内层材料的应力在数值上的和为

$$\sigma_w+\sigma_n=2\sigma_{0.2}+\frac{Dt}{R'+\frac{t}{2}} \tag{7-9}$$

将式（7-9）代入式（7-3），得到板料弯曲零件内层材料回弹前的曲率半径为

$$R'=\frac{\frac{4RE-2tE-4R\sigma_{0.2}-4DR}{4RE}+\sqrt{\frac{1}{16R^2E^2}(4RE-2tE-4R\sigma_{0.2}-4RD)^2+\frac{2t}{R}+\frac{4\sigma_{0.2}}{E}}}{\frac{2tE+4R\sigma_{0.2}}{tER}} \tag{7-10}$$

式中，令 $A=2\left(\frac{1}{R}+\frac{2\sigma_{0.2}}{tE}\right)$，$B=1-\frac{At}{4}-\frac{D}{E}$，则上式可简化为

$$R'=\frac{B+\sqrt{B^2+At}}{A} \tag{7-11}$$

根据以上大曲率半径蒙皮零件回弹量计算方法，可以计算得到零件回弹前的曲率半径值，即模具型面曲率半径值。

7.3.3　蒙皮零件成形工艺模型建模

由于补偿后轮廓线模型与蒙皮零件原始轮廓线弧长相等，因此，零件原始轮廓线上的等距离散点与补偿后模型的等距离散点存在对应关系，在对各离散轮廓线进行回弹补偿后，以补偿后的各离散轮廓线为基准，通过多截面曲面构建工艺模型控制面。如图 7-29 所示，以蒙皮零件回弹补偿后控制型面为依据，按照设计模型中给出的相关尺寸以及基体建模方法，在 CAD 系统中通过“凸台”“厚曲面”等方式在参考面上进行基体及相关结构特征的创建，从而建立蒙皮零件成形工艺模型。

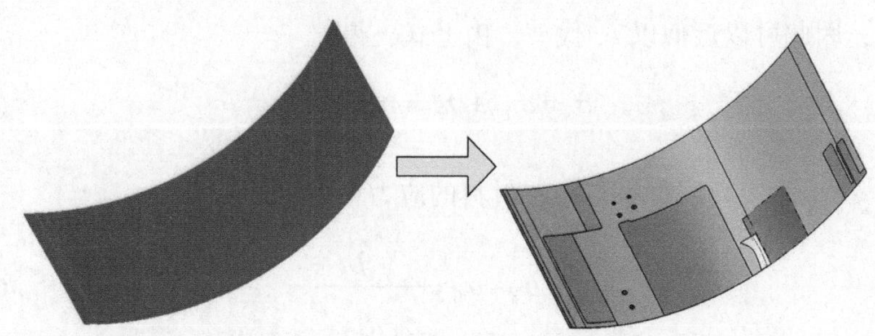

图 7-29　蒙皮零件成形工艺模型建立

7.3.4　蒙皮回弹补偿软件工具开发

基于 CATIA 二次开发蒙皮零件回弹补偿软件工具，功能包括型面截面线提取（导出）、回弹补偿补偿面重构（导入）、基于回弹数据的回弹补偿，以实现蒙皮零件工艺模型的快速、准确定义。

1. 蒙皮零件型面截面线提取（导出）

如图 7-30 所示，选择蒙皮零件的型面和一条基线，输入截面线的数目，自动沿基线创建法平面并截取蒙皮外形或者截面线；并对每一条截面线进行圆弧拟合计算其弧长与半径。轮廓线拟合分段结束后，自动弹出轮廓线分段信息文件保存窗口，选择好保存路径，导出 XML 文件用于回弹补偿计算。

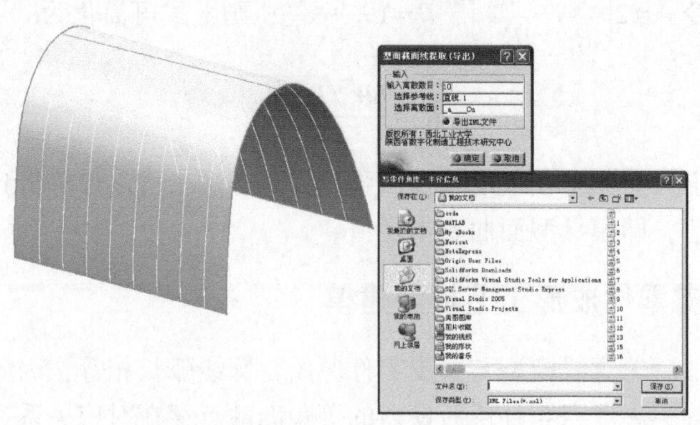

图 7-30　蒙皮零件型面截面线提取

2. 蒙皮零件型面回弹补偿面重构（导入）

如图 7-31 所示，将蒙皮零件型面截面线数据导入回弹补偿量计算，计算结果导入 CAD 系统进行型面的重建。

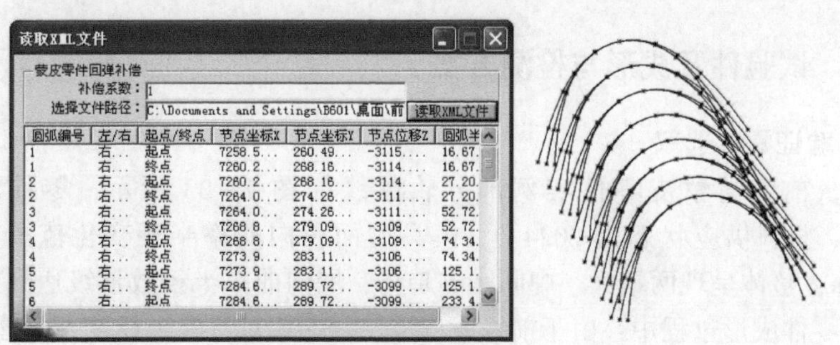

图 7-31　蒙皮零件回弹补偿量计算结果导入后型面重构

3. 基于试验数据的蒙皮零件回弹补偿

实际生产中蒙皮零件回弹后的数据可以来自于实际成形试验或有限元分析。基于已有回弹后数据进行补偿，需要将补偿零件回弹前后的模型对齐。对齐后需要用同一组截面去截取设计与回弹后模型获得两组截面线，后利用这两组截面线进行回弹补偿修正，如图 7-32 所示。设置离散点数，根据零件的长度相应调整离散点的间距，考虑计算时长，离散点的间距在 1mm 左右，选择回弹前后的特征线进行回弹修正，可以进行单组和多组的回弹补偿。

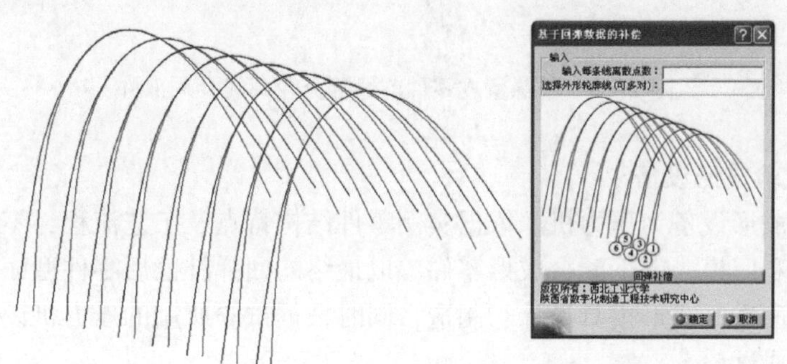

图 7-32　基于试验数据的蒙皮零件回弹补偿

7.4　蒙皮零件成形工艺模型定义技术验证

选取飞机前缘蒙皮零件实例，分别应用解析法、数值模拟方法和实际工件试验方法进行蒙皮零件回弹补偿，建立工艺模型，移形用于成形模具设计和制造，进行零件成形仿真或试验，测量零件外形，通过零件成形偏差判定回弹补偿技术的有效性。

7.4.1 试验件及成形与检测方案

1. 验证零件选取

机翼前缘类蒙皮零件实例部分轮廓线如图 7－33 所示，零件厚度为 1.6mm，材料供应状态为 2024-O，模具型面弦向曲率半径变化范围为 20～6460mm，整体呈现两端大、中间小的趋势，展向曲率半径数量级达到10^6mm。在蒙皮零件成形过程中，由于前缘蒙皮零件两端相对弯曲半径较大，弯曲变形程度很小，因此，截取中间曲率较大的局部件作为验证件即可验证回弹补偿方法的有效性。局部件毛料长度 190mm，宽度 100mm。

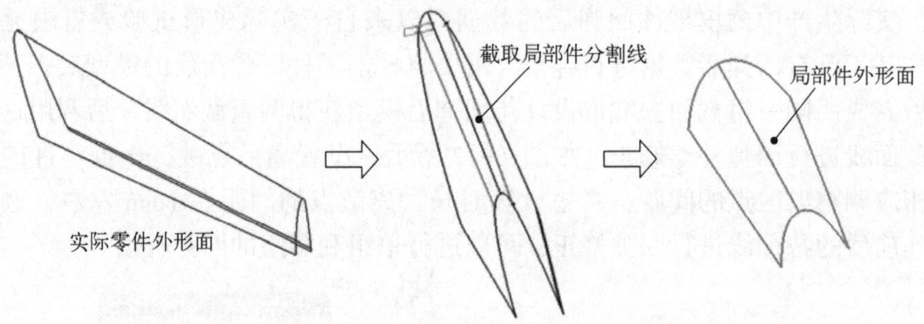

图 7-33　前缘蒙皮零件前缘部分轮廓线及局部件

2. 试验成形设备

试验成形设备为压力机。依据实例零件结构特点及工艺流程，零件成形过程需凸模和凹模，上下配合成形零件，以最终的回弹补偿后零件型面作为模具设计参考面进行成形模具设计与制造，同时根据试验所用的压力机设备设计辅助装置完成试验。

3. 试件检测方法

成形后工件使用三维扫描仪获取三维点云数据，逆向重构生成零件曲面模型后与零件模型进行对比，得到成形后零件形状精确度的定量数据，分析回弹补偿方法的有效性。

对于蒙皮零件的外形检测，检测内容应包含成形零件型面与设计模型型面上对应点之间的距离，据此可以直接得到零件的外形偏差，并按照外形尺寸公差进行精度评判。通过查阅航空制造工程手册可知：对于部件气动外形准确度要求高，且零件材料成形性较好的大型飞机蒙皮零件，不同类型和不同的材料厚度所对应的蒙皮零件外形公差不尽相同，如表 7-4 所列。

表 7-4　蒙皮零件外形公差数据

零件类别	材料厚度	外形公差
机身类	≤1.5mm	±0.7mm
	>1.5mm	±1.0mm
机翼类	≤1.5mm	±0.5mm
	>1.5mm	±0.7mm

7.4.2　基于解析计算的蒙皮局部件回弹补偿验证

基于解析计算的蒙皮零件回弹变形补偿验证流程如图 7-34 所示。

(1) 采用截面离散方法，将截面线等曲率分段，得到每一等曲段的半径和角度。

(2) 采用解析法计算每一段圆弧段的回弹量，得到分段圆弧回弹前的半径，并调整圆弧至该半径值。

(3) 将补偿后的圆弧段以端点相切的形式拼接，得到回弹补偿后型面。

(4) 根据零件回弹补偿后型面设计制造模具，进行零件成形和检测。

(5) 将工件检测数据与零件模型进行对比，分析解析计算的准确性，得到理论计算值的修正系数，从而对理论计算方法进行优化。

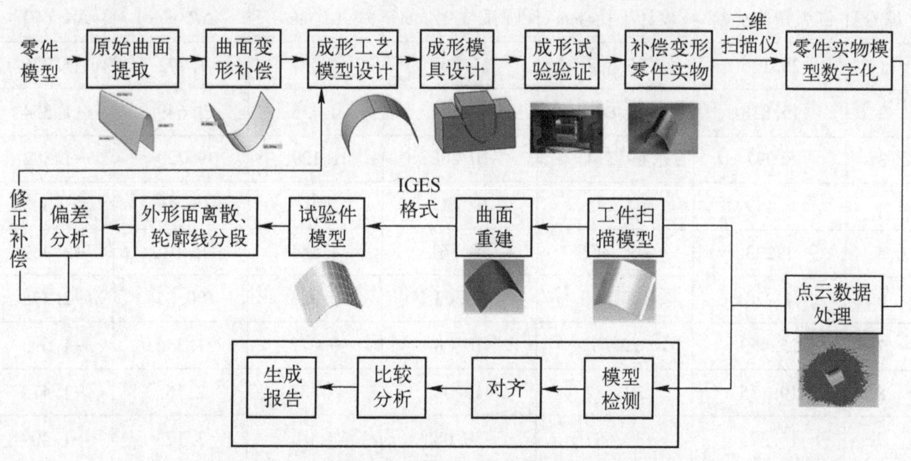

图 7-34　基于解析计算的回弹补偿试验验证流程

1. 成形回弹计算与补偿

以图 7-33 所示前缘蒙皮零件某一条截面线为例分析，零件截面线曲率半径变化范围在 12～300mm 之间，满足大曲率半径的解析计算公式适用范围。

因此，针对前缘部分利用解析方法计算回弹量并进行补偿。对前缘蒙皮局部件的设计模型进行外形离散轮廓线分段，参数包括：厚度 $t=1.6$mm、应变刚模量 $D=1293.6$MPa、弹性模量 $E=68.6$GPa、屈服极限 $\sigma_{0.2}=98$MPa、离散点数为 100，离散精度为 0.1。按解析计算公式计算前缘蒙皮截面线各分段圆弧的回弹半径 ΔR，修正系数 K 取为 1。1 号截面线分段及回弹补偿后结果见图 7-35 和表 7-5。Δd，$\Delta\alpha$，ΔR 分别为零件模型与补偿后模型截面线的端头距离、圆弧角度变化量和半径变化量。

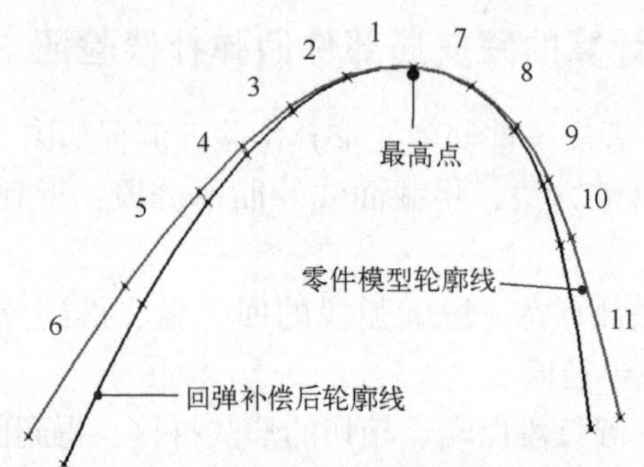

图 7-35　试件 1 号截面线分段及回弹补偿后结果

表 7-5　试件 1 号截面线分段及回弹计算结果

编号	圆弧角度/(°)	设计半径/mm	圆弧长度/mm	Δd/mm	ΔR/mm	$\Delta\alpha$/(°)
1	25.126	26.828	11.765	0.074	1.772	-1.776
2	15.838	40.842	11.29	0.436	3.649	-1.554
3	8.997	69.334	10.888	1.129	9.229	-1.382
4	6.459	94.143	10.612	2.07	15.806	-1.303
5	7.223	165.468	20.861	4.554	42.012	-2.439
6	4.228	279.543	20.63	7.908	100.554	-2.376
7	25.453	22.69	10.08	0.072	1.336	-1.593
8	19.135	30.182	10.08	0.387	2.165	-1.478
9	15.325	37.687	10.08	1.01	3.173	-1.409
10	9.956	58.004	10.079	1.748	6.741	-1.309
11	7.727	224.118	30.225	5.507	69.998	-3.51

经过回弹计算后的前缘部分轮廓线分段信息进行补偿，将重建的各段补偿后外形轮廓线进行接合，成为完整光顺的补偿后离散轮廓线，并通过

CAD 系统的多截面曲面定义，重构形成补偿后型面，即作为模具设计参考面，如图 7-36 所示。

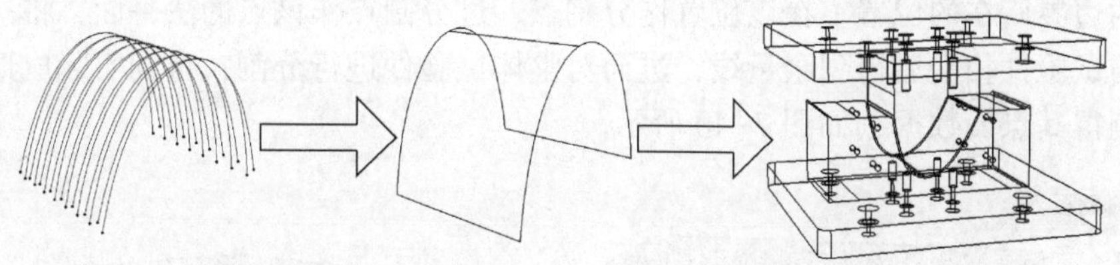

图 7-36　实例蒙皮零件补偿后型面重构与应用

2. 成形模具设计与制造

1）凸模与凹模设计

实例蒙皮零件成形模具结构及其尺寸如图 7-37 所示。凸模成形部分弧长为 154.732mm，宽度为 100mm，凸模总体高度为 80mm；凹模整体尺寸长度为 158.197mm，宽度为 100mm，凸台整体高度为 80mm，成形部分弧长为 157.271mm，圆角半径为 3mm。

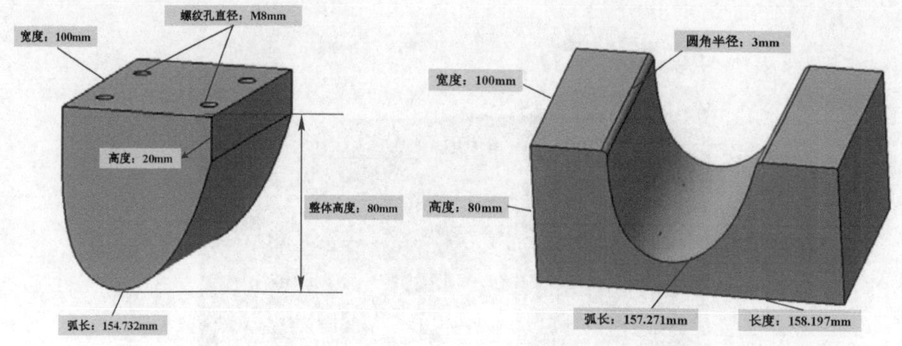

图 7-37　实例蒙皮零件成形模具结构及其尺寸

2）试件成形模具装配

在实际成形试验中，为固定零件在弯曲过程中的位置保持相对静止，设计两块辅助的挡板来保证零件在试验过程中的位置准确度，挡板设计为自由活动式，以方便安装和拆卸和多次利用。试件模具装配如图 7-38 所示，制造的模具实物如图 7-39 所示。

3. 成形试验及结果分析

选取厚度为 1.6mm 的 2024 铝合金 O 态板料，试件实例按照回弹变形补偿后的工艺数模型面进行数控下料并去毛刺（留余量）。在成形压力为 150kN、保压时间为 10min 的工艺条件下，使用按解析计算预测回弹补偿后的模具进行成形试验，得到成形工件，利用三维扫描仪进行试验件扫描，对试验件点云的余量部分应进行准确切除，采用几何法，即通过与设计模型比对后作出预留余量的边界所在的位置，在该位置作分割点，过分割点作该点的法平面，将法平面与试验件相交后得到余量线，进而对整体试验件进行分割，得到实际成形件并测得其点云数据，如图 7-40 所示。

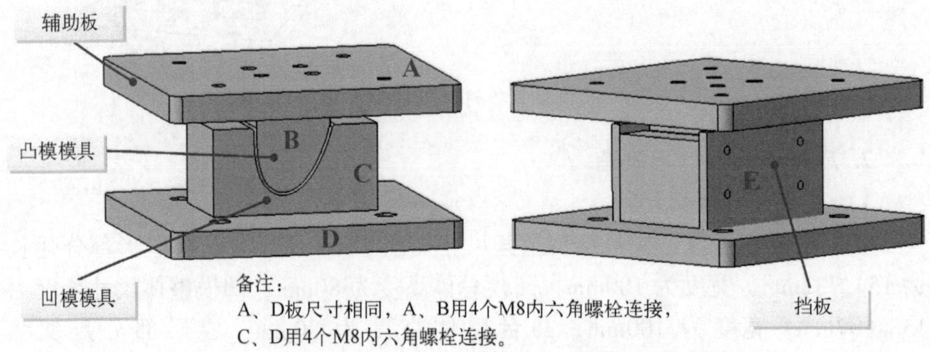

图 7-38　试件模具装配

图 7-39　试件成形试验模具实物

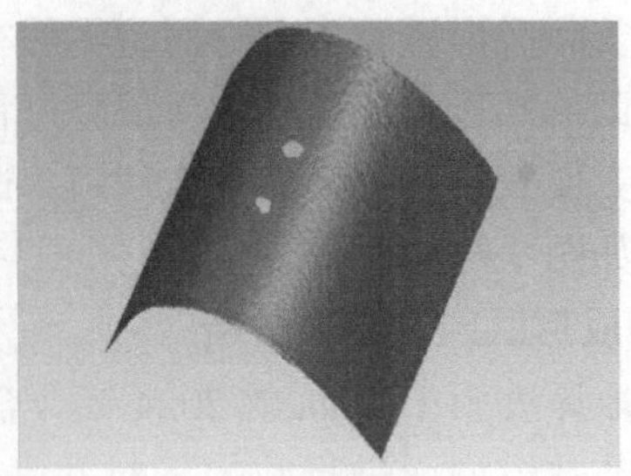

图 7-40　成形试验件及扫描得到的试验件点云数据模型

如图 7-41 所示，由试验件的偏差比较结果可以看出，成形零件平均偏差为 0. 197mm，零件最大外形正偏差出现在零件两端头部位，零件左端处最大外形偏差为 0. 451mm；零件右端处最大外形偏差为 0. 325mm，均达到外形公差要求 0. 5mm 范围内。因此，采用基于解析计算回弹量的补偿方法实现了蒙皮试件的精确制造。在本试验中，以修正系数 $K=1$ 进行回弹补偿量的计算，试验结果反映出达到良好的试验效果，然而在不同材料、不同厚度的情况下，需要进一步研究修正系数的取值。

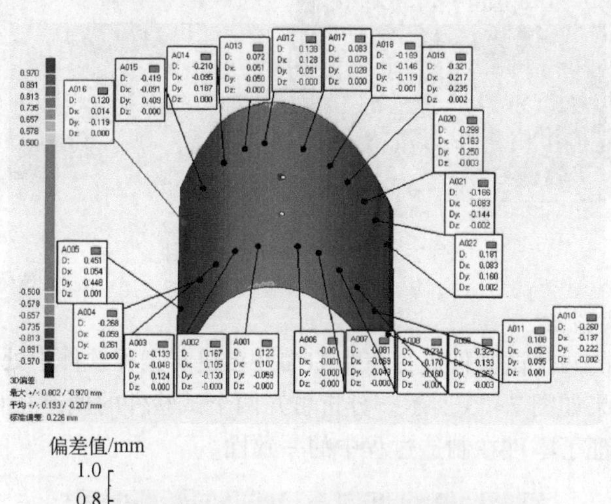

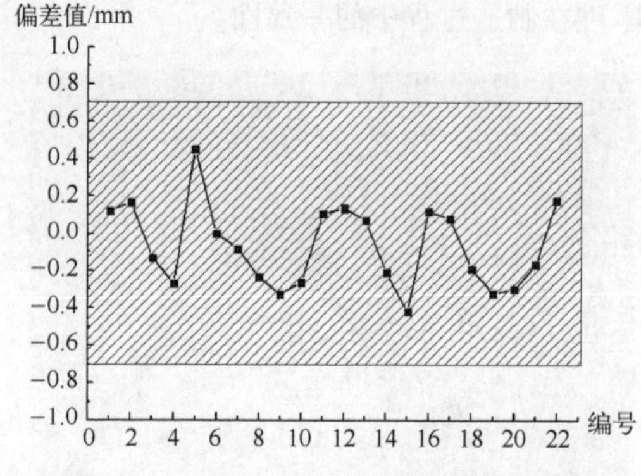

图 7-41　2024-O-1. 6 试验件 3D 偏差比较

7. 4. 3　基于离散曲率的蒙皮局部件回弹补偿验证

1. 蒙皮局部件试验

1）模具设计

本次试验模具型面以图 7-33 蒙皮零件模型为依据，其结构与前述相同，分为凸模、凹模、辅助板和挡板。

2）成形试验

选取厚度为1.6mm的O态板料进行试验，为了避免偶然误差，成形两个试验件，比较其偏差。在本次试验即成形压力为150kN、保压时间为10min的工艺条件下，进行零件成形并得到试验件，如图7-42所示。

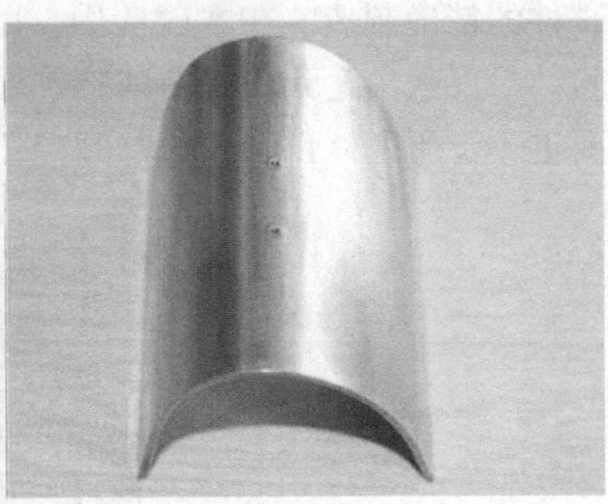

图7-42　成形模具和试验件

3）获取变形量

对成形后的两个试验件进行三维扫描并在逆向工程软件中处理，两个试验件间的比对结果如图7-43所示。分析可知两个试验件的偏差在0.15mm以内，说明该工艺保证了零件在制造过程中的一致性。

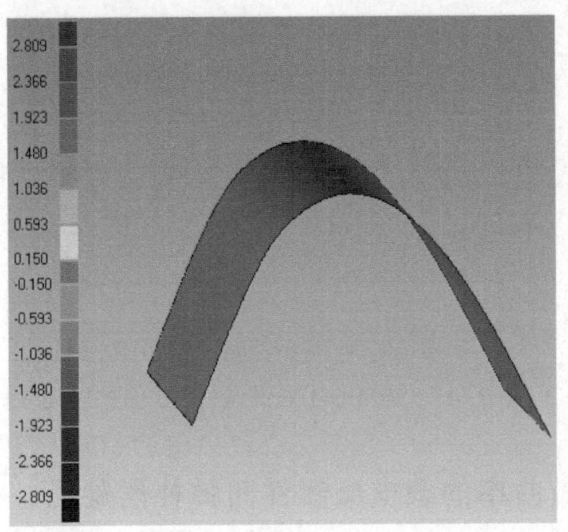

图7-43　两个试验工件的一致性分析

2. 蒙皮零件回弹补偿

如图7-44所示，基于工件检测数据的回弹补偿是根据成形工件与零件模型对应截面线离散点的离散曲率计算回弹变形量并对成形模具型面进行反向补偿，以补偿后的型面为依据定义工艺模型并设计模具型面，以用于零件成形。具体操作分为 3 步：

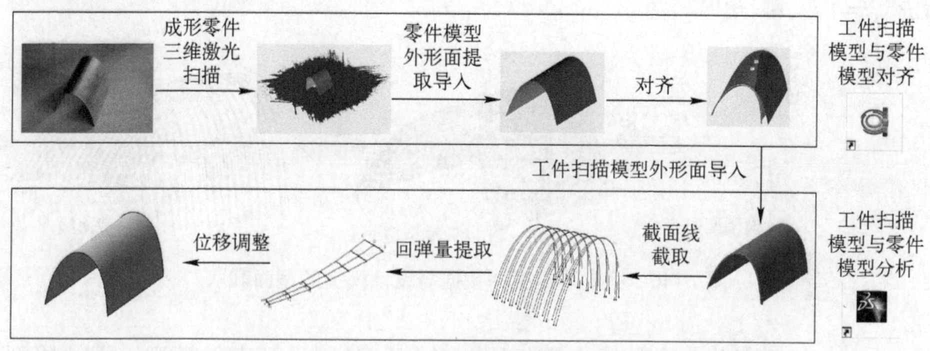

图 7-44　基于工件检测数据的蒙皮回弹补偿

（1）蒙皮零件检测数据比对分析。用非接触式激光扫描仪对实际成形蒙皮零件进行扫描，将扫描后得到的文件导入点云处理软件中，经过预处理，采用最佳拟合的方式对齐蒙皮零件设计模型与工件扫描模型，并分析其偏差。如图 7-45 所示，工件点云数据模型与零件模型的偏差由高线向两端逐渐增大，最大偏差 5.998mm，远超前缘蒙皮制造精度的要求。

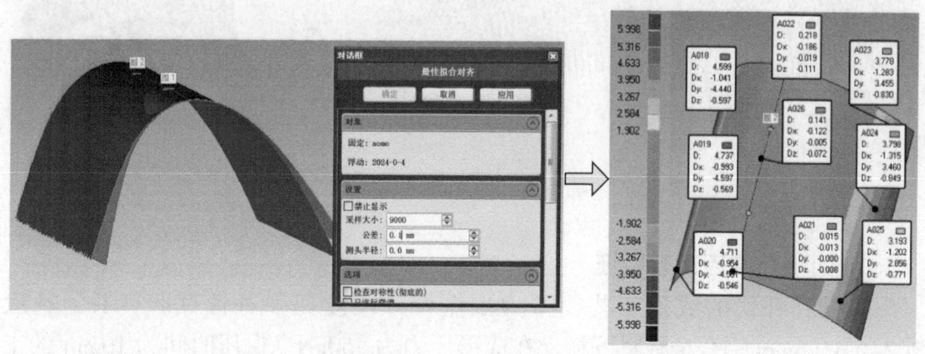

图 7-45　工件检测数据与设计模型数据之间比对分析

（2）模型截面线截取和等距离散。将对齐后的工件扫描模型外形面导入 CAD 系统中，用同一截面同时截取工件扫描模型外形面与设计模型外形面得到工件扫描模型截面线与零件模型截面线，如图 7-46 所示。利用已有的离散分段工具从最高点起向零件模型截面线两侧等距离散，获得离散点并得到对应离散点的坐标。以重合点为界，将零件模型每条截面线离散点集各自内部分为

左半段离散点集 $CP_i^{dl}, i=1,2,\cdots,n$ 与右半段离散点集 $CP_i^{dr}, i=1,2,\cdots,n$，点云模型截面线的离散点分为左半段离散点集 $CP_i^{sl}, i=1,2,\cdots,n$ 与右半段离散点集 $CP_i^{sr}, i=1,2,\cdots,n$。

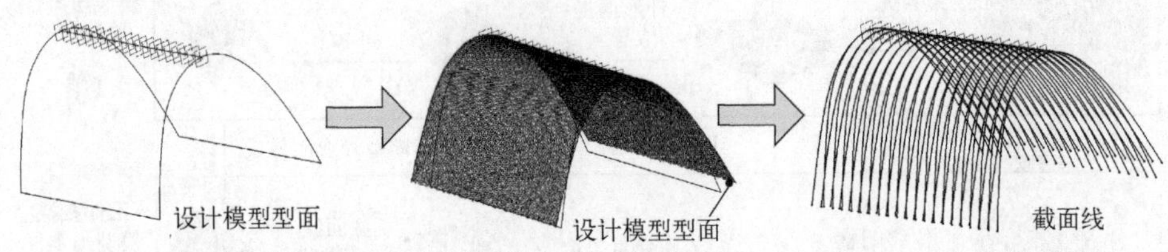

图 7-46　蒙皮零件工件数据与设计模型的型面截取

（3）基于离散曲率的蒙皮零件回弹补偿。分别计算工件模型、零件模型各个截面线左右两段离散点的离散曲率，采用基于离散曲率的回弹补偿方法计算补偿后离散点的坐标，再拟合形成轮廓线，得到补偿后的截面线，利用CAD系统多截线曲面功能生成补偿后的型面，以补偿后的零件型面构建回弹补偿工艺模型，如图 7-47 所示。

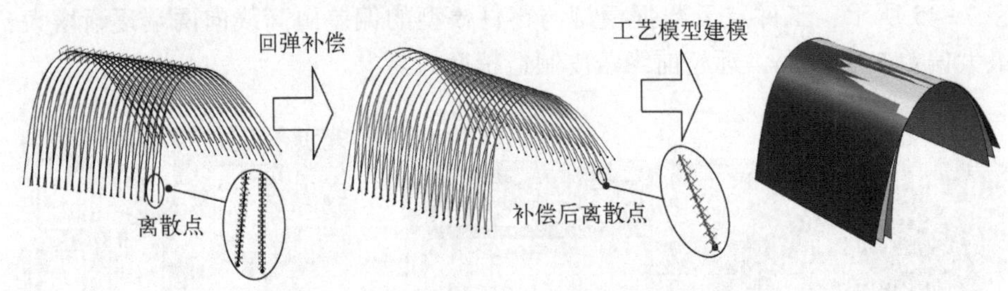

图 7-47　基于离散曲率的蒙皮零件回弹补偿

3. 回弹补偿后试验验证

以回弹补偿的成形工艺模型为依据设计蒙皮回弹补偿试验模具，选取2024-O-1.6mm 铝合金板料下料，在成形压力为 150kN、保压时间为 10min 的工艺条件下成形试件，并将回弹补偿前和回弹补偿后两个工件对比，如图 7-48 所示。

将成形工件扫描数据与零件模型进行对齐比对并分析其偏差，利用特征对齐与最佳拟合对齐达到对齐的最佳效果，如图 7-49 所示。分析比对结果，发现扫描模型与零件模型的偏差在前缘蒙皮的制造精度 0.5mm 以内，且曲率变化较大的一面偏差较大，最大偏差 0.419mm，而曲率变化较小的一侧曲率变化偏差在 0.1mm 以内。可见，基于离散曲率的回弹补偿方法在一次补偿后达到了良好的效果，满足了飞机前缘蒙皮 0.5mm 的制造精度要求，证明了该补偿方法有效性。

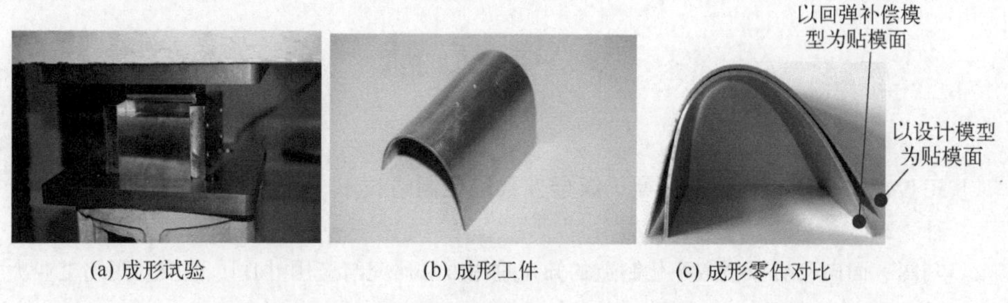

(a) 成形试验　(b) 成形工件　(c) 成形零件对比

图 7-48　回弹补偿后成形试验工件

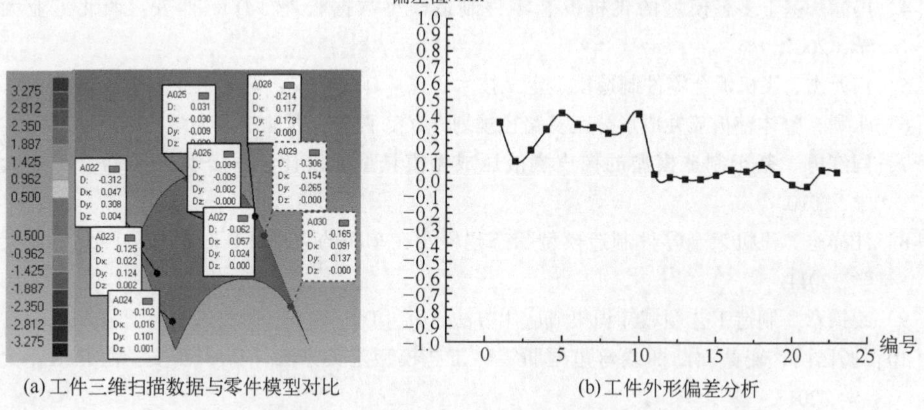

(a) 工件三维扫描数据与零件模型对比　(b) 工件外形偏差分析

图 7-49　成形工件检测数据与零件模型数据之间比对分析

参考文献

[1] 王俊彪, 刘闯, 王永军, 等. 钣金件数字化制造技术［M］. 北京：国防工业出版社, 2015.

[2] 刘闯. 面向飞机钣金数字化制造的知识重用方法研究与应用［D］. 西安：西北工业大学, 2007.

[3] 韩晓宁. 飞机钣金零件多态模型几何定义方法［D］. 西安：西北工业大学, 2007.

[4] 冯冰. 基于多态模型的飞机钣金零件制造模型数据管理［D］. 西安：西北工业大学, 2007.

[5] 卢元杰. 飞机钣金零件制造模型定义技术研究［D］. 西安：西北工业大学, 2009.

[6] 张利. 整体壁板喷丸成形分区及路径规划［D］. 西安：西北工业大学, 2009.

[7] 闫红勇. 基于制造模型的橡皮囊液压成型模具型面设计［D］. 西安：西北工业大学, 2010.

[8] 汪祥志. 飞机钣金零件制造模型状态建模及在车间的应用［D］. 西安：西北工业大学, 2011.

[9] 凌铁章. 制造工艺领域知识集成应用方法研究［D］. 西安：西北工业大学, 2012.

[10] 杨忆湄. 变截面凸曲线弯边框肋零件工艺模型定义方法［D］. 西安：西北工业大学, 2013.

[11] 雷湘衡. 型材拉弯成形工艺模型数字化定义技术研究［D］. 西安：西北工业大学, 2013.

[12] 谭浩. 复杂框肋零件三维制造模型状态生衍方法研究［R］. 西安：西北工业大学, 2013.

[13] 陈辉. 大型整体壁板三维制造模型数字化定义技术［D］. 西安：西北工业大学, 2014.

[14] 白如清. 树脂基复合材料层合板构件制造模型定义技术研究［D］. 西安：西北工业大学, 2015.

[15] 董伟. 面向精确成形的变曲率变截面型材拉弯工艺模型优化设计［D］. 西安：西北工业大学, 2014.

[16] 路骐安. S截面大型框类零件变形偏差表达、预测与补偿技术研究［D］. 西安：西北工业大学, 2014.

[17] 王兵. 面向制造的飞机钣金零件数字化定义技术［D］. 西安：西北工业大学, 2015.

[18] 刘婷. 整体壁板制造模型衍化中的状态关联更改方法［D］. 西安：西北工业大

学, 2016.

[19] 丁雪．复杂蒙皮零件三维制造模型数字化定义研究［D］．西安：西北工业大学, 2016.

[20] 李锦鹏．阶梯下陷弯边框肋零件回弹补偿技术研究［D］．西安：西北工业大学, 2016.

[21] 吴红兵．无长桁缺口类隔框零件翘曲变形控制方法研究［D］．西安：西北工业大学, 2017.

[22] 刘学．铝合金力学性能对框肋零件弯边回弹影响规律［D］．西安：西北工业大学, 2018.

[23] 修泓宇．几何尺寸对框肋零件凸弯边起皱的影响规律及其控制方法［D］．西安：西北工业大学, 2019.

[24] 赵志勇．整体壁板自由状态喷丸成形工艺参数设计方法［D］．西安：西北工业大学, 2020.

[25] 刘蕾．考虑弯曲取向影响的框肋零件回弹预测方法研究［D］．西安：西北工业大学, 2021.

[26] 孙立帅．树脂基复合材料框梁类零件固化变形预测与补偿方法研究［D］．西安：西北工业大学, 2021.

[27]《航空制造工程手册》总编委会．航空制造工程手册飞机钣金工艺手册［M］．北京：航空工业出版社, 1992.

[28] 陈毓勋．板材与型材弯曲回弹控制原理与方法［M］．北京：国防工业出版社, 1988.

[29] 王俊彪, 刘闯．飞机零件制造模型及数字化定义［J］．航空制造技术, 2011（12）：39-41.

[30] 王俊彪, 韩晓宁, 刘闯．飞机钣金零件多态模型几何信息定义方法［J］．西北工业大学学报, 2007, 25（2）：239-244.

[31] 刘闯, 王俊彪, 卢元杰，等．面向工艺链的零件制造模型框架研究［J］．计算机集成制造系统, 2009, 15（6）：1071-1074.

[32] 王俊彪, 刘闯, 韩晓宁．面向制造的飞机钣金零件多态模型［J］．航空学报, 2007, 28（2）：504-507.

[33] 卢鹄, 韩爽, 范玉青．基于模型的数字化定义技术［J］．航空制造技术, 2008（3）：77-81.

[34] 王俊彪, 冯冰, 刘闯．飞机钣金零件制造模型管理方法［J］．计算机集成制造系统, 2007, 13（10）：2010-2012.